蔡礼旭

古文名篇

礼义廉耻
国之四维

蔡礼旭 著

世界知识出版社

图书在版编目（CIP）数据

礼义廉耻，国之四维 / 蔡礼旭著.—北京：世界
知识出版社，2014.5（2020.9 重印）

（文言文—开启智慧宝藏的钥匙）

ISBN 978-7-5012-4625-0

Ⅰ.①礼… Ⅱ.①蔡… Ⅲ.①道德修养—中国—古代
Ⅳ.①B82-092

中国版本图书馆CIP数据核字（2014）第041799号

礼义廉耻，国之四维

Liyilianchi Guo zhi Siwei

作　　者　蔡礼旭

责任编辑　薛　乾　　　　　特邀编辑　杨　娟

责任出版　刘　喆

装帧设计　周周设计局

内文制作　宁春江

出版发行　世界知识出版社

地　　址　北京市东城区干面胡同51号（100010）

网　　址　www.ao1934.org　www.ishizhi.cn

联系电话　010-58408356　010-58408358

经　　销　新华书店

印　　刷　天津兴湘印务有限公司

开本印张　710×1000 毫米　1/16　17印张

字　　数　206千字

版次印次　2014年6月第一版　2020年9月第五次印刷

标准书号　ISBN 978-7-5012-4625-0

定　　价　28.00 元

（凡印刷、装订错误可随时向出版社调换。联系电话：010-58408356）

出版说明

　　"文言文：开启智慧宝藏的钥匙"丛书，根据蔡礼旭老师系列演讲整理而成。蔡老师演讲共分"孝悌忠信礼义廉耻"八个单元，我们将其分成四本书陆续出版。

　　"孝"是人生的根，也是中华文化之根，作为重点阐述单元，我们将其主题分成"家道"和"师道"，相应图书为《承传千年不衰的家道》和《代代出圣贤的教育智慧》。前者相应古文为《礼运·大同篇》《德育课本·孝篇·绪余》《陈情表》《说苑（节录）》《论语·论孝悌》《诫子书》《诫兄子严、敦书》《勤训》《训俭示康》《德育古鉴·奢俭类》。后者相应古文为《左忠毅公逸事》《师说》《论语·论学习》《礼记·学记》《说苑（节录）》。

　　"悌忠信"以孝为基，是做人的根本，有此三德，才能在人群中立足。这是第三本的主题，相应图书为《孝悌忠信：凝聚中华正能量》，相应古文为《德育课本·悌篇·绪余》《祭十二郎文》《左传·郑伯克段于鄢》《德育课本·忠篇·绪余》《出师表》《岳阳楼记》《谏太宗十思疏》《才德论》《左传·介之推不言禄》《德育课本·信篇·绪余》《曹刿论战》《说苑（节录）》《论语·论忠信》。

　　"礼义廉耻"是枝干，有此四德，才能利益大众，乃至带领好团队、企业。这是第四本的主题，相应图书为《礼义廉耻，国之四维》，相应的古文为《德育课本·礼篇·绪余》《史记·项羽本纪》"赞"《史记·五帝本纪》"赞"《说苑（节录）》《史记·管晏列传》《德育课本·义篇·绪余》《战国策·冯谖客孟尝君》《义田记》《德育课本·廉篇·绪余》《泷冈阡表》《德育课本·耻篇·绪余》《原才》《曾文正公家书（节选）》《病梅馆记》。

目录

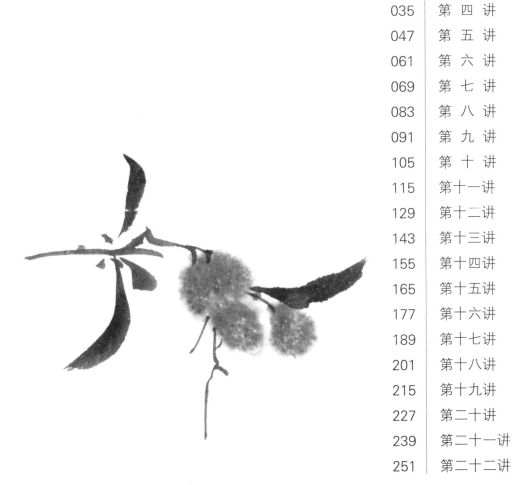

礼义廉耻，国之四维

第一讲

尊敬的诸位长辈、诸位学长，大家好！

我们这节课进入古文"礼"的部分。之前跟大家谈了四个大单元，孝、悌、忠、信。忠信是做人的动力，孝悌是做人的根本，礼义是做人的标准、规矩。我们有了礼义，就能循规蹈矩，成就自己的道德学问，成就自己的人格，所以礼的教育在家庭、社会当中非常重要。师长给我们很重要的劝勉，这个世上现在有两件最重要的事情：第一件，就是能真正让世界、让社会安定下来，化解灾难；第二件，是传承中华民族以及其他民族优秀的文化。因为文化是思想，是人的灵魂，没有这个思想灵魂，人活着是纵欲，是行尸走肉。文化的价值太重要！

我们很冷静地来感受一下，传统文化失传，差不多这三十年左右是最严重的。我七八岁的时候，都感觉人情味非常浓，出门都不用关门，都是守望相助，敦亲睦邻。怎么才短短的二三十年，人心堕落成这个样子？就是因为文化没传，造成人心快速堕落，所谓人不学不知道，人不学不知义。

师长强调的这两件大事，我们听了以后要承担！孔子讲："汝为君子儒，勿为小人儒。"学习要当什么？要当君子。学习古圣先贤的教诲，不是拿来娱乐，让人感觉好像挺有气质的，是要修身、齐家、治国、平天下，是要办大事，是要修大道。修大道，成就自己的道德学问；做大事，利益人民、利益民族社会。"人生自古谁无死，留取丹心照汗青。"不是小心量的，"勿为小人儒"。

而我们真的要办大事、修大道，离不开道德、学问、能力。你光有学问，没有才能，办不了事；而有好的道德学问，以至于有好的能力，都跟礼义有绝对的关系。道德，非礼不能实行，道德落在实处，就是这些处世待人的礼义，就是五伦大道的落实。对父母恭敬，对老师诚敬，对他人友爱、诚信，就是礼义的落实。学问也要守礼，守规矩，才能成就。

求学问成就智慧，要"一门深入，长时熏修"，专精，也是守规矩。《礼记·学记》里面讲，"杂施而不孙，则坏乱而不修。"学得很杂很乱，成就不了；要精进，要专，才能成就学问。而且学问是要开智慧，因戒得定，戒就是规矩，佛家叫戒，儒家叫礼，其实精神是相通的。这是道德学问的根本。所以孔子才讲，"不知礼，无以立"。不懂礼，没有办法立住学问，也没有办法跟人和睦相处，因为失礼就冲突了，所以学礼非常重要。因戒得定，怎么样产生定？守规矩，心很有规律地做事情、治学问，不会杂，不会急躁，不会散乱。所以做事要循序渐进，循规蹈矩，不可以乱。

《弟子规》从第一句到最后一句都离不开礼义。"礼者，敬而已矣。"礼的本质是恭敬。我们看《入则孝》，"冬则温，夏则凊。""出必告，反必面。"对父母恭敬的态度落实在生活的应对进退当中。《出则悌》，对长者的恭敬，以至于对师长的恭敬，都在其中。《谨》，谨的范围很大，包括对时间的恭敬，"朝起早，夜眠迟。"事实上不只是对时间恭敬，还是对自己恭敬，不要糟蹋自己的人生。历代圣人都讲，要爱惜光阴，寸金难买寸光阴。珍惜时光也是对父母的恭敬，父母给了我们这么宝贵的身体，我们怎么可以拿来糟蹋？包括对身体的恭敬，"晨必盥，兼漱口。"尊重自己的身体。其实尊重自己也是尊重别人，我们假如经常不洗澡，对人家恭不恭敬？所以这些礼不是谁规定的，是顺着人情自然流露出来的。

礼不只是对人，还包括对事情，"受人之托，忠人之事。""事勿忙，忙多错，勿畏难，勿轻略。"这都是对事的恭敬态度。所以《曲礼》告诉我们，礼的精神是"毋不敬"，对一切都恭敬。诸位朋友，我们希不希望早点开智慧？首先要自敬，尊重自己。这个自敬也有自己尽心尽力的意思。自己信任自己，也是对自己的恭敬，因为天助自助者，天救自救者。你瞧得起自己，老天爷帮你，你瞧不起自己，谁也帮不上忙。所以叫天弃自弃者，自我放弃了，谁都帮不上忙。我们今天信任自己，但也要好学，深入经藏才能有智慧。而深入经藏最重要的就是诚敬的心，真诚恭敬，这是开启智慧宝藏的钥匙。我们怎么样真正做到诚敬？什么时候做？对谁做？对领导诚敬，对下属凶巴巴，可不可以？对客户恭敬，对妈妈无礼，诚不诚敬？对学传统文化的人很恭敬，对不学的人很凶，能不能诚敬？所以要练不分别、不执着，分别就没有诚敬。诚敬，平等的慈悲在里面，我们要提升诚敬的心，就是对一切人真诚恭敬，随时练自己的功夫。

行行出状元，每一个行业都在为社会奉献，我们不能用薪水去衡量一个人的价值，否则就是不恭敬。面对别人的服务，我们都要非常感激。事实上，一个人带着诚敬的心，跟任何人相处都是结善缘；假如不诚敬，带着傲慢的心，那就结恶缘。比方大家去餐厅吃饭，看到服务人员，跟他说："谢谢你，谢谢你的服务。"假如我们被污染了，财大气粗，"赶紧给我过来，怎么慢吞吞的！"挑三拣四，很不尊重人家。你是来吃饭的，他也不敢给你摆脸色，"对不起，对不起，是是是。"等他走进厨房，"有什么了不起，就只是有几个臭钱而已。"你的菜端出来以前，他可能会加点调味料。

我们了解到诚敬是成就智慧学问最重要的钥匙，那什么时候把这把钥匙拿到？一切时、一切处！怎么练？从现在开始，对你最看不顺眼的那个人诚敬，你的学问会成就得很快。假如我们这个诚敬只对喜欢的人，你这一辈子都不可能诚敬。真的，那不是真心，是分别的心。告诉大家，只对某些人好，那都是情执，不是真情，而且那种情会变化。对他很好，改天他做了哪件事，你不能接受，马上变仇人。大家想一想，"我恨他。"这个恨前面是什么？爱，是不是？假爱，不是真的，真的不会变。今天一个陌生人瞪你一眼，你会不会说，我这辈子跟他没完？你说算了算了，他昨天心情不好，可能股票下跌。可是假如另一半瞪我们一眼，三年都不放过他。同样是瞪一个白眼，为什么结果差这么多？到底是他们的关系还是自己的关系？是自己的执着产生的。所以真正能平等爱一切的人，才有诚敬。

再来，对一切事诚敬。交代我们的事情，尽力去做，不随便，不应付，不马虎，在做事当中不断提升心境。还有《弟子规》讲的，"置冠服，有定位，勿乱顿，致污秽。"这是对东西的恭敬。很奢侈，东西不爱护，乱扔，诚敬的心不可能提升。所以《曲礼》讲的"毋不敬"，这是下手处，一切时一切处都是道场，是提升自己的机会。

　　李炳南老师有一个"办公室规约"，跟大家分享一下。"四维上下，一律清洁。"对桌椅板凳都很恭敬，把它们打扫干净。愈爱惜这些东西，它就用得愈久；糟蹋它，它很快就坏了。"器具整齐，不离原处。"物品摆放整齐有定位。假如没有这个习惯，临时找不到东西，心慌意乱，还发脾气，有没有？自己找不到东西，全家人都被他责怪。你说这样乱发脾气的人，哪还有功夫？定慧都没了，火烧功德林。"事按次序，今事今毕。"做事有条理，有条理才不乱，不乱才能定，定才能开慧。我们有没有一个工作日志本？明天的工作，今天先安排妥当；下个礼拜的工作，这个礼拜就先安排，都记录清楚。我们有没有答应人家一件事，最后忘了，等发现的时候很内疚？这样的事情多了，也会让自己很难过。我们要找方法来克服，不要再让这样的事发生。我们要落实《弟子规》，"凡出言，信为先。"答应别人的事不能给人家搞砸了。"各负专责，互相协助。"在团体当中虽然各有负责的事情，但是分工不分家，不要这个部门特别忙，而我们在旁边喝凉水、扇扇子；都是我们自己的事，像兄弟姐妹一样互相帮忙就对了。

　　还有，爱惜公物。尤其我们在公家单位、公益团体，担负着国家、大众的支持信任，要有这一份恭敬心，不糟蹋东西，更不能公为私用。比方公务员，贪污后果最严重的可能是在中国。中国有十三亿多人口，贪污了，欠多少人？怎么还？我记得小时候听过一句话，叫"一世为官九世牛"。我们常说天经地义，什么叫天经地义？很简单，杀人偿命，欠债还钱。所以明白这个道理，绝对没有占人家一点便宜的念头，更何况是占国家社会的便宜。而且不只不能占便宜，还要念着被国家信任，多高的荣誉！被大众信任，多难得的因缘！要珍惜。公务员要当国家跟老百姓最好的桥梁，让老百姓信任国家，团结整个国家的力量。再来，"办公家事，即是益众。"我们在团体里面，不管扮演哪个角色，尽心尽力，即是在利益大众，就是功德圆满。这是李炳南老师留给我们非常宝贵的办公室规约。我们要把这些宝贵的教诲，从当下开始落实。

刚刚我们提到，"不知礼，无以立。"道德学问立不住，在人群当中没法立足，以至于事业没法立足。我们思考一下，一个人傲慢无礼，他怎么跟人和睦相处？他做什么事业都做不成。事业一定是建立在礼当中。包括社会的安定，没有礼也不行。现在的家庭、社会冲突很多，就是缺乏礼的教育。礼是防微杜渐。等到形成一些不好的态度，再来教育就不那么容易。

礼从哪里来？古圣先贤的教诲是天人合一的学问，都是取法天地。所以在《礼记·礼运》里面提到："夫礼，先王以承天之道，以治人之情。故失之者死，得之者生。""承天之道"，效法天地。"先王"，尧舜禹汤、文武周公，这些先人有高度的智慧。我们传统的教育，很核心的是伦理道德的教育。从尧帝那个时候，就洞察到人需要教育，人不学，不知义、不知道。所以《孟子》提到，尧帝看到人民"饱食暖衣"，吃得饱，睡得好，也穿得暖，"逸居而无教"，很安逸地过生活，却没有教育，"则近于禽兽"。所以圣人洞察到这个问题，就有担忧。紧接着，尧帝吩咐契为司徒，相当于现在的教育部长，教给人民最重要的五伦的教育，教给他们父子有亲，君臣有义，夫妇有别，长幼有序，朋友有信。

我们冷静来看，现在人与人的冲突都不离开这五个关系，所以解决所有冲突，靠的还是教育。你好好教他，人心善良，不可能冲突。但是现在家庭把什么摆在第一位？现在如果有谁家孩子去工作，那些长辈第一句话都问他，你一个月赚多少？其实这是让他重视什么？利。孔子讲"君子喻于义，小人喻于利"，怎么我们无形当中，给予下一代的教育都是钱钱钱，那是把什么教出来了？把小人教出来了。所以现在的下一代自私自利意不意外？真明白的人，从这些细微处、人心处去观察，一点都不意外。糊里糊涂，只看着钱，看不到其他东西的，才搞不清楚。所以我们可不能活成穷得只剩钱而已。一个家庭把钱财排前面，那叫舍本逐末。《大学》告诉我们，"德者本也，财者末也。"小到家庭，大到整个社会，统统强调赚钱、经济，把本给忽略了的时候很恐怖，人都是竞争，自私自利。有个十岁的孩子，他同学出车祸去世了，他回去跟他妈妈讲，"我同学死了，太好了，我少了一个竞争对手。"诸位朋友，这个意不意外？现在居然有人跟父母对簿公堂，你看欲令智迷、利令智昏。

那一天听一位长辈说，大家这些天学习，愈来愈提升，像牛市。我问什么叫牛市，然后才知道股票有一个说法，上涨叫牛市，下跌叫熊市。大家知道我为什么不知道吗？因为我存折里的钱从来不够买股票。所以有钱多烦恼，还要随着股票起起伏伏，很辛苦。香港一位富婆的先生被杀害，她有这么多钱，还跟她公公婆婆抢她先生留下来的钱。我们听了都打冷颤，人只有利没有义到这种程度！大家想一想，一对白发苍苍的老人，失去了儿子，有多痛苦。人生三件最悲哀的事情：老年丧子，中年丧妻、丧夫，幼年丧父、丧母。她完全顾及不到两个老人肝肠寸断的心，可以马上跟公公婆婆打官司，残忍到什么程度，你说教化有多重要！请问大家，她没读过书吗？可是为什么这样？因为教育也舍本逐末。教育是德为本，不是知识、学历为本，所以颠倒了，这些乱象才会产生。

内地有一位女士，她的先生去世了，负债几十万，对这位农村的女子来讲，不是小数目。亲戚朋友有的劝她，赶紧找个人嫁了，这个钱你不用去负责。结果她说，我先生生前最重视信誉，我不希望世间的人骂他，戳他的脊梁骨。一个人生前最重视信誉，死后却被一大堆人批评，太太不忍心先生受这样的侮辱，这叫"事死者，如事生"。后来，她扛起先生的事业，建筑、装潢，开始还钱。而且打电话给那些债主，你等我多久，我一定还你钱，主动去跟人家联络。最后感动了当地很多的人，工程都给她做，说这个人值得信任。有一天，学校来电话，说她儿子昏倒送医院了。孩子为什么昏倒？因为他已经一个礼拜没怎么吃东西了，他看母亲这么辛苦，就把母亲每天给他的钱都省下来。母亲到了医院，孩子握着两百多块钱，说："妈，这是我这一段时间省下来的钱，你赶紧拿去给父亲还债。"孩子哪知道两百多块钱能产生什么作用，可是他被母亲的精神感动了。这一幕被她公公婆婆，还有她自己的父母看到了，动容，全家都来帮她，几年的时间，把债都还完了。她的先生过世三年，债主统统到他们家慰问，很感佩这位女子的德行。所以我们从这里看到，受到传统文化教育的人，拥有的是道义、情义的人生。这样就不会有社会乱象产生。

而古圣先贤最难得的就是智慧，高瞻远瞩。《易经》告诉我们："君子慎始，差若毫厘，谬以千里。"礼是不治已乱治未乱，跟中医一样，不治已病治未病，懂得预防。在五千年的历史长河当中，建立一个国家，都是首先制礼作乐；不这么做，社会一定乱，而且乱得很离谱。一开始就制礼作乐，可以把整个人心定下来。汉高祖刘邦是平民打下天下，但是守天下靠的是智慧，要靠真正深入圣贤教诲的人。刘邦一开始不懂，不信，结果那些大臣一来，在那里喝酒、争功、乱喊，甚至有人喝得醉醺醺的，拔起剑来乱砍，整个朝廷乱成一团。于是，他赶紧找当时一位读书人叔孙通，召集了一百多个读书人，定下汉朝的礼，然后整个朝廷才循规蹈矩。朝廷都乱成一团，怎么治理人民？所以一个朝代，一定要重视礼。

小到一个家庭，礼在哪？《弟子规》讲，"或饮食，或坐走，长者先，幼者后。"这是生活很平常的地方。但是才二三十年的岁月，都反过来了。我小的时候，是我去请爷爷奶奶吃饭，请老人坐好，我们给老人盛饭、端饭，请他们先吃，接着我们吃。请问大家，现在谁叫谁吃饭？可问题是几个人在看到这些社会现象的时候知道，以下犯上，不尊重父母长辈的后果快要产生了？我们有没有这样的慧眼？以前没有，现在要有，你懂道理，要开慧眼，防微杜渐。凡事最根本的在什么？人心。我们做了这件事，到底孩子的心、我们自己的心起了什么变化，我们有没有看到这一点？孩子的心很敏锐，妈妈很欢喜地做爷爷奶奶喜欢吃的菜，"爸、妈，多吃点！"当下这一份孝心不就传递给孩子了吗？孩子笑呵呵的，"奶奶，赶紧吃！"经典不就落实了吗？但是假如我们都只想着孩子，夹菜都夹给孩子，不夹给爷爷奶奶，孩子的心又受到什么影响？"所有人都得替我想。"他就自私了。所以我们做的任何事，到底给了我们身边的人什么影响，我们清不清楚？我们不能做得糊里糊涂，活得不明不白的。

所以道在哪里？都在这些生活的细节当中。是顺道而行，还是颠倒了、违背了？才二三十年，产生这么严重的偏差。我记得小时候长辈到我们家来，我们一听到声音，就赶紧行礼。现在长辈到家里来，小孩坐在那里看电视，也不问好，只是转四十五度，笑一下。有家长甚至说，他对你笑就不错了。请问大家，下一代是这样，再下一代变什么样子？再下一代就是叔叔阿姨到小朋友面前，"小朋友好，要不要喝水？"是不是这样？一代不如一代，社会道德就崩塌了。所以圣贤人制礼作乐这些智慧，我们要好好深入，好好从当下我们的家道、家规建立起来；教书的人，从班规建立起来；搞企业的人，先把企业文化建立起来。这样，我们的孩子、学生、下属才能在这种良好的环境当中长养他们的善心。

　　好，这节课先跟大家分享到这里，谢谢大家！

礼义廉耻，国之四维

第二讲

尊敬的诸位长辈、诸位学长，大家好！

上节课我们提到，礼是古圣先王承天之道，以治人之情。日月星辰四时运转，都是很有规律、很有次序的，而中华文化是天人合一的学问，所以我们也仿天地的规矩、次序，体现出来就是伦常，五伦的规矩。而且我们在整个生活当中也应该很有次序，就像古代农业社会讲的"日出而作，日入而息"，这是生活上的规矩。但是现在的人，不知道顺应自然的秩序，反而经常熬夜，很晚才睡，然后第二天中午才起来，整个作息没有次序，跟大自然颠倒了，所以身体很不好。其实日夜颠倒也是无礼，首先对不起自己的身体，再来对不起父母，糟蹋身体，不孝，这都违反了为人子的规矩，"身体发肤，受之父母，不敢毁伤，孝之始也。"我们不珍惜光阴、不珍惜生命，其实也是在糟蹋自己，也是对自己的不恭敬。礼，内在就是恭敬，恭敬自己，恭敬父母，恭敬他人，这都是礼的范围，礼的精神。

这节课我们先来看《德育古鉴·绪余》第一段：

夫礼，德之范也。教人遵上训下，履行人伦规矩也。《说文》：礼，履也。所以祀神致福也。礼有五经，莫重于祭，故礼字从示从丰。丰，行礼之器也。不知礼，无以立。礼之体，敬为主。礼之用，和为贵。知和而和，不以礼节之，亦不可行也。上则优赐有加，下则鞠躬尽瘁，礼行于君臣矣。定省温清，出告反面，礼行于父子矣。外内位正，和而有别，礼行于夫妇矣。长幼有序，伯友仲恭，礼行于兄弟矣。乐群敬业，毋相聚以邪谈，礼行于朋友矣。

"**夫礼，德之范也。**"如何与人相处，明白自己的本分，这属于范；如何应对进退，社会典章制度、道德规范都属于"礼"。我们看古代典籍"三礼"，《周礼》就是一个国家的宪法，整个典章制度、道德规范都在里面。《仪礼》是关于礼的一些仪式，我们看第二行提到，"礼有五经"，"五经"就是指吉、凶、军、宾、嘉。吉，祭祀属于吉礼；凶包括丧葬礼，在古代打胜仗也属于凶礼，因为只要动兵就会有伤亡，所以古代是不提倡打仗的；军队当中有军礼；宾是指天子、诸侯招待客人之礼；嘉，婚礼、加冠礼、乡饮酒礼都属于嘉礼。《礼记》是就这些仪礼所代表的精神，还有它产生的教化效用加以诠释，所以《仪礼》跟《礼记》可以相互参照来深入了解礼的教育。

礼是德行的规范。规范对人是很重要的，无规矩不成方圆，循规蹈矩才能提升自己的道德学问。我们就看"嘉礼"里面的三个礼，冠礼、婚礼和乡饮酒礼。冠礼，男子成年要受加冠礼，表示这个孩子已经成年了，要对家庭、对社会有责任感，在这个礼仪的过程当中产生这样摄受教化的力量。而现在对年轻人这种责任心的教化太少，好像自己的责任就是考试、就是拿学历，其他的就不关他的事了。所以现在很多大学生，毕业了都不去找工作，还在家里打游戏打到半夜。他没有责任心就是无礼，没有尽本分，玩乐玩到半夜不懂得节制，都是没规矩、放纵。所以我们看缺乏礼的教育之后，人都不懂得分寸、本分了。所以这个礼，好像不容易感觉到它的存在，觉得它好像也不是很重要，甚至于在近代还被误解说礼教会吃人。其实，礼的教育就好像一条河的堤防，堤防稳固，洪水才不会泛滥。假如堤防没有了，洪水会泛滥、会失控。

所以在《史记》里面，司马迁说道，"夫礼，禁未然之前，法，施已然之后；法之所为用者易见，而礼之所为禁者难知。"所以礼是防范于未然，从小懂得礼，就不会放纵自己的习气跟欲望，人都懂得规矩，五伦，就能和睦相处。整个伦常教化都属于礼的部分。法律是在人的行为都已经偏颇了，再用来制裁他。所以法律看得比较清楚，你犯了什么法判什么刑，"已然之后"。可问题是当人的习性已经养成，控不控制得住自己？请问大家，犯法的人知不知道他那个行为是错的？知道。有很多司法界的人都觉得，犯罪的人就是因为不懂法律，所以多给他们介绍法律常识。但我相信百分之八九十犯罪的人，都知道这么做不对，可是他为什么还做？他控制不住了。所以礼的教育伟大就在这里，禁于未然。你说一个人处处替人着想，他怎么可能去伤害别人？处处恭敬人，他怎么可能对人无礼？

比方说现在忤逆父母的现象，都偏离做人的常轨太远了。《弟子规》讲，"父母呼，应勿缓。"从小他就是这个态度，一言一行很恭敬。"称尊长，勿呼名。"都是在日常的生活当中，很自然地提起对父母、长辈的恭敬态度，这个恭敬是人本有的。我们在这样的一种家教当中，跟哥哥姐姐相处，都很恭敬。记得在学校读书的时候，同学问我，你姐姐叫什么名字？当时我把姐姐名字念出来，全身不自在，不舒服。因为都是尊称姐姐习惯了，一下子直接叫她的名字，觉得不恭敬。包括人家问，你父亲叫什么名字，讲出来的时候都不大舒服。连称自己长辈的名都会觉得不舒服，那种恭敬的态度形成了，怎么可能还讲出忤逆父母、长辈的言语？在无形当中形成规矩、恭敬、节度，做事就有分寸。有礼的教育，化干戈怒气于无形！假如没有这个修养，高位者常常无礼、吵架，下位的人很难教，他们会说上面的人都这样，为什么我们不能这样？所以一个人辈分愈高，地位愈高，愈应该言行谨慎才对。

"而礼之所为禁者难知"，礼就是禁于未发，人的习气没有养成，就让他懂规矩。我们看乡饮酒礼，这是古代家族聚会。这些教化太好了，现在都少了，没了，小孩子在哪里学习处事待人接物？尤其很多大都市小家庭，独生子女，要教他尊敬长辈，以大局为重，缺乏这种环境的教化了。甚至于所有的长辈围着孩子转，他最大，怎么教他恭敬？比如我们三代同堂，吃饭的时候，"长者先，幼者后"，都是我们摆碗筷，盛饭给爷爷奶奶吃，我们做的当下也很欢喜，这是性德。爷爷奶奶都会微笑，摸摸我们的头，真乖。现在不懂得这个规矩，倒过来了，吃饭都是孩子先跳上去吃，而且他无礼，他喜欢吃的就吃一大半。以前礼的教育是就吃你前面那道菜，为什么？防止人贪心。你看现在的孩子，怕自己吃不到，赶紧多夹一点，那不是增长欲望、增长贪念吗？还有没规矩的就在那翻，是吧？所以教化都是在这些生活的细节当中。

我还听说一个实际的例子，一个男子带着他女朋友第一次到他家里见父母。结果，他母亲还在炒菜，他们就开始在那里吃，等妈妈的菜全都做好了，他们也吃饱了，然后对妈妈说："妈，好了，我们要出去了。"这就是很不知道规矩、分寸。说实在的，你带女孩子回家里来，妈妈在那里做饭，应该去帮忙才对。不只不帮忙，长辈都还没吃，他们就吃得这么高兴。而且最可悲的是谁，大家知道吗？那个儿子，他一点判断力都没有，这样的女子，他也不知道她不懂规矩。这样的年轻人，最可悲的地方是互相之间错在哪都不知道，真的能够互相成就吗？能互相提升彼此的德行吗？

所以乡饮酒礼，就是整个家族聚会的时候，按照辈分、年龄坐，年纪长的、辈分高的坐前面，辈分低的依序排下来。吃饭的时候伯伯、叔叔、堂哥都坐在前面，然后年轻人忙着张罗、服务，而且让人时时都记住，这些长辈在我成长的过程当中都曾经爱护、照顾过我。《礼记》里面有一句很重要的话，"礼者，报本反始，不忘其初。"饮水思源，知恩报恩。我们怀念这些长辈对我们小时候的照顾，这都是反始报本，不忘当初的恩德。

在《大戴礼记》里面，有一段很重要的教诲，"礼有三本：天地者，性之本也；先祖者，类之本也；君师者，治之本也。无天地焉生？无先祖焉出？无君师焉治？三者偏亡，无安之人。故礼，上事天，下事地，宗事先祖，而宠君师，是礼之三本也。"人的根本、生命的根本，以至于社会安定的根本，在这里整个点出来了。"天地者，性之本也"，"性"指生命，天地化育万物。"天地之大德曰生"，天地给了万物生命。我们要感恩，要报本反始，不忘其初。但现在这个规矩乱了，现在破坏大自然，滥砍滥伐，对自然予取予求，最后生态失去平衡。"出乎尔者，反乎尔者也。"我们今天对天地不敬，回来的就是灾难；对天地恭敬，爱护大自然，感得的就是风调雨顺。所以有没有礼，有没有感恩心太关键了，"先祖者，类之本也"，"类"是指种族。先祖是三皇五帝，我们都是炎黄子孙。几千年来，我们这个民族懂得敬天、敬地、敬祖先、敬古圣先王的教诲。"慎终追远，民德归厚。"现在的人有没有学习自己民族的优秀文化？我们中华民族，这一百年，不只不学习古圣先贤的文化，还批评、破坏自己祖先的文化，这叫"数典忘祖"，那就麻烦了。"君师者，治之本也"。"君"是国家领导，他统领整个国家，日理万机是很辛苦的，所以他功在国家。"师"主教育，教化人做人做事的道理，影响是比较深远的。所以历朝历代都会祭祀先祖跟以前的君王，每年九月二十八号会祭孔，这些都是不忘本。

所以，"无天地焉生"，我们的生命不能延续；"无先祖焉出"，我们血脉是相传的，身体发肤，受之父母，我们要感激；"无君师焉治"，没有社会的安宁。"三者偏亡"，这些教化，只要有一条没有了，"无安之人"，没有人真正能生活得很安心。其实就是说，人只要忘本，这个社会就不安宁了，谁也没有安全感了。大家想一想，假如父不父、子不子、夫不夫、妻不妻，谁有安全感？现在很多人不敢回家，或者待在家里都很恐慌，那就是家人都无礼了，产生了这个现象。"故礼，上事天"，以前天坛祭天，恭敬感恩天地的恩德。"下事地，宗事先祖"，"宗"是遵从自己的祖先，珍惜他们的教诲。大家注意看，任何一个朝代的政权会衰败，都是没有遵循祖先的教诲。"而宠君师"，"宠"是指尊荣、恭敬，尊荣领导者，尊荣师长，这是礼之本也。

刚刚讲到的是乡饮酒礼，在那种场合，兄友弟恭，尊敬长上。每一个人的发展不同，有的人可能当了大官，但是在乡饮酒礼当中，不看官位，也不看有多少钱，看辈分。大家看，现在没有这些礼仪教化，人地位一高了，连长辈都不放在眼里，甚至跟父母讲话口气都很不好。有的赚了一些钱，财大气粗，忘本了。没人提醒他，没人教育他，甚至于都觉得赚钱第一，任何事情都排在后面。只要说我是要去赚钱，所有的人都顺着他，都要给他开绿灯。有一个董事长，确实赚了不少钱，对兄弟、对父母态度也傲慢，后来学了传统文化，确实"人之初，性本善"，他很忏悔，就回去给妈妈洗脚，把妈妈吓的，"我不能让董事长洗脚。"大家有没有听出这句话的味道？说明这个董事长回家还是董事长。请问大家，董事长回家应该是什么？儿子。比如我们教小学的，小学老师回到家就要变太太、变先生，假如回到家，对另一半还是小学老师，那就不妥当。其实说实在的，一真一切真，"一"是真心。真心，对孩子就有爱心，对另一半就有恭敬，对父母就有孝心，演什么像什么。哪有说扮演一个角色之后，就固着在那个角色上，那是顺着傲慢。

很多很成功的女性，事业也发展得不错，回到家，人家还是太太的角色，媳妇的角色。比方说她是法官，一下了班，看到婆婆，就是媳妇了。而且说实在的，她当法官，也是慈悲的心才当得好。当法官，人民犯罪了，"上失其道，民散久矣。"是国家政府没有教好，你不能拿着严苛的刑罚去处罚人民，反而要惭愧。前几天我又看到一个报道，法官在审案的时候，用《弟子规》的经句去批评那个儿子，所以现在连法官也在学《弟子规》了。现在整个人心都感觉到，必须要回归到古圣先贤的教诲，不能再偏离了。

嘉礼还包括婚礼。婚礼是很隆重的，共有六道步骤，先纳采、问名、纳吉、纳征、请期，最后才是亲迎，非常地慎重其事，整个过程就让人感觉到婚礼是人生最大的事情，不可以马虎，要有责任，要有情义。我们在课程当中常跟大家讲到，新娘迎娶过来，进门喝交杯酒。酒杯是葫芦瓜做的，葫芦里面的肉是苦的，盛的是甜酒，代表这一杯喝下去之后，夫妻从此同甘共苦。葫芦瓜劈成两半，合起来是什么？完整的一体。夫妻只要计较，在那里分自分他，就出事了，就不和谐了。所以结婚后，夫妻双方都是多了一个爸爸一个妈妈，这就对了。现在人都没有那种心境，分得很清楚，你爸你妈，听起来就很不舒服。假如说咱爸咱妈，听起来就很亲切。包括赡养父母，当先生的对太太讲，你爸妈少一点，我爸妈多一点，分自分他，都没有一体的感觉，那就不和谐了。

现在的婚礼都没有这些教化，以前都要媒人做媒，现在是男女自由恋爱。请问大家，自由恋爱好，还是媒妁之言父母之命好？父母看人比较准，还是年轻人看得比较准？请问大家，婚姻要能幸福，靠的是理智还是冲动，感情还是情义？大家再冷静看看，现在男女走向婚姻，都偏向哪一方面？

老祖宗在几千年前就讲了这些话，"婚姻之礼废，则夫妇之道苦，而淫辟之罪多矣。"男女之间要"发乎情，止乎礼"。"乡饮酒之礼废，则长幼之序失，而争斗之狱繁矣。"古人洞察机先，只要忽略这些礼的教育，洪水就泛滥，冲突乱象就要出来。乡饮酒礼没有了，人就不懂得长幼有序，尊重、感恩长辈，所以"争斗之狱繁矣"。现在家族亲人之间冲突，甚至告上法院的现象都有。我的记忆中，没见过父母、叔叔、姑姑吵架，所以我也不知道怎么跟人家吵架。人家讲话很大声、很凶的时候，我也没经过什么思考，自己声音就下来了。这可能是潜意识，从小这些长辈们吵不起来，你跟别人也吵不起来。

我们看婚姻之礼废了，现在离婚率这么高。请问大家，有没有看过哪一个人，拍着胸跟你讲，我离婚七次了？男女情感假如不和谐，对双方内心都是一种煎熬跟伤害。其实女子最有福气的，就是情感从一而终。我母亲以前找人算命，算命的人就说我母亲感情很平顺。女人感情平顺，命就好。平顺到终是一种幸福，互相信任，不会怀疑。有一次，有人给我们家寄了一封信，说你在哪里做了什么事情，都被拍下来了。信是我打开的，一打开来，上面写着我爸的名字，我很吃惊，就拿给我母亲看，我母亲看完笑一下，就把它丢垃圾桶去了。我非常感动，母亲对父亲那种情感、信任没有任何的波动。大家想一想，一个女子对她的丈夫完全没有怀疑，你说她少烦多少事情？那才幸福！以前的人真的重情义，做不出对不起对方的事，甚至不做让对方担忧的事情。现在的这些礼的教育没有了，男女随便了。尤其女子对社会风气的影响很大，因为男子比较容易冲动，女人端庄，对男人有威慑力，他不敢造次。女人假如随便了，男人又容易冲动，这个社会就乱了。很多社会的乱，都乱在男女关系这个根源上。

我们刚刚还讲到，整个婚礼过程的教化是同甘共苦。现在的婚礼都是在那里闹，哪一个环节是教同甘共苦？现在的人找不到内心的喜悦快乐，好像要作弄别人才会高兴。你说自己的朋友、亲人结婚，多大的事，这个时候不给他婚姻当中最重要的提醒，什么时候再给他？所以，该是认祖归宗的时候了。结婚的时候应该找到家族，甚至社会当中德高望重的人，来给新人期许。甚至通过这个人的一席话，让在场的人都回到正确的夫妻相处之道，那婚礼上所有的人都受教化！一个人一年可能要参加几次婚礼，每一次婚礼都有这些教化，人心就不会偏离得太远。现在这些教化缺乏，听说结婚前就财产公证，分得很清楚，这是利不是义，就更谈不上什么同甘共苦了。所以几千年前古人都能洞察到，只要偏离了规矩、礼教，乱象必然产生。这个时代的人吃的苦，很多是因为"不听老人言，吃亏在眼前"。

我们接着看《绪余》，"**教人遵上训下**"，"遵"是尊重，"上"是长辈、父母。延伸到团体，"上"是领导者，年长者。"训下"，教育自己的下一代，有家教，这也是礼。为人父母没有好好教育孩子，没有建立好家教，没有尽本分，那就是无礼了。"养不教，父之过"，这就有过失了。"**履行人伦规矩也。**"实践、落实人伦应该有的本分、规矩。《左传》讲，"夫礼，天之经也，地之义也，民之行也。"所以礼的教育，这些人伦的规范，其实就是效法天地井然有序的规律的，"礼者，天地之序也。"

"《说文》：礼，履也。"《说文解字》讲，礼重视落实，都是日常生活中一言一行的教化。"**所以祀神致福也。**""祀神"，祭祀天地鬼神，祭祀先祖，这是礼的精神，不忘本，知恩感恩。人有知恩报恩的心境，不忘先祖的教诲，一定能感召来福气。"祀神"是因，"致福"是果。林则徐先生说，"父母不孝，奉神无益。"连父母都不孝顺，每天拜神也感召不来福报。

"礼有五经"，我们刚刚讲了，礼分吉凶军宾嘉。"**莫重于祭**"，最重要的是祭祀。刚刚我们讲到，礼之三本，念天地之恩，念先祖之恩，念君师之恩，都离不开祭祀。所以我们有祭天、祭地、祭孔老夫子、祭祖先，春节、冬至祭祖，清明祭祖。"**故礼字从示从丰。丰，行礼之器也。**"都是强调离不开祭祀。"**不知礼，无以立。**"一个人不懂得礼貌，不懂得恭敬他人，很难在人群当中立足。在家庭可能兄弟姐妹就冲突，出外跟人不能和睦相处，甚至于什么时候得罪人都搞不清楚，无形当中给自己造成很多阻力。这个时候要"行有不得，反求诸己"，孟子讲"敬人者，人恒敬之"，所以人恒找麻烦，原因是什么？原因是我们常给人家找麻烦，或者失礼于人。

"**礼之体，敬为主。**""礼"最重要的本质就是恭敬。一个人没有恭敬心，事业就要败了。所以"百事之成，必在敬之；其败也，必在慢之。"一个人事业发展，少年得志，他觉得自己太了不起了，慢慢地股东瞧不起了，下属的劝听不进了，他就要败了。我们看很多大的公司败下来，主要就是负责人傲慢。所以一个人福报再大，只要他傲慢、不恭敬，迟早要败。

《史记》有一篇《项羽本纪》，最后一段是"赞"。《史记》，我国第一部通史，从黄帝一直记载到汉武帝太初年间，二千五百年，总共五十二万字，分五个部分：本纪、表、书、世家、列传。本纪就是记皇帝的历史；表是记那个朝代很重要的大事；书是典章制度；世家是记诸侯；列传是记当时影响社会比较大的一些人。在本纪里面有一个特例，他不是皇帝，可是把他摆在本纪，这个人就是项羽。世家里面也有一个特例，孔子不是诸侯，可是列在世家。孔子被称为"素王"，他没有封地、没有官职，可他却是影响最深远的。司马迁先生光是选这些人物，都是给后世的一种叮咛。项羽为什么被列在本纪里面？其实他是非常有机会做天子的，他福报太大了。这里我们来看这篇《项羽本纪》的"赞"。史官描述一段历史后做的一个评论，叫赞。赞之前叙述了项羽的一生，我们看最后这个赞，就是司马迁先生对项羽的评论。

太史公曰：吾闻之周生曰，舜目盖重瞳子，又闻项羽亦重瞳子。羽岂其苗裔邪？何兴之暴也！夫秦失其政，陈涉首难，豪杰蠭（fēng）起，相与并争，不可胜数。然羽非有尺寸，乘势起陇亩之中，三年，遂将五诸侯灭秦，分裂天下，而封王侯，政由羽出，号为"霸王"。

位虽不终，近古以来未尝有也。及羽背关怀楚，放逐义帝而自立，怨王侯叛己，难矣。自矜功伐，奋其私智而不师古，谓霸王之业，欲以力征经营天下，五年卒亡其国，身死东城，尚不觉寤，而不自责，过矣。乃引"天亡我，非用兵之罪也"，岂不谬哉！

"太史公曰：吾闻之周生曰"，有一个读书人叫周生，他说，"**舜目盖重瞳子**"，大舜的眼睛传说有两个瞳孔。"**又闻项羽亦重瞳子。**"项羽也有两个瞳孔。"**羽岂其苗裔邪？**"项羽是不是大舜的后代？"**何兴之暴也！**""暴"是指快速。是不是因为他是大舜的后代，才这么有福报，起得这么快？"**夫秦失其政**"，"失其政"就是政治失修，没有好好治理国家，而且还行的是暴政。"**陈涉首难**"，陈胜、吴广，首先起义对抗秦暴政。这个"难"字很有味道，虽然是要推翻暴政，但毕竟还是要打仗，人民还是要流离失所，所以用"难"。"**豪杰蠭起**"，很多英雄豪杰蜂拥而起，"**相与并争**"，相互争夺天下，"**不可胜数。**"无法计算，太多太多了。但更重要的是几个人真正是胸怀天下，而不只是为了自己的富贵荣华？

"**然羽非有尺寸**"，一开始的时候，项羽尺寸之地都没有。"**乘势起陇亩之中**"，"陇亩"是指田野，耕地，就是民间的意思，趁势在民间发展起来了。"**三年，遂将五诸侯灭秦**"，"将"读jiàng，是率领的意思。才用了三年的时间，影响力能够到率领五国的诸侯，哪五国？韩赵魏齐燕。项羽是楚国人，其他的五国在他的率领之下灭了秦国。"**分裂天下，而封王侯**"，把天下分成几个部分，然后封给各国的王侯。"**政由羽出**"，政治上一些重要的决策由项羽来发布，"出"是发布。"**号为霸王。**"就是西楚霸王。"**位虽不终**"，他这个领导的位子最后虽然没有保住，"**近古以来未尝有也。**"这几百年没有看过这样的例子。他有这么高的影响、这么强的武力，为什么后来又快速败下来？下节课我们会谈到。

这节课我们先谈到这里。谢谢大家！

第三讲

尊敬的诸位长辈、诸位学长，大家好！

我们上一讲讲到《项羽本纪》"赞"，前面提到了项羽短短三年的时间，成为诸侯的最高领导。通常，人在发展的过程当中，意气风发，慢慢地就会自视甚高，不可一世。其实，有很多人的帮助，包括人民的信任，属下的尽忠尽力，才能够成就一件大事。不能事情有所成就了，统统归功于自己，傲慢心就起来了。所以"凡百事之成也，必在敬之；其败也，必在慢之"，一傲慢，败相已露。《论语》讲，"如有周公之才之美，使骄且吝，其余不足观也已。"有周公的才华、能力，只要骄傲了，这个人就没什么大作为，他的才能、学问就会有瓶颈，上不去了。《礼记》第一篇《曲礼》就提到了，"傲不可长，欲不可纵，志不可满，乐不可极。"《曲礼》第一句就是"毋不敬"，对一切人恭敬，不能傲慢；对事情要尽力，要战战兢兢，不可以马虎，不可以掉以轻心；对一切物品，也要恭敬、爱惜。

所以，项羽三年发迹，得到无数人的帮助，加上祖上有德，才有这么大的福气。但他不好好珍惜，把祖宗留给他的福报全部都败掉了。古人懂得"积善之家，必有余庆"的道理，像范仲淹先生，发达了，不会享乐纵欲，还告诉他的孩子，我今天发达了，这是祖先的保佑，要照顾好家族所有的人，才对得起祖先，不然以后无颜去见祖先。这是明理的人！

我们继续看《项羽本纪》"赞"。**"及羽背关怀楚"**，项羽放弃了关中，"背"就是放弃、离开。关中本来是建都最适合的地方，易守难攻，结果项羽放弃了这个地利，"怀楚"，感情用事，定都彭城，地利就没有了。整个过程败丧下来，也只有五年的时间，最后自杀而死。五年当中很多决策都是错误的，为什么他没有调整？还是听不进人家的劝。其实人有很多转变命运的机会，但能不能善用这个机会，还是取决于人的修养，尤其有没有恭敬接受别人劝谏的态度。**"放逐义帝而自立"**，项羽是楚国的军队，就立楚怀王的孙子为"义帝"。项羽是臣子，后来却把义帝放逐，最后还暗地里把他杀了。所以这些做法，其实都在折损他自己的福报。遵守道义得民心，不守道义就失民心。**"怨王侯叛己"**，其他人不认同他放逐义帝，接着韩广、刘邦就反叛了。项羽假如这个时候反省自己，可能又是一个转机。人家是因为你不义而叛，你反而怨他们，脑子里可能在想，"当初你们有王可以做，还不是我给你们的。"人面对一些情况的时候，不反省自己，还在那抱怨，就更让自己陷于艰难的处境。**"难矣。"**项羽继续这样下去，要扭转这个局势就非常困难了。

"自矜功伐"，"矜"就是夸耀，夸耀自己功劳非常大。**"奋其私智而不师古"**，"奋"是专逞的意思，变得自尊自大。"私智"就是个人的才智。人的智慧是有限的，所以唐太宗当皇帝，知道要跟古圣先贤、先王学习，赶紧安排魏征等编了一套《群书治要》，手不释卷，让天下大治，因为他用的是几千年的智慧。唐太宗十六岁就带兵打仗，二十七岁当皇帝，读书少，所以人可贵在哪？有自知之明。项羽是武将，书读得少，还不知道效法古人，那就很危险了。而且打天下靠的是机会，守天下得靠智慧。"师古"，学习古人的智慧、经验，"以古为镜，可以知兴替"，知道兴衰的关键在哪里。

"谓霸王之业，欲以力征经营天下"，"谓"就是自己认为。一个人讲话的时候，常常"我认为怎样怎样"，"我觉得怎样怎样"，都自以为自己对、自己能，无形中就流露出傲慢来了。一个很谦退的人，"我"字很少会用，在谈一些道理的时候，都是孔子讲怎样怎样，师长讲怎样怎样，他是以谦退的心在应对人事。而项羽觉得，他这霸王的事业，只要用武力来征伐，就能够统治天下。从这里我们看得出来，项羽的见识还是太浅薄，天下怎么是用武力来统治、经营的？他的智慧判断力不够。我们看历史，秦国用武力统治了多久？十五年。周朝，文王、武王、周公都是圣人，朝代延续了近八百年。所以历史就是一面镜子，不师古，最后认知偏离这些真理、道理太远。所以**"五年卒亡其国"**，五年终于亡国了。**"身死东城"**，他是自杀而死的。东城在安徽定远县。项羽打仗八年，是常胜将军，七十几战都是打胜仗，但是最关键的最后一场打了败仗。最后也没什么人了，身边的人劝他渡江回楚国，他说："无颜见江东父老。""**尚不觉寤**"，"寤"通"悟"，他五年快速衰败，还没有觉悟。"**而不自责**"，也没有反省自己。"**过矣。**"这算是太大的过错了。"**乃引**"，"乃"是却，反而；"引"是援引。其实是找借口。项羽兵败之后，他反而引用哪一句话？"**天亡我**"，是老天爷要亡我的，"**非用兵之罪也**"，不是我不会打仗。所以他把失败的原因推给谁？推给老天爷。他这一念又不知道要折多少福了，这叫怨天尤人。人要死了，还不反省自己，难怪会有这样的大败。"**岂不谬哉！**"这岂不是荒唐透顶，太荒谬了！整个文章也点出来他的问题所在，天时、地利、人和都失去了，最后不知反省。

我们再回到《绪余》。

"礼之体，敬为主"，恭敬太重要了，内心常保对一切人事物的恭敬，表现出来的行为就合乎礼。"**礼之用，和为贵。**""礼"落实在处事待人接物当中，又能达到和谐，那是最可贵的。但是，"**知和而和，不以礼节之，亦不可行也。**"为了调和，为了和睦，而不以礼来约束，还是行不长久。比方我们顾及人情，把团体的规矩破坏了，这样可以吗？比方我们是做领导的，服务他人都要团体来配合，我们常常卖人情，"没问题，没问题！"底下的人办事难度就很高了，就把他们给累坏了。领导者也要尊重、体恤底下的人，不能当领导了就不恭敬人。或者你常常同意人家走后门，也没有规矩。其实，不以礼来做事，谁都没有得到利益，看起来眼前给了他点方便，他真的得利了吗？你不守规矩、不守礼，他以后就觉得这么做没问题，尽走后门，其实是害了他。人情上不能不守规矩、不守礼，但也不能守规矩到不体恤人心，你说"规矩就是这样，没得说"，人家刚讲两句，马上就被我们骂回去了，看起来很有原则，但是柔软度不够，常常就会得罪人。假如我们常得罪人，可能也会造成别人对我们的团体，甚至对我们的领导有看法，这一点我们要敏感。所以虽然有原则，但是要体恤人情，要有耐性去给人家说清楚，"这样其实不一定对你有好处，反而遵守规矩比较好。不过在我的职责范围之内，我还能帮你些什么？"你没有破坏规矩，但对方觉得你这个人很有人情味，尽力为他想了，这样就比较圆融。所以处事做到仁至义尽，又不破坏规矩，这很重要。

"上则优赐有加，下则鞠躬尽瘁，礼行于君臣矣。""优赐"就是赏赐、关怀，"有加"是细心体恤，看到下属的付出，肯定嘉奖，恩赐有加。这样的领导者，没把下属的付出当作应该的，都是很珍惜、很感恩他们，关心他们的身心，关心他们的家庭。"下则鞠躬尽瘁"，下属恭敬谨慎，尽心尽忠，回报这个知遇之恩。这点做得最好的是诸葛孔明先生。要做到这一点，其实还是要真心、忠心、不变心，时时想着不可以让国家、团体、领导蒙羞。《孝经·事君章》那一段特别精辟，"进思尽忠，退思补过。"在朝廷当中尽职尽责，尽心尽力提醒君上；回到家里还在想，君上还有哪些不足，怎么善巧方便再提醒、协助他，退思补过。"将顺其美"，领导者好的理念尽心尽力成就；"匡救其恶"，要劝告、调整他不妥当的地方。整段话强调一点，不变心，都是什么心？一心一意只想着如何成就君上，没有其他念头，这是义，道义之交。

其实我们对每一个人，对每一个亲戚朋友，都应该是这个态度。不能今天亲人做了哪件事，我不高兴，好，那我不理他。有这个态度，那都是变心的人，不是真心，不是真爱，都是意气用事，都是谈条件。他对我怎样，我才会对他怎样，他都不对我好，我也懒得理他。这种心态都是利益之交。"君子喻于义，小人喻于利。"常常想着别人要先对我怎样，那叫小人，自私自利。我们愿不愿意做小人？不愿意。从哪里下手？不变心，一心一意为对方着想、为对方好，就对了。保持不了怎么办？要把那个保持不了，干扰你的念头放下。那个念头里面可能有贪心，可能有傲慢，可能有瞋恚，可能有怀疑，贪瞋痴慢就是烦恼贼。我们这个心为什么变了？就是认贼作父造成的。现在把这个贼都抓住了，就可以恢复不变心，恢复真心。

"定省温凊，出告反面"，这都是为人子的规矩，晨昏定省、冬温夏凊、出告反面，举的是生活的细节，但大的道理都离不开这些细节。"**礼行于父子矣**。"在生活的细节上能做到对父母的体恤跟恭敬，更大的事就不用说了。大节都是在小地方培养出来的。我们刚刚讲到《史记》，司马迁先生完成这本巨作，也是"礼行于父子矣"。"父母命，行勿懒。"司马迁先生的父亲司马谈也是史官，其祖先就是周朝的太史，这有家族的承传。我们古代其实很注重家学，为什么？因为有那个家庭背景，积累才厚。

　　司马迁的父亲是太史公，司马迁先生十岁就会背《尚书》《左传》《国语》。有这个家教，他才有这个功夫。父亲晚年期许他："周公到孔子差不多五百年左右的时光，孔子到我们汉朝又快五百年了，所以要有贤德之人出来记载这些历史，后世的人可以借鉴。所谓'述往事，思来者，究天人之际，通古今之变，成一家之言。'"司马迁做到了。"究天人之际"，古圣先贤传下来的学问，就是天人合一的学问。天地、大自然跟人心是相应的，像《尚书》里面讲的，"作善，降之百祥；作不善，降之百殃。""通古今之变"就是在整个历史长河当中，了解到兴衰存亡之道在哪里，客观地从这些历史经验当中得到启示、教训。司马迁先生在每一段历史后面都有评论，这是"成一家之言"。往往这些史官的评论，让我们对历史体悟得更深刻，因为他们有那个慧眼、智慧。

　　对父亲的嘱托，司马迁时时不敢忘，所以他是孝亲。当时汉朝的一名武将叫李陵，投降匈奴，汉武帝非常震怒。而司马迁跟李陵的交情不错，当然他不会徇私，替李陵辩解道，确确实实当时汉军的情势非常危急。其实一个领导者看到这些情况的时候，也要反思，不能一味要求他尽忠，他的形势危急，也很可能是领导者的决策失误造成的。遇到这种事的时候，为君者是否应该冷静反思，为什么会走到这一步？结果汉武帝更加生气，判司马迁宫刑，这样的刑罚对一个读书人来讲，是莫大的屈辱。俗话讲"士可杀不可辱"，司马迁为什么可以忍辱负重？离不开他的孝心。孝子才能够在这种危难当中，秉持住他的气节、志向。而且司马迁先生也尊师，他非常佩服孔老夫子，所以整部《史记》也是效法孔子作《春秋》的精神。《史记》的自序中提到，孔子有陈蔡绝粮这样的困窘，但是在这种环境下发愤写作出《春秋》一书。其实这也是在抒发他的心情，他也是受这么大的屈辱之后不气馁，发愤完成了这一部中华文化的巨作《史记》。

所以我们人生遇到一些挑战、危难的时候，可能就是我们要留名青史的时候，所以不要气馁，不要退缩，要勇往直前。《孔子家语》讲，"君不困不成王，烈士不困行不彰。"当国家领导人的，没有受到挑战、困厄，没有办法成就他的功业。我们看那些伟大的君王，都不是顺境当中来的，都是经历很多磨炼，最后能体恤民间疾苦；烈士也都是在挑战当中，磨炼出坚定不移的意志，所谓"天将降大任于斯人也"，就是这个道理。孔子在陈蔡绝粮解围后，子贡给孔子驾车，子贡就说，我们这几天遇到这么大的困厄，希望这一辈子不要再遇到这么差、这么惨的事情。孔子说，我不这么认为，我认为经历过这些的弟子，以后应该都会特别有成就，因为他们被磨炼过。所以假如我们懂这个道理，应该多锻炼自己的孩子，不要把他养成温室里的花朵。

假如你的领导特别磨炼你，你觉得领导看得起我，知道我承受得了，耐磨，你就能够在工作当中不断突破、不断提升，能力不就是这样激发出来的吗？不要领导稍微严格，你就抱怨一大堆。钟茂森博士能力很强，短短几年就拿到了博士学位，他找的是最严格的教授。你看现在很多人都找最轻松的工作，禁不起磨炼。我们印象很深，钟博士说他的教授第一次拿工作给他，他问教授要什么时候完成，教授说本应是昨天。大家不要把这些都当故事听，要启发自己的人生，智慧、能力早一天提升起来，早一点利益大众。孔子，圣人看事确实不一样，后来经历过陈蔡绝粮的弟子确实成就比较高。

"孔子作《春秋》，乱臣贼子惧。"那个时候礼崩乐坏，君不君，臣不臣，父不父，子不子，都偏离了做人的常道。结果孔子作《春秋》，这些人很害怕孔子那支笔，很有力道。以前的人还是有羞耻心，想到以后要被历代的人取笑，这太丢脸，也给后代丢脸，就不敢作恶了。所以孔子作《春秋》最重要的目的，是让人明白伦常的道理，都守本分。因为君不君，臣不臣，父不父，子不子，"非一朝一夕之故，其所由来者渐矣"，人不明本分、不明伦常，不是一天两天造成的。所以孔子作《春秋》，是要让人重新正确认知，怎么扮演好自己的每一个角色。

我们一起学习过《郑伯克段于鄢》，每一个字都有力道。郑伯，叫他郑伯就已经含贬义了。克，兄弟居然用克，这就是当哥哥的没有好好教育好弟弟。大家了解之后，孔子真是圣人，每一个字都振聋发聩，让人真正明白是非邪正。所以孔子是希望能够治理乱世，作《春秋》、记录历史的目的，是拨乱反正，回归正道。孔子记录了春秋二百四十二年的历史，在那个时代，杀害国君的有三十六件，亡国的有五十二个，很乱。但根源还是偏离伦理道德，所以失之毫厘，差以千里。大家注意看，短短几十年，礼的教育不被重视了，人的素质降低了多少？而且这种降低的速度不是以一代人为单位的，是什么？每一年的素质都下降得很严重。以前的人，连打架（当然，打人是不对的）都要师出有名，这个人太不像话、太不重道义，才可以打他。现在呢，不少人不高兴就打，太没规矩了。所以感觉退得太厉害。我们这一代人，见证了偏离礼的教育、偏离伦理道德教育的结果，现在要拨乱反正、力挽狂澜，不容易，很难！但这也是我们这一代人必然要承担的责任，不然以后人都不像人，甚至于人类还在不在都是个问题。人不像人，老天就要来收拾了，这是必然之理。所以我们这一代人再辛苦，都得要咬紧牙关扛下去，没有难不难做的事，只有该不该做的事。人心能转，灾难就能大大化解；人心不转，灾难会很严重。

所以要从我们自身做起，从我们自己的家庭好好做起。社会再乱，我们还是要坚信一点，"人之初，性本善"，有好的教诲给他，有好的榜样给他，没有人希望继续这样迷糊下去，这样颓废下去，这样自暴自弃下去。我接触很多企业家，他们说念《太上感应篇》，发现书中写的那些坏事，好像没有一条不犯的。我心里想，你每一条犯了还活着？《左传》讲"祸福无门，惟人自召"，一个人犯了这么多错还活着，你说他本来的福有多大，他祖先给了他多大的庇荫！现代人的人生，真的是险象环生，都走到了悬崖边上，再不回头就掉下去了。可是这样的人一明理，又应验了下一句，"浪子回头金不换"，他也会很勇猛地改过。总在遇缘不同，我们也要造更殊胜的缘，来提醒这些走错路的人。

司马迁是承传父亲的志向，他做到了，而且他也效法孔子，真正地孝亲尊师，成就了他一生的功业。我们接着来看司马迁另外一篇文章，《孔子世家》"赞"。孔子一生也是从小官做起，慢慢地学问好了，有人请教他，受教于他。夫子是有教无类，因材施教，后来做了中都宰，做了司空、大司寇，而且是摄行相事，算是鲁国的宰相。智慧、德行，包括为官，都非常好。但是后来鲁国的福报还是不够，齐国看鲁国治理得愈来愈好，心生嫉妒，就赠送鲁定公很多骏马、美女。请问大家，骏马、美女代表的是什么？那些东西会腐蚀人心，会让人堕落，玩物丧志，玩人丧德。结果鲁定公不听孔子劝，不理朝政。孔子没希望了，想去找找看有没有国家领导人愿意遵循这些圣贤的教诲，才去周游列国。

夫子知道，只要哪一个国家真肯做了，他一做好，天下的人一看到，原来遵循伦理道德因果，这个国家更稳定、更昌盛，更赢得天下的尊重，那谁不愿意做！但没有一个榜样出来的时候，一般的人就会觉得行不通。所以这个时代，树立榜样很重要。我们的古文课现在已经超过半年了，我们是带动一个风气，让更多年轻人来学。你假如已经四十多岁了，不容易背下来，只懂意思就好了。量力而为，尽心尽力，这个态度就是给后面的人做榜样。更重要的，这些古文背后的微言大义，伦理道德因果的义理，我们要真正落实，这是最好的身教。所以我们这样一路走来，从来没觉得是压力，而且觉得是福气，才能干这个事情。说实在的，很多人想干，还不见得有这个机会。

后来孔子周游列国十四年，还是没有国家接受这些古圣先贤的教诲，最后他专心教学，更重要的，"删诗书，订礼乐，作春秋"，还作了《十翼》，也即《易传》，让后世的人更能深入《易经》的智慧，所以六经都是通过夫子承先启后。我们对夫子非常恭敬，赞叹夫子"德侔（móu）天地，道贯古今，删述六经，垂宪万世"，是万世师表。"先孔子而圣者"，所有在孔子以前的圣人，"非孔子无以名"，没有孔子"祖述尧舜，宪章文武"，后世的人连尧舜禹汤都不认识，更谈不上听闻他们的教诲了。所以我们能明古圣贤王的智慧，要感谢孔子。"后孔子而圣者"，在孔子之后的，"非孔子无以法"，就是因为有孔子这样的风范，二千五百多年的读书人都以孔子为榜样，效法他，最后成圣成贤。所以孔子被称为"至圣先师"。

"世家"把孔子编在里面，是因为孔子的贡献不输给任何一个国君跟帝王。精神长存、教化长存，对整个国家、社会、民族影响深远。有一段诗是这么赞叹的："百年奇特几张纸，千古英雄一窖尘。唯有炳然周孔教，至今仁义洽生民。"历史当中很特别、奇特的事情，其实几段话也就过去了。你看几百个皇帝当时都是盛名一时，但现在又有多少人记得？千古英雄，纵使当时立下汗马功劳，但是死了之后还是化归尘土。所以人生要努力留下来德行跟精神，功业、富贵荣华都如过眼烟云。"唯有炳然周孔教"，周公跟孔子的教化，却在几千年后还在影响着天下、人民。接下来我们来看这篇《孔子世家》"赞"：

太史公曰：《诗》有之："高山仰止，景行行止。"虽不能至，然心乡往之。余读孔氏书，想见其为人。适鲁，观仲尼庙堂，车服礼器，诸生以时习礼其家，余祇（zhī）回留之，不能去云。天下君王，至于贤人，众矣！当时则荣，没则已焉！孔子布衣，传十余世，学者宗之。自天子王侯，中国言六艺者，折中于夫子，可谓至圣矣！

"太史公曰：《诗》有之"，《诗经》里面提到一句话："高山仰止，景行行止。""景"是大的意思，"景行"是指大道。高山可以仰望，大道可以遵循、效法。把孔子的德行风范用高山来比喻。所以看得出来，司马迁先生也是很有志气的，以孔子为榜样。"**虽不能至**"，虽然不能马上契入夫子这种圣人的境界。"**然心乡往之。**""乡往"，就好像二三岁的孩子对父母那种孺慕之情。所以向往，也是愿意效法，一心归向这个目标，一心以达到孔子这样的境界为目标，心无旁骛，一心一意。所以从这一段话，我们可以感受到司马迁先生对孔子的仰慕之情。

"**余读孔氏书**"，他读孔子留下来的经典，"**想见其为人。**"就好像体会到他的为人。这是用心去领受夫子的每一句话。我们看孟子向孔子学习，孔子不在了，可是他学得最好，那种至诚恭敬的心超越时空。孔子也是这么跟古圣先王学的，专注学习到喝汤的时候在汤里面看到尧帝，在墙上看到大舜，在梦中看到周公。这都是至诚感通，时空就超越了。

"**适鲁**"，我们可以想象司马迁先生的心情，本来是看夫子的书，现在到了鲁国，心情非常激动。"**观仲尼庙堂**"，参观孔子的家庙，去祭祀孔子。就像我们现在读书人到了山东，必然要去三孔（即曲阜的孔府、孔庙、孔林）祭孔子，怀念他老人家的行谊。"**车服礼器**"，汉武帝时离孔子才三百多年，孔子当时的车、衣服、礼器这些遗物都还在，司马迁先生睹物思人，对夫子的那种浓浓的感情就生起了。"**诸生以时习礼其家**"，"诸生"就是当时读孔子教诲的学生，"以时"，就是依照固定的时间，到夫子的家庙学习礼仪。夫子的影响，在三百多年之后，还是非常兴盛。司马迁先生不只看到夫子留下来的书、物品，还体会到了夫子精神的长存。"**余祗回留之**"，有另一个说法是"低回留之"，都可以。"祗"指恭敬，那种恭敬、向往让他不忍离去，"**不能去云。**"

"**天下君王，至于贤人，众矣！**"天下的君王，乃至于历代的贤能之士，实在是太多了。"**当时则荣**"，他们活着的时候，十分荣耀，有光彩，"**没则已焉！**""没"通"殁"，死了之后就罢了，也没有人记得他们。"**孔子布衣**"，孔子并没有这么高的权位，就是一介平民。"**传十余世，学者宗之。**"到汉朝已经传到第十四代了，而且司马迁先生学古文，是跟孔安国先生学的，孔安国就是孔子的后代，所以他的感受更强烈。看到圣人的后代，十几世道德修养都这么好，孔子影响世人，又影响他的子孙这么深，所有读书人都很崇敬。"宗"就是崇敬、尊崇。"**自天子王侯**"，天子，还有王侯贵族，以至于"**中国言六艺者**"，夏商周时代，主要的文化发展在黄河流域，当时觉得那是天下的中心，所以用"中"字，周围叫四方，四方的国家，所以中国就是指华夏民族。"六艺"，有两个说法，一个是礼、乐、射、御、书、数六艺，另外指诗、书、礼、乐、易、春秋六经。只要是在讲学这六艺的人，在传播传统文化的人，"**折中于夫子**"，"折"是断，评断的意思，"中"就是最适当，意思就是以夫子的教诲、学说为标准。他们讲任何的道理都要依夫子的教诲，然后调和过与不及，可见汉朝的读书人非常尊崇夫子。"**可谓至圣矣！**"所以他真的是最了不起的圣人。这是司马迁先生对夫子一生的赞叹。

《史记》的这几篇文章，其实都跟礼的教育很有关系。司马迁先生孝亲尊师，而且治学非常严谨，才能成就这样的功业，严谨也是恭敬。《项羽本纪》"赞"告诉我们恭敬的重要，礼者，敬而已矣。在《孔子世家》"赞"当中，我们感觉到他对夫子的那种崇敬。孝亲尊师，这是德行的根本。

刚刚讲到的是君臣关系、父子关系，我们再回到《礼篇》的绪余。"**外内位正，和而有别，礼行于夫妇矣。**"和而有别，就是各有负责的事情，互相感恩。"**长幼有序，伯友仲恭**"，哥哥友爱，弟弟恭顺，"**礼行于兄弟矣。**""**乐群敬业，毋相聚以邪谈，礼行于朋友矣。**""乐群"就是合群，"敬业"，恭敬学业、事业、家业，朋友之间常常在这些方面如切如磋。不要聚在一起谈没有意义的事情，甚至论人是非，这叫浪费彼此的生命，还污染彼此的心灵，这是很不够朋友的表现。够朋友，要成就对方的学问。

好，这节课就跟大家分享到这里！谢谢大家！

礼义廉耻，国之四维

第四讲

尊敬的诸位长辈、诸位学长，大家好！

好的开始是成功的一半。当然一开始不好也要镇定，人生会遇到各种境界，就好像考试一样，心里愈稳重、愈笃定、愈不慌乱，才愈能把考卷答好，才愈能转危为安，才愈能转祸为福。所以人只要用乐观的心面对，一切境界都不是坏境界。刚刚我要到教室来，电梯坏了，所以赶紧走楼梯。结果走楼梯时，发现所有的门都锁住了。天有不测风云，人有旦夕祸福，都很难说，所以人要具备一些基本的生活能力。

这个时代，物质极大丰富，生活都非常宽裕。请问大家，假如断电一个月，我们活得了吗？有学长说，蔡老师，那是假如。告诉大家，这个假如是可能发生的。所以为什么说顺境容易让人安逸，让人很多的能力退步？以前像我母亲那个时代的女性，五六岁站在椅子上面做饭，后面还背一个弟弟，能力强不强？现在呢？三十五岁连饭都不会做。所以，往往有成就的都来自贫困的家庭，好吃懒做的往往来自富裕的家庭。说到这里，懂不懂得教育好孩子，培养孩子很多重要的生活能力，就很重要了。我们现在很多能力要恢复才行。假如一天三餐都下馆子，吃不吃得消？得自己做。这不是说女孩子做，男孩子也要会做，没有应变能力，迟早会被人生很多境界给考倒。我们为人父母者，有没有看到孩子一生应该具备哪些应变能力？

我这次回台湾，遇到一个朋友，他说以前他们夫妻双薪，孩子给别人带，夫妻都在外面吃，存不了什么钱。后来他们重视孩子教育，他一个大男人扛起家庭重担，一个人赚钱，他太太回家照顾孩子、照顾家庭，自己做饭，结果存的钱比双薪的时候多。大家相信吗？其实很多道理，静下心来才想得透，攀比来攀比去，什么时候都想不透。两个人双薪，夫妻心里都想，反正我们两个一起赚，所以花的时候大手大脚。只有一个人赚，花一两块也会思考一下，无形当中就省下不少钱。再来，孩子给保姆带要不要钱？不只保姆要钱，奶粉也要钱。还有，自己带健康，还是保姆带健康？妈妈会带的话，妈妈带一定比保姆带好，那是自己亲生的。再请问大家，孩子健康，医药费省下多少？从小母亲陪着孩子识字，读圣贤书，以后不用补习，补习费省多少？懂得做人了，以后事业不会出问题，家庭不会出问题，请问又省了多少钱？我们现在不好好重视孩子教育，谁敢说孩子以后的事业不会垮、家庭不会离婚？离婚财产要分多少，是不是要分一半？钱分一半事小，人内心的创伤、痛苦会伴随他一辈子。所以现在缺乏健全人格、没有很好成长环境的人愈来愈多了。心理影响身体，所以现在什么病都出来了，抑郁症愈来愈多。说穿了，一句话，人算不如天算，几千年来，没有变过的规律，在我们这个时候快速变化，家庭、社会乱象丛生。我们这几节课一起学习礼，礼者，天地之次序。现在为什么乱？因为不守礼了。

有一个朋友跟我说，西方文化很好，孩子直接叫爸爸的名字，多好，多平等。有没有道理？其实经典是开智慧的，人没有经典，很难看清是非、邪正、利害、得失。请问大家，你念初中、高中的时候，最喜欢看什么电影？"Oh, my love……"是吧？对我们的心性，是好的影响还是不好的影响？我们念书念了多少年，会不会判断？我记得念高中的时候，很多女同学看言情小说，陷在里面，她有判断力吗？所以人这一生要真正明理，不读经不行。以前的祠堂有两句话，特别有深义，"祖宗虽远，祭祀不可不诚；子孙虽愚，经书不可不读。"这都是礼。祖宗虽远，守祭祀之礼，饮水思源，不能忘了祖先，不能忘本。"礼者，报本反始，不忘其初也。"人不忘本就厚道，厚道就善良，人跟人就和睦。现在祭祀愈来愈被忽略，人不知感念祖德，只想着眼前的利益，一重利，争夺就产生。所以老子讲"知常曰明"，知道做人的常道、天地的正道，这是明白人；"不知常，妄作，凶"，不知道常道，所做的很多事情都是带给自己凶灾，自己还不知道。

诸位学长，我们现在所做的事，是带给身边的人吉还是凶？大家有把握吗？比方刚刚举的例子，父亲得意洋洋，很高兴，觉得他很进步，让女儿直接叫他的名字就好了。说穿了，危机在哪？丧失民族自信心，对五千年的智慧文化没有信心，觉得外国的月亮比较圆。这位爸爸跟我讲完两个礼拜以后，再看到我的时候，很焦急，就问我，我女儿现在已经骑到我的头上去了。直接叫名字，这叫相上平等。请问大家，人的五根手指平不平等？有没有方法平等？有，直接从拇指这里切下去，全平了。那会怎么样？就不像人。《礼记·学记》教我们，"教也者，长善而救其失。"教育子女是长他的善心，这个原理、原则抓到，就不迷惑。请问孩子直接叫父母的名字，长了他的善吗？"称尊长，勿呼名；对尊长，勿见能。"我们看《弟子规》每一句都是礼的教育，都在启发孩子的恭敬心、善心。真正看透了每句经句对人心深远的意义跟对善心的影响，信心有了根基，就会自己学《弟子规》，带着孩子落实《弟子规》，不会因任何人动摇，很多人学传统文化，亲戚、朋友、邻居一说，"拜托，谁还学这些？"几句话就讲得我们动摇了。所以深入了解，就不动摇，就能扎下自己德行的根，也能扎下正确家风的根。

我们学习传统文化，很重要的，从根本去学习。礼的根本是什么？《礼篇》的"绪余"讲，"礼之体，敬为主。"《孝经》也告诉我们，"礼者，敬而已矣。"礼表现出来的是礼仪，内在最重要的精神就是恭敬、真诚的心，所有的礼都是从恭敬心自然而然流露出来的。比方我们恭敬天地、感恩天地，所以有天坛、有地坛，包括祭山川大地，这都是感念万物给予我们的恩德。人不感恩天地万物恭敬心就没有了，傲慢的心、自私自利的心就出来了。傲慢心一起，就觉得人可以主宰一切，想怎么样就怎么样，忽略了天地的平衡跟循环。自私自利，就会觉得所有的东西都应该为我所用，不感恩天地，不感恩父母。这都是心性偏掉慢慢形成的错误的思想跟行为。我们看现在的人，都觉得父母的养育、教育是应该的，因为你没教他恭敬、没教他孝道。有些父母被孩子忤逆得很无奈，孩子不只不能体会父母的苦，还讲一句话，"谁叫你生我？"有没有？孩子这一句话，折尽他半生的福分。假如孩子现在都造这样的罪孽，以后怎么会没有大灾！闽南话讲，"人要是不照天理，天就不照甲子。"人不照天理，那老天爷也不照规矩，四时无序，灾难就来了。

《左传》告诉我们，"祸福无门，惟人自召。"《诗经》上讲，"永言配命，自求多福。"祸福是自己招感来的，但问题是孩子会讲这么忤逆的话，还是我们父母忽略了教育最重要的教做人、教孝道。我们说孝悌忠信礼义廉耻，孝悌是做人的根，"孝悌也者，其为仁之本与"。忠信是动力。一个人为什么可以为家、为自己的本分，甚至为自己的国家民族竭尽心力地奉献，因为他有忠的人生态度。信，对人诚信、守信，承诺给别人的事情终身不敢忘，尽心尽力去兑现自己的承诺。古人做得更彻底，不只言语的承诺，心上起的念头都不愿意违背，谁做出了榜样？我们印象很深的"季札挂剑"，"始吾心已许之"，我的心已经说要给他了，"岂以死倍吾心哉"，怎么可以因为他死了，就违背我的良心、信诺？礼义就是准绳。所以孔子才说"不学礼，无以立"，一个人不学礼，道德不能立足，他在人群当中也很难生存。

我们体会到礼的本质是恭敬，礼是报本反始、饮水思源、知恩报恩的精神。除了对天地恭敬之外，我们还要对什么恭敬？《大戴礼记》当中的一段话，"礼有三本，天地者，性之本也；先祖者，类之本也；君师者，治之本也。"我们领纳经典这些教诲，用心去感受，就会觉得这是太精辟的人生道理了。敬天敬地，因为天地滋养万物，我们感谢它。族群就是靠先祖的血脉、教诲、家道一直传下来，所以不能忘祖。数典忘祖，不听圣人的话，灾难就来了。《孝经》里面讲，"要君者无上，非圣人者无法，非孝者无亲。此大乱之道也。"这一句话，再结合礼的三个根本，体会就更深了，没有英明的领导者跟好的老师，天下怎么可能安定！但是现在的人不敬国家领导，不敬至圣先师，又不敬自己的父母，焉有不乱的道理？做人的本都没有了。所以我们敬祖先，当我们更了解我们的祖先，我们就更爱我们的民族、更敬佩我们的先王，进而去效法。这叫认祖归宗。

我记得我第一次看《德育课本》，有种触电的感觉。《德育课本》是蔡振绅先生编的。蔡振绅先生确实是念念不忘祖德，把蔡氏的始祖蔡仲给后代子孙的一篇教诲列在这一套书的最前面。所以我一翻开来，字字句句不敢不慎重。我们是文王的后代。孟子讲，文王是"视民如伤"。老百姓都过着安乐的生活了，但是他看着老百姓还是觉得他们好像受伤的样子，时时不敢掉以轻心，刻刻在关心老百姓的生活，这么仁慈！突然想到自己有时候还瞪人家两眼，脾气有时候还控制不住，这叫丢文王的脸。所以一个人德行要进步，没有别的，要有羞耻心，"知耻近乎勇"。"德有伤，贻亲羞"，不能丢父母、祖上的脸。

这节课我们一起来看《史记》中的《五帝本纪》"赞"。《史记》是一本千古巨作。司马迁先生写作的动力来自于孝心，哪怕遇到了最大的耻辱——宫刑。读书人很重自己的气节，受这么大的侮辱，宁可自杀。但是司马迁先生忍下来，完成了这部巨作，因为他不愿意辜负了父亲临终的嘱托。

现代人都说创新能力很重要，现在幼儿园也教创新，好像愈小教创新以后就愈有成就。但请问，这个说法跟经典相不相应？经典讲无规矩不成方圆，一个人连做人的规矩都不懂，他很会创新，闽南话叫"想洞想缝"，胡思乱想，出来的东西不一定跟善心相应，可能会毁了世界。我有时候去书局、去超市，看到整个柜子都卖什么？网络游戏、计算机游戏。而且这些游戏中，很多都是杀人游戏。有没有创新？有，怎么没创新？问题是他这个创新，只想着他的利益，没想到会贻害多少人。现在很多未成年的孩子，甚至才七八岁就持刀、持枪杀死自己的亲人，被带到警察局的时候，他好像觉得什么事都没有发生，警察很震惊他的态度。孩子说，他们待会儿就复活了。孩子不懂，他从小一直被这些东西刺激，活在一个虚拟的世界中。坦白讲，我们从小常听老人讲一句话，"夭寿（闽南语，形容人行为狠毒）！"这句话很有哲理，人做什么事会折自己的福分跟寿命？做那些害人、让人妻离子散的事情，这些是折寿的事情。

礼义廉耻，国之四维

所以我们希望我们孩子所有的创新，都是出于对这个社会的爱、对这个社会的责任，那样各行各业都会兴盛起来。金融风暴有很多因素，其中一个就是很多人在那里动脑筋，设计出买空卖空的金融商品，不用本钱，然后就赚一堆、住豪宅，这是不是创新？一般人想不到这些，要有很聪明的头脑才想得出这种东西，还可以讲得人家听不懂。其实人世间的道理很简单，就是被很多人给搞复杂了。

我记得念大学的时候，拿起英文原文书，感觉好像水平就不一样，显得高贵，人丧失民族自信心真的很可悲。跟别人讲话，还得讲几句for example（举例来说），in general（总之），好像这样才表现出自己的水平。其实这些心态都偏了，长了整个功利社会的那种傲慢、虚华。这个不好！所以，我们这个时代要拨乱反正，创新一定要建立在德行的基础上，才能是为德行所用。没有好的德行，才华愈高，对家族、对社会的伤害可能愈大。大家想起哪篇文章没有？司马光先生的《才德论》，是吧？很多亡国败家的例子，都是"才有余而德不足"，老祖宗把根本的道理都给我们讲清楚了。

所以司马迁写《史记》的背景，给我们人生很大的启示，真正做到利国利民的，都是来自于他的责任心、仁爱心、孝心。我们来看文章：

太史公曰：学者多称五帝，尚矣。然《尚书》独载尧以来，而百家言黄帝，其文不雅驯，荐绅先生难言之。孔子所传宰予问《五帝德》及《帝系姓》，儒者或不传。余尝西至空峒（Kōng Tóng，"空"通"崆"），北过涿鹿，东渐于海，南浮江淮矣，至长老皆各往往称黄帝、尧、舜之处，风教固殊焉，总之，不离古文者近是。予观《春秋》《国语》，其发明《五帝德》《帝系姓》，章矣；顾弟弗深考，其所表见皆不虚。《书》缺有间矣，其轶乃时时见于他说。非好学深思，心知其意，固难为浅见寡闻道也。余并论次，择其言尤雅者，故著为"本纪"书首。

"**太史公曰**"，太史公是司马迁自称。每记载完一段历史，史学家会下一段评论，每部经典不相同，《史记》是"太史公曰"。《汉书》是断代史，只记一个朝代，班固是用"赞曰"。《后汉书》用"论曰"。还有一部历史巨作，《资治通鉴》，司马光评论的时候是"臣光曰"。因为《资治通鉴》主要是给予皇帝鉴往知来的经验、智慧，写给皇帝看的。后世的正史里面是用"史臣曰"。不管哪一个说法，都是写史的作者对这一段历史的一个评论。当然评论也要非常严谨公正，才能得到广大人民的认同。"**学者多称五帝**"，这些学者常常津津乐道五帝的功业事迹。为什么要称述这些？那是有意义的，"述往事，思来者"，陈述以前的历史，给予后来的人重要的启示。为什么我们这个民族特别重历史？就是这个意义，鉴往知来，承先启后。所以我们老祖先慈悲，恩泽后人，留下来五千年文化瑰宝。我们可以感觉得到，汉朝那个时候，学者都是希望能利益后代，所以"多称五帝"。"**尚矣。**""尚"是久远，"矣"是有点感叹。五帝离我们都非常久远，四五千年了。"**然《尚书》独载尧以来**"，《尚书》属于五经之一，是古代有着高度智慧的政治哲学，记载的都是怎么治国的智慧，是从尧帝开始记起的。《史记》当中列出五帝——黄帝、颛顼（zhuān xū）帝、帝喾（kù）、尧、舜。《尚书》前面三帝没有记载，只记载尧帝以来。"**而百家言黄帝**"，春秋战国百家争鸣，典籍文章也非常多，都提到黄帝。但是诸子百家提到黄帝的文章有待商榷，"**其文不雅驯**"，不是很典雅的正论、正述、正训。这些教诲让人很难完全生信心，为什么？感觉这些文章穿凿附会，甚至还谈很多神鬼的事情，文辞比较荒诞不可信。"**荐绅先生难言之。**""荐绅"就是指缙绅，就是士大夫，也包括史官在内。可能他们说的时候，心里也不踏实，怕可信度不够，让人质疑。

"**孔子所传宰予问《五帝德》及《帝系姓》**"，这是两篇文章。重点来了，我们上节课一起学习了《孔子世家》"赞"，司马迁先生对孔子非常佩服，而且当时汉朝的道德学问折中于夫子，有什么争论，以孔子留下来的教诲跟经典为标准。所以这里举孔子也是增强我们对司马迁先生在考据五帝这些事迹的信心，史学家做这些事情都很严谨。孔子所传的《五帝德》在《大戴礼记》里面。《帝系姓》这一篇文章是在《孔子家语》里面。"**儒者或不传**。"有一些儒家的学者，他们觉得《大戴礼记》跟《孔子家语》不算在他们认为的正统的经典里面，所以他们不传，觉得非圣人之言，这是他们的观点。当然"君子和而不同"，人家跟我们观点不同，也不要跟他吵架，更重要的，求同存异，我们更深入地去探讨真理。所以，虽然这些儒者不传，但是司马迁先生很有主见，不能某某人说不传，说不是圣人所言，那就听他的了，得要自己去求证。

"**余尝西至空峒**"，"余"是司马迁先生自称，"尝"是曾经，往西边到了崆峒山。"**北过涿鹿**"，"涿鹿"是指涿鹿山。这都跟黄帝很有关系。"**东渐于海**"，"渐"就是入，就是到达，到达了大海边。大禹巡视九州、治水，都曾经到过海边。当地可能还流传着大禹那个时候的历史故事，他要去搜集。"**南浮江淮矣**"，"浮"就是坐着船，乘船往南游历长江淮河一带。大家看这本《史记》容不容易？司马迁先生都不知道走了多远的路。所以当我们捧着中华文化的这些瑰宝，要生难遭难遇想，不容易！"**至长老皆各往往称黄帝、尧、舜之处**"，走到这些地方的时候，遇到一些年纪很长的老者，都有谈到黄帝、尧、舜曾经走过的地方、发生的事情。"**风教固殊焉**"，这些地方风俗教化大不相同。为什么风俗文化差异这么大的地方，传颂五帝的事迹却这么相近？这就不是空穴来风。"**总之，不离古文者近是。**"总而言之，这些事迹对照古籍，有很多相应的地方，觉得这些历史事迹是真实的，假如不把它留下来，后世不就了解不到五帝的圣德跟他们的功绩了吗？

基于这个考虑，司马迁先生说道，"**予观《春秋》《国语》**"，开始从这些经典当中去考据、考信。《春秋》《国语》都是春秋时代的经典古籍。《春秋》是孔子所作，《国语》是左丘明所作。"**其发明《五帝德》《帝系姓》，章矣**"，在这些古籍当中，也很明显谈到过《五帝德》《帝系姓》中的这些内容。"章"就是彰明，很明显。"**顾弟弗深考，其所表见皆不虚。**""顾"是但的意思，"弟"是只是的意思，"弗"就是没有。其实《春秋》《国语》这些古籍，跟《五帝德》《帝系姓》这些内容，是相关的、相应的，只是我们没有很深入地去考信、考察，就怀疑了。整个古籍里面所叙述的内容，确实都不是虚妄的。"**书缺有间矣**"，"间"就是间隙，书有缺漏。在谈到《尚书》的时候也有提到，《尚书》有很多内容都遗漏了，缺失了。《尚书》有残缺，不能说《尚书》从尧帝时记起，就代表尧帝以前没有历史。"**其轶乃时时见于他说。**""轶"通"逸"。《尚书》里面很多没有的逸文逸事，却在其他的古籍当中有看到，都散于其他种种古籍里面。孔子之前两千多年历史不是儒家记而已，诸子百家都记。孔子是整个中华文化的集大成，不是只集儒家大成，所以他是至圣，他对整个中华文化的贡献最大。"**非好学深思，心知其意，固难为浅见寡闻道也。**"面对这样的情况，假如不是很好学、深思熟虑的人，心不能领悟圣人的道理的，不能悟通这些情况，进而把这些历史搜集起来，编撰得很有系统。不下这种工夫的人办不到。所以"固难为浅见寡闻道也"，"固"是本来，"浅见"就是见识浅薄，"寡闻"就是孤陋寡闻，像这样的人你是很难跟他说清楚的。这里也给我们一个人生提醒，我们面对一件事情或者一个道理，要真正清楚了、深入了、研究了才能去发表意见。所谓"见未真，勿轻言；知未的，勿轻传"，你下工夫研究了才有发言权，不能遇到事情乱批评、乱下定论，这样的态度就不妥当，甚至于还会误导别人。

我曾经在报纸上看到，某个教授说《弟子规》不能学。他是教授，但问题是他看过《弟子规》没有？他为什么说不能学？他说有愚孝的思想。我跟他缘分不够，不然我就直接请教他哪一句有。我没找到，他怎么找到的？现在的人从小有个错误的习染：傲慢。自己有身份地位，不懂的东西也在那里批评。真的有机会了，我一定"怡吾色，柔吾声"跟他讲，因为这一句就没有愚孝："亲有过，谏使更。""善相劝，德皆建。""过不规，道两亏。"《孝经》里面孔子强调了要懂得劝父母，父母有不对了要劝。"父有诤子，则身不陷于不义。故当不义，则子不可以不诤于父……从父之令，又焉得为孝乎？"父母不对的时候，你还顺着他去做，这怎么能叫孝顺？所以我们自己在处事当中也要守好这些分寸，不然人的一些习性就很容易浮起来。

请问大家，我们什么时候学会贪心？我们什么时候学会发脾气、学会傲慢的？不知不觉就学了。古代很多父母懂得护念好孩子的清净善心，胎教做得好，所以出圣人。文王的母亲太任，"目不视恶色，耳不听淫声，口不出傲言"，因为假如"视恶色、听淫声、出傲言"了，孩子等于还未出生就在学不好的。大家不要听完了说，"我儿子都生完了。"学东西不要这么死板，举一要反三。你自己生完孩子了，旁边有人还没生，你赶紧把你的经验告诉他，也是功德无量。再来，不只要护念胎儿的清净心，还要护念谁？要护念自己。一个人连爱护自己、帮助自己都不会了，还能帮助谁？欲爱人者先自爱，欲助人者先自助。我们要能看到自己的习气，一起来赶紧调伏，不怕念起，只怕觉迟。人有这样的觉照，才有能力把这个本事传给孩子、传给身边有缘的人。哪有我们自己每天不明不白，然后还能让人觉悟！儒家的圣哲人说，"先觉觉后觉"，我们自己先觉悟才能觉悟别人。"大学之道，在明明德"，恢复自己的本性本善，恢复了再"亲民"，才能去利益人。这是知所先后，我们时时要有这个观照、护念自己的态度。这一段提醒我们，处事不可傲慢，不可不懂的东西乱评判。**"余并论次"**，"并"就是综合这么多的史料。"论次"就是依次，依照一些次序、规矩来把它编纂出来。**"择其言尤雅者"**，选择非常雅驯可信的文章。**"故著为'本纪'书首"**，再把这些内容，放在"本纪"的开始。

我们敬祖先，其实也是敬君王，因为五帝都是当时的天子。从这里我们也体会到，我们中华民族在前面几千年是圣贤政治，都是全天下公认的圣人出来做天子，是公天下，没有一点私心。我们一开始读的《大同篇》，"大道之行也，天下为公。"这不是理论，这是尧舜那个时代真正达到的社会和谐的境界。为了给国家找一个贤君，尧帝找了二三十年，终于找到大舜。真的是"精诚所至，金石为开"，诚心能够交感。我们尊敬这些先王，他们的政治智慧也能够给我们很大的启发。所以历代的天子皇帝，都以《尚书》五帝的风范为榜样，要祭这些三皇五帝。再来，我们每一年都祭祀至圣先师孔老夫子。所以敬天地、敬祖先、敬先王、敬圣人就延伸出我们很多的祭祀。而这个敬字再继续延伸，还可以延伸到敬字纸。字纸，尤其是古代印刷术还不发达的时候，经典都要靠人手抄，很不容易！很多人抄书可能都抄到半夜三更，我们当然要很珍惜人家的付出。不只如此，这都是圣贤留下来的智慧，打开来就像圣贤人在我们眼前一样的恭敬。一分诚敬得一分利益，十分诚敬得十分利益，每一个人读《弟子规》、读《论语》，受益一不一样？不一样。谁决定的？是不是孔子看哪个人比较顺眼，就让他得利比较大？圣人是公天下的心。 所以，我们从今天开始，只要打开经典，顶礼三拜，再读；或者鞠躬完，至诚心现前了再读，对经典的体悟绝对不一样。

好，这节课先跟大家谈到这里。谢谢大家！

第五讲

尊敬的诸位长辈、诸位学长，大家好！

我们刚刚一直在谈礼的本质是恭敬，是饮水思源，是受人点滴涌泉相报的精神，这一份分恭敬不可须臾离也。所以《礼记·曲礼》一开篇就说，"毋不敬。"这一份恭敬应该无时无刻都要保持，不管是对人对事对物。我们对人有高下、有比较、有爱憎，喜欢这个，讨厌那个，心都不恭敬、不平等，我们的心性就在堕落，所谓"学如逆水行舟，不进则退"。人这一生什么都带不走，最可贵的就是灵性不断提升，这是真实的东西。我们的真诚、恭敬、慈悲、觉悟的心有没有不断提升？新的一年来了，去年的岁月当中，我们的道德学问有没有提升？恭敬有没有提升？孝心有没有提升？在家庭、在事业上还有没有我们需要不断鞭策、提升的地方？想得很清楚，就知道怎么样去改正、用功。《大学》里讲"苟日新，日日新，又日新"，每一年要比前一年进步，慢慢努力；每一个月要比上一个月进步，更有觉照力了；每一天要比昨天进步，最后要练到每一念要比上一个念头进步，这就是真正会用功。

我们之前讲到古人很恭敬字纸，因为字纸是记录圣贤学问的，得来不易，当然要恭敬。纸要珍惜，一切物品都要珍惜，节俭也是守礼。林放有一天问孔子什么是礼，孔子说"大哉问"，你问得太好了。什么是礼的根本？孔子讲，"与其奢也，宁俭。"不提倡奢侈，要节俭，这就是对物品的恭敬。对物品的恭敬很微妙，你恭敬它，它也恭敬你、回应你。你对衣服很爱惜，衣服可以穿三十年；你糟蹋它，半年可能就破了。所以问题在哪？在人心。心是根本，心变了，变善良了、变恭敬了、变勤俭了，身边一切人事物都跟着变。所以从这个真相，我们就体会到《大学》讲的那一句核心的教诲，"自天子以至于庶人，壹是皆以修身为本。"不管是天子、庶人，希望国家、社会、自己的家庭更好，最重要的是自己修养的提升。

所以心境一转变，人事物也会跟着转。

以人来看，正己可以化人，"人之初，性本善"，身边的人不能感动，"行有不得，反求诸己"。我们对人恭敬，便不会把别人不愿意的事，硬加在他身上，这叫"己所不欲，勿施于人"。《朱子治家格言》开篇讲道，"黎明即起，洒扫庭除，要内外整洁；既昏便息，关锁门户，必亲自检点。"请问大家，有没有恭敬在里面？恭敬自己在家庭的工作、职责，恭敬时间，不糟蹋时光，把环境整理干净，那也是对环境，还有对自己身体的恭敬。老祖宗这些生活习惯，对每个人、每个家庭影响都很深远。台湾《青年十二守则》中有一句叫"整洁为强身之本"，一个人生活习惯很差劲，身体会多好，不可能，乱吃东西，身体一定会受损，所以家庭整洁也是爱惜身体。尊重自己的身体就是尊重父母，不糟蹋父母给我们的这个宝贵生命。

接着，《朱子治家格言》说，"一粥一饭，当思来处不易。"不能奢侈。一个人用每一滴水、每一度电时，都想着为地球省下资源，这样的心态、这样的态度，能给他一生种很大的福田。福田心耕！他是为天下、为整个地球的人节俭。我们教给孩子念念为天下人着想，孩子愈小愈单纯，先入为主，他就能做到。假如我们赚钱就是为了花，花完就好了，不想着别人，孩子的心量就很小。而且节俭对人的心性影响很深远，父母告诉孩子，钱省下来可以去帮助孤儿、帮助孤苦老人，俭而能舍，仁慈心就增长。节俭的人不贪婪，这叫俭以养廉。所以俭而寡取，不贪求，守道义，有羞耻心。节俭以后，能把省下来的好好奉养父母，这是俭以奉父母。节俭的人生态度作为家道承传下去，能够利益子孙后代。这样的父母有智慧！所以孔子说"与其奢也，宁俭"，俭有大学问。

《德育古鉴·训俭示康》中司马光先生感叹，"大贤之深谋远虑，岂庸人所及哉"，哪是一般人能理解的？其中一段提到了很多人纵使当到宰相，办公、居家都很节俭。因为他们了解，他能当宰相不代表他儿子能当宰相。假如儿女都养成奢侈的习惯，那会害死他们，看得很深远。所以

"俭，德之共也"，有德行的人有一个共同的特质，都节俭。造恶之人也往往有一个特质，都奢侈，而且奢侈到最后控制不了自己，会造下很大的恶行。所以孔子是温良恭俭让。古人很清净，很多事情能看得很深远，能推敲得出整个事情变化的规律，"俭则寡欲"，欲望就淡、就少。欲望少了，就不会变欲望的奴隶，做什么事情没有欲求，无欲则刚，很正直，为公为众，毫无担忧，毫无畏惧。

司马光先生谈到，一般平民百姓假如欲望少，不奢侈，就不会变欲望的奴隶，不会负一大堆债，"远罪丰家，谨身节用"。"君子多欲"，这里的"君子"是指高位者，甚至是国君。假如高位者多欲，他手上又有权力，"则贪慕富贵"，贪慕富贵满足不了，欲是深渊，就会铤而走险，所以就"枉道速祸"。现在当官的人最后贪污被捕，甚至枪决的，太多太多了。这一篇文章给我们很大的省思。这些人的父母，包括他的另一半、身边的人，是不是也把他往死路上带？假如都奢侈，最后他就是干这种事。平民百姓多欲，"则多求妄用"。这个人多求就没有廉耻心，就很会巴结谄媚，"败家丧身"。多欲、奢侈了，"居官必贿"，他当官了一定受贿赂。"居乡必盗"，他满足不了欲望，就动歪脑筋，就变偷盗了。现在诈骗集团很多，都是从这里来。那些人说实在的，也不是饿肚子的人，而是太多欲望不能满足，就动这些歪脑筋，想要赚很多钱来花。所以司马光先生在一千多年前就谈到这个根源，"故曰：侈，恶之大也。"

所以一个人节俭，能彰显仁义礼智之德。但是俭可不能变成吝啬。俭而吝啬，那就过了，就不仁。旁边的人很可怜，都不帮助，就变成守财奴了。曾国藩先生的外孙聂云台先生写的一本书非常精辟，叫《保富法》。一个人跟一个家族要保持长久的富贵，怎么做？《大学》告诉我们，"财散则民聚。"要积功累德，有百世之德者，定有百世子孙保之，这才是保富法。《保富法》里面提到一个周姓的商人，开钱庄，民国的时候，他的财产有三千万大洋。大家想想，换做现在是多少钱！那时候天灾很多，但是他从不捐款，他下面有个钱庄的掌柜替他捐了五百两，被他骂得狗血淋头，说我这么有钱，方法就是进来不出去，你还给我捐！最后这个有钱人死了，把三千万分成十份给了子孙，每个人分三百万，结果短短几十年全部败光。这叫不义之财，留不住的，财聚人散。"货悖而入者，亦悖而出"，跟道义不相应的钱，赚再多都留不住。大家仔细去观察，社会当中很多赚钱很快的行业，几个人留住钱了？经典写得一点都不差。所以他的儿子跟孙子，分到钱的，全部都败光，还有的沦为乞丐。其中有一两个德行还算不错，百事不顺，穷困潦倒。所以人节俭，不可以不仁不义。一个人节俭，可是却很贪心，这就不义。节俭，连父母都不奉养，叫无礼。吝啬了，还告诉子孙，就要这么吝啬，没智慧。儿子学到吝啬，首先对谁吝啬？对父母。人算不如天算。所以人不要太厉害，不要太聪明，老老实实循着道理做，必有后福。

《礼篇》的第一段绪余讲，礼包括整个五伦关系。整个伦常关系都含摄在礼中。"上则优赐有加，下则鞠躬尽瘁，礼行于君臣矣。"君臣的范围很大，每一个人不管走到哪一个领域、哪一个行业，都要守君臣之礼；不守君臣之礼，团体就乱了，那造的罪业就大。比方我们教师，不守君臣之礼，可能把学校都搞乱了，或者把老师的形象都破坏了。在学校，校长是君，政府也是君，我们领的是政府的薪水，不尽心尽力教，那是浪费了纳税人的钱，对不起全国人民。这也是君臣关系，尽忠。

君也要守礼，尤其君是有权力的人，有权之人假如不时时敬慎，严谨对待自己的一言一行，位置愈高愈容易出事，为什么？没人管得了他。古代天子，谁管？天子顾名思义，老天管他，他是代上天爱护人民。皇帝穿得很整齐，斋戒沐浴去祭天，他是臣，老天爷、真理是君。皇帝、高位者特别容易堕落，因为老天是看不到的，除非他真正至心虔诚遵从老天这些教诲。很多先王更难得，他们怕提醒不够，所以时时让底下的臣子劝谏他。大家有没有去过北京故宫？有一个建筑物叫华表。一个柱子，看起来很像路标，怎么来的？尧舜时候，人民觉得天子的哪些政策不妥当，可以写在那个柱子上面。可贵！那些古圣先王在位时时都戒慎恐惧，生怕不能造福于民。

其实位子愈高，做错了事贻害愈大。所以《孝经·诸侯章》里面有一句话，引《诗经》的，"战战兢兢，如临深渊，如履薄冰。"为君者特别容易增长欲望习气。因为有这些先王的智慧跟榜样，历代做天子的一般都懂。以前的天子旁边随时有两个人，左使、右使。左使记事，我们看《左传》，记事情的；右使记言。这一个皇帝，他做什么事，左使就记下来了；他讲什么话，右使就记下来了。他能不谨慎吗？我们都说做皇帝好，假如是我们所想象的，想吃什么想干什么都可以，那是亡国之君；不想亡国，随时都要战战兢兢。

今天我们在任何一个团体拥有权力、拥有地位的时候，背后是一份职责。既然是职责，我们就尽力去做。尤其我们在弘扬传统文化的团队当中，要不忘初心，我们进入这样的因缘，目的是什么？是来看谁不顺眼吗？是来骂人的吗？是来多吃几碗饭的吗？是来增长傲慢的吗？都不是，是为往圣继绝学，是为广大人民的福祉。能时时保持初心，心就比较冷静，不会被很多境界迷惑，贪嗔痴慢就起不来了。同仁之间要护念，为什么？修学的路上起起浮浮很正常，进进退退每个人都有。假如今天身边的同仁颠倒，你得帮助他提起正念，提醒他，我们来的初心是什么。大家注意，"我们"来的初心，这样不会太直接。如果你说"你的初心是什么？"他会说，"要你管。"可是假如遇到的同仁是有大志气的，他是下定决心三五年就要成就道德学问的，"我有什么错，你都不用修饰，直接放马过来。"就可以直言不讳。有这种心态，这一生不成圣贤都难。

这不是我乱讲的，都有经典作为依据，大禹是闻善言而拜，所以他成圣贤。所以领导者的自我要求、自我的节制，尤其要用礼，"非礼勿视，非礼勿听，非礼勿言，非礼勿动。""出门如见大宾。"孔子在《论语》里面讲到，出了门见人事物，尤其是见人，要像面对贵宾一样恭敬，不可轻慢。"使民如承大祭。"上位者要安排底下的人做事的时候，那种真诚、恭敬的态度，就像办国家的祭祀一样慎重。因为我们慎重，才能赢得底下人的信任。我们不慎重，今天把他们叫到东，明天把他们叫到西，这样不只事情没法成就，还会影响团体里面每个人对自己的信心，甚至他们对传统文化的信心都受影响。

所以上位者对自己的严格，一定要超过对底下人的，"严以律己，宽以待人。"而且对底下人的严格，是来自于对他的护念、爱惜，如果是发脾气，那就不妥当了。领导者要时时期许自己作之君、作之亲、作之师。作之君，要以身作则，身先士卒，要求别人的，自己要先做到；作之亲，要爱护、关怀、照顾；作之师，要珍惜、掌握每一个机会点去提升下属的经验、智慧。有这样的心境，不只自己的德行得以增长，智慧得以增长，我们也对得起身边下属对我们的信任，以至于他们的亲人对我们的信任。

而要求自己，首先要公正严明。"上则优赐有加"，这一句强调的是上位者要有爱心。我们延伸开来，不只要有爱心，处世待人要公正严明才行。公则无私，正则无偏无邪，公正，人家就服气。每次发生什么事处理不了，我们去找某某领导，那就是信任他的公正。严，严谨，严以律己，当然也严格要求底下的人，这一份严格是要锻炼他的能力。假如我们不严谨、不严格，底下的人都苟且、散漫，那我们这个慈悲是多祸害，这叫滥慈悲。教学者，严师出高徒；领导者严格，下属才学得到东西；父母严格，家道才能传承。所以母亲叫家慈，父亲叫家严，一个家的正气，靠父亲来树立。严明，明，领导者看很多事情要看得明白，不能糊里糊涂的，看人看事都能看到根本，都能看到来龙去脉，很冷静。

公正严明，还要加上爱敬存心，反求诸己。每一次讲到领导者的爱心，我就想到北宋开国的一位大将叫曹彬。他的军队里有一个士兵犯错，被判责打五十军棍，结果一年之后才执行。身边的人很纳闷。曹彬讲，这个事主那时候刚结婚，刚结婚马上被打，怕他家里的人想，这个女人是扫把星，不吉利，一年之后就不会牵扯到他的太太。我们听完，佩服！心这么细腻、体恤！一个领导者假如时时能有像曹彬这样的存心，他的团队凝聚力一定很强，他所做的每一个动作，自自然然就能感动身边的人。我们来看一个故事。

杨诚斋夫人罗氏，年七十余，寒月黎明即起，诣厨作粥，令奴婢遍饮，然后使之服役。其子东山启曰："天寒，何自苦如此？"夫人曰："奴婢亦人子也。清晨寒冷，须使腹中有火气，乃堪服役。"生四子三女，悉自乳。曰："饥人子以哺吾子，是何心哉？"三子皆登第。（《德育古鉴》）

"杨诚斋夫人罗氏"，杨万里先生的夫人罗氏，"年七十余"，七十几岁了。"寒月黎明即起"，冬天天气很冷，凌晨就起来了。"诣厨作粥"，"诣"在这里是亲自到达。她亲自到厨房做粥。"令奴婢遍饮，然后使之服役。"让奴婢都喝完粥，再去做本职的工作。

"其子东山启曰"，儿子忍不住说话了，"天寒，何自苦如此？"妈，天气这么冷，您何必自己找这么苦的活做？"夫人曰：奴婢亦人子也"。这都是孔子的好学生，是不是？己所不欲，勿施于人，推己及人。这是实质的好学生，她可能一个字都不认识。我们古文背了几十篇，不见得比得上她，她是真做了，这是实学。当然背也很重要，读诵受持，把这些重要的教诲读熟了，时时提得起来，观照自己、要求自己，做出来就跟这些教诲相应，为人演说。表演得好，都不用讲话，人家就感动了。"清晨寒冷，须使腹中有火气"，天寒肚子里吃点温热的东西，整个精神、血液循环会更好，不然会伤到身体。"乃堪服役。"让他去干这些事情，才堪受得了。"生四子三女，悉自乳。"七个孩子都是自己哺乳。"曰：饥人子以哺吾子，是何心哉？"让乳母哺乳了，那她的孩子就没有母乳喝了，让别人的孩子挨饿，自己的孩子吃饱，这是什么心？我不忍这么做。从这里我们可以感觉到老人家的厚道、慈悲。福田心耕，福田有恩田、悲田、敬田，这一份慈悲心种大福，所以她"三子皆登第"，三个儿子都考上进士。

接着我们讲恭敬，领导者要有恭敬的心。《中庸》强调"凡为天下国家有九经"，治理天下国家有九个重要的原理原则。曰"修身也"；曰"尊贤也"；曰"亲亲也"；曰"敬大臣也"；曰"体群臣也"，敬所有的大臣，体恤群臣；曰"子庶民也"，把老百姓当成自己孩子一样地照顾；曰"来百工也"，让各行各业都兴盛，大家都经济无忧；曰"柔远人也"，对不是自己国家的人也非常关怀，有机会了也尽力照顾；曰"怀诸侯也"，一些国家有难，甚至已经灭亡了，能够尽力再帮它复兴起来。这九经，是我们整个中华民族的政治哲学。在明成祖的时候，政治国力算强盛。郑和下西洋，有没有柔远人？有没有怀诸侯？尽心尽力传给他们生活技能，甚至于帮他们安定国家。

我们从这九经当中看到，第一个，自我修养有没有恭敬？有没有爱敬存心？爱谁？自爱。恭敬谁？尊重自己。自敬而后人敬，自己都不尊敬自己，人家就来糟蹋，人家就瞧不起你。孟子讲："事孰为大？事亲为大。守孰为大？守身为大。"所以爱护自己的身体、名节，才对得起自己，对得起父母。在修身的基础之上，后面的八个原理原则才做得到。假如没有修身，有可能尊贤吗？纵使姜太公来了、伊尹来了，发顿脾气，人家就走了，谁还跟你在这里堕落？所以要留住真正贤德之人，首先还得要我们有修养。所谓"方以类聚，物以群分"，人与人的因缘，都是自然的招感，德行到了就能感召同样磁场、同样信念、志同道合的人。

我们冷静来看，尧舜三代的历史都因为尊贤，整个朝代兴盛起来。周朝周成王做太子的时候，周文王派三个人教育他，太师、太傅、太保，全国最有智慧、德行的三位老师。太师专门教他治国的智慧、经验，派谁？姜太公。太傅教他德义、德行，派周公。太保是照顾他的身体。身体是本钱，没有好的身体就没法办事了。大家想一想，小的时候，二三岁就被这三位圣人带着，你说能不成圣贤吗？除此以外，另外派三个人跟太子住一起，叫少师、少傅、少保。三位老师教完了，这三个盯着，看有没有做到，每天住在一起，看得清清楚楚，不能马虎。所以能成就这么好的成王，都不是偶然的。

讲这一段周朝如何培养人，跟我们有什么关系？培养下一代不就要这样培养吗？当父母的也要照顾到这三个角度。你要让他有德，让他身体好，也要让他有见识、有做事的能力，一站出来就是大将之风，临事不乱。教养自己的孩子如此，我们假如在一个团队做领导，也要不断地下工夫，从这几个角度去爱护、照顾底下的人。这就是会用经典的学问。我们这几年体会到，经典没有一句话跟我们无关的，所以叫经，亘古不变！讲到尊贤，在《说苑》里面有一个章节，我们一起来看文章：

禹以夏王，桀以夏亡；汤以殷王，纣以殷亡。阖庐以吴战胜无敌于天下，而夫差以见禽于越；文公以晋国霸，而厉公以见弑于匠丽之宫；威王以齐强于天下，而闵王以弑死于庙梁；穆公以秦显名尊号，而二世以劫于望夷。其所以君王者同，而功迹不等者，所任异也！

是故成王处襁褓而朝诸侯，周公用事也。赵武灵王五十年而饿死于沙丘，任李兑故也。桓公得管仲，九合诸侯，一匡天下；失管仲，任竖刁、易牙，身死不葬，为天下笑。一人之身，荣辱俱施焉，在所任也。故魏有公子无忌，削地复得；赵任蔺相如，秦兵不敢出；鄢陵任唐雎，国独特立。楚有申包胥，而昭王反位；齐有田单，襄王得国。由此观之，国无贤佐俊士，而能以成功立名，安危继绝者，未尝有也。故国不务大而务得民心，佐不务多，而务得贤俊。得民心者民往之，有贤佐者士归之。文王请除炮烙之刑而殷民从，汤去张网者之三面而夏民从，越王不隳(huī)旧冢而吴人服，以其所为之顺于民心也。故声同则处异而相应，德合则未见而相亲，贤者立于本朝，则天下之豪，相率而趋之矣。何以知其然也？曰：管仲，桓公之贼也，鲍叔以为贤于己而进之为相，七十言而说乃听，遂使桓公除报仇之心而委国政焉。

桓公垂拱无事而朝诸侯，鲍叔之力也；管仲之所以能北走桓公无自危之心者，同声于鲍叔也。纣杀王子比干，箕子被发而佯狂，陈灵公杀泄冶而邓元去陈，自是之后，殷兼于周，陈亡于楚，以其杀比干、泄冶而失箕子与邓元也。燕昭王得郭隗，而邹衍、乐毅以齐、赵至，苏子、屈景以周、楚至，于是举兵而攻齐，栖闵王于莒（jǔ），燕校地计众，非与齐均也，然所以能信（"信"通"伸"）意至于此者，由得士也。故无常安之国，无恒治之民，得贤者则安昌，失之者则危亡，自古及今，未有不然者也。明镜所以照形也，往古所以知今也，夫知恶往古之所以危亡，而不务袭迹于其所以安昌，则未有异乎却走而求逮前人也。太公知之，故举微子之后而封比干之墓，夫圣人之于死尚如是其厚也，况当世而生存者乎！则其弗失可识矣。

"禹以夏王"，"王"是王天下，禹建立了夏朝，让天下安定。"桀以夏亡"，"桀"是夏朝最后一个天子，他亡国了。"汤以殷王"，商汤是商朝的开国天子。"纣以殷亡"，商纣王是商朝最后一个天子，他也亡国了。都是君王，为什么命运差这么多？这就是慢慢引导我们，盛衰兴亡的关键在哪里？"阖庐以吴战胜无敌于天下"，"阖庐"是指吴国的阖闾，称胜于天下，"而夫差"，可是短短几十年，吴王夫差"以见禽于越"，"禽"通"擒"，被勾践抓起来了，最后自杀。"文公以晋国霸"，晋文公也是春秋五霸之一，他让晋国强盛起来。"而厉公以见弑于匠丽之宫"，厉公被杀死在匠丽这个地方。

"威王以齐强于天下"，齐威王强盛于天下，"而闵王以弑死于庙梁"，齐闵王在庙梁这个地方被杀。这个齐闵王也是乱打仗又不照顾人民，最后齐国被几国联军打得只剩两座城池。这也是历史上很有名的一个典故，谁率军？燕国的将军，乐毅。他带领好几个国家的军队，短短的时间，打下齐国几十座城池，只剩两座没有打下来，哪两座？莒跟即墨。谁守住的？田单，然后很快地就把齐国复兴起来。所以只要有贤臣在，国家就能复兴。

这期间有个小故事。齐国有一位王歜，燕军打进来，知道这个人很有德行，就在他住的盖邑附近三十里外驻兵，以示对他的尊崇。后来，齐国整个都被燕国军队控制住了，燕军派人对王歜讲，要封很大的地给他，希望他归顺燕国。结果王歜讲，国家都要灭亡了，我假如再归附你们，就是不义。燕军讲，你不答应，我们就把盖邑人都杀光。王歜就，你们这种行为是寇仇、是强盗，我更不可能答应你们。王歜做到了孟子讲的"富贵不能淫，贫贱不能移，威武不能屈"，自尽了。他自尽的消息传出来，那些逃到其他国家的齐国官员统统生起惭愧心，国家有大难，我们这些人长期吃国家俸禄，统统跑到其他国家避难。这个平民，他没有受国家俸禄，这么高节，居然跟国家共存亡，所以王歜的德行一下子就感召了齐国的大臣，统统回来共赴国难。我们从这些历史当中都可以感受到，这些忠臣、贤士是时代的栋梁。

"穆公以秦显名尊号，而二世以劫于望夷。""二世"是指秦始皇的儿子胡亥。秦穆公是五霸之一，可是传到后面的子孙，成立了秦国，只十五年就灭亡了。"其所以君王者同"，他们都是君王，"而功迹不等者"，结果、功业差异这么大，"所任异也！"是因为他们任用的人不同。

"是故成王处襁褓而朝诸侯"，"襁褓"是指背孩子时绑的布，就是小孩的意思。成王在小孩的年龄，所有的诸侯都来朝见他，为什么？"周公用事也。"有周公这样贤德的大臣。"赵武灵王五十年而饿死于沙丘，任李兑故也。"赵武灵王也是战国时代有名的一位君王，但他后来饿死在沙丘，因为他用错人。"桓公得管仲，九合诸侯，一匡天下"，"九合"是指多次整合诸侯，也是建立共识，"尊王攘夷"，尊周天子，尊君臣之礼，团结起来抵御外族。这一段孔子在《论语》里面有强调，假如没有管仲，我们就"被发左衽"，散着头发，衣襟左扣，跟戎狄一样，因为被他们统治了。这一句话孔子也是说，管仲也算是民族救星。不过孔子评判人非常公平，好的他说，不好的，他也要交代，后人不能学他，后面也会讲到。

"失管仲"，重点来了，齐桓公在春秋时候的霸业没有人能超过，"九合诸侯，一匡天下"！可是管仲不在了，"**任竖刁、易牙，身死不葬，为天下笑**"。短短的几年，死无葬身之地。尸体腐烂了六十七天，尸虫都流出宫外了才被人发现。当然这三个人对齐桓公来讲是一个外缘，这个缘分会造成这么大的祸害，根源还在自己。请问大家，"安史之乱"，唐朝半壁江山差点就毁掉了，谁要负责任？杨贵妃是次要的，唐玄宗是主要的，因为他德不足，被美色吸引了。而圣贤人很敏锐，大禹一喝到好酒，"这么好喝，以后一定有人喝这个酒亡国"，他高度警觉，不受诱惑。

齐桓公为什么用这些人？易牙很会煮饭，连自己的儿子都煮给齐桓公吃。齐桓公脑子也有点不清楚了，他对管仲说："他连儿子都煮给我吃，对我真好。"这叫情执，不理智。管仲说："他连儿子都不爱，还爱你吗？"齐桓公说："竖刁自残入宫，伤害自己的身体来陪我。"管仲说："一个人最爱惜的就是他的身体，他连身体都不爱却爱你，必定有目的。"最后齐桓公说："开方，他是一国的公子，还跑来照顾我，父母死的时候都没回去，你看他多爱我。"管仲说："他连父母都不爱，他还爱你吗？"齐桓公觉得有道理，让这三个人离开。等管仲死了，忍不住了，要找人玩，要找人煮饭给他吃，这三个人又回来了，最后就"身死不葬，为天下笑"。

"**一人之身，荣辱俱施焉，在所任也。**"荣辱都在齐桓公的一身当中体现，重点在哪里？他任用的人不同，所以造成的结果天壤之别。所以为什么尊贤重要？就在这里。

好，这节课先跟大家交流到这里。谢谢大家！

知

第六讲

尊敬的诸位长辈、诸位学长，大家好！

我们这几堂课谈的是礼，礼敬。"礼者，敬而已矣。"礼的本质是恭敬，恭敬具体落实在人与人的关系当中。人跟人的关系离不开五伦，所谓父子、君臣、夫妇、兄弟、朋友，相处都属于礼，伦常就是礼，要用恭敬的态度来经营这五个关系。人无伦外之人，学无伦外之学，五伦关系能相处融洽，这是真实的学问。

我们上次还提到，《中庸》讲到"凡为天下国家有九经"，治理天下国家有九个重要的精神纲领，一是修身，二是尊贤。我们一提到天下国家，有人可能会想，我又不是国家领导人，这些道理好像跟我没关系。假如是这样的心学中华文化，受益就有限了。我们不是在文字表面上学，要学它的精神。我曾经遇到一个朋友，他把《弟子规》打开，第一篇"入则孝"，他说我没跟父母住一起，所以"入则孝"就跳过去了。接着"出则悌"，他说我是独生子女，所以这一篇也跟我没关系，也跳过去了。我们要取其精神，"入则孝"不是说在行为当中孝顺父母，直接接触父母才是孝顺；时时心上有父母，时时不以自己的言行去辱没父母，能以言行去荣耀父母、让父母感到欣慰，这就是孝顺。又有人说，我父母已经去世了。《弟子规》说，"事死者，如事生。"《孝经》说，"立身行道，扬名于后世，以显父母。"所以这一份孝心，不受时空的影响。包括"出则悌"，自己没有兄弟姐妹，还有堂兄弟堂姐妹；连堂兄弟堂姐妹都没有，还有一句叫"四海之内皆兄弟"。所以孝的精神是知恩报恩，悌的精神是恭敬友爱，人与人相处都应该守住这样的心态。

我们今天没有治理国家，但我们的生命当中也有很多亲戚、长者，他们比我们有智慧，他们也爱护我们，我们肯尊重他们、听他们的劝告，人生能少走很多弯路。假如我们没有恭敬、尊重的心，身边有贵人也帮不了我们，所以尊贤是每个人都要的。包括我们今天打开《论语》，打开经典就像面对孔夫子一样，这也是尊贤！这样的心境，得最大的利益。以前的人求学问、求智慧，都是跪着求的，有的跪三天三夜。我们想想，我们现在能否有这样的心境去求学问？所以得利与否，都是自己的心境决定的。

我们上一次谈到《说苑》里的一个章节，里面举到很多历史的公案。夏朝夏禹是开国的，他能够王天下，可是另一个皇帝桀，却灭亡了。商汤王天下，成为天下的榜样，但纣却灭亡了。还举了吴国、晋国、齐国、秦国这些例子。兴盛时的君王和灭亡时的君王，他们的功绩差异有天壤之别，关键在所任用的人不同，"而功迹不等者，所任异也。"接着，举到周朝的成王，那个时候周成王还是个婴孩，在襁褓当中，诸侯却能够非常尊崇他，主要还是因为周公在治理天下。赵国的赵武灵王，本来也把赵国带得很强盛，但是最后饿死在沙丘，也是因为他用错了人。齐桓公得到管仲的辅佐，能够"九合诸侯，一匡天下"。管仲去世之后，任用三个佞臣，谋反弄权，结果齐桓公死了之后，六十七天都没得安葬，尸虫都流出宫外，才被发现。所以齐桓公一生，光荣跟耻辱都发生在他的身上，关键在哪？在他所任用的人。用对了，成就功业；用错了，死无葬身之地，很凄惨。

我们接着看，"**故魏有公子无忌**"，又讲到战国时候，魏国有公子无忌，"**削地复得**"，他让魏国被秦国夺去的地又能够复得，而且还领五国之军打败秦国，非常有能力。"**赵任蔺相如**"，赵国任用蔺相如，"**秦兵不敢出**"，不敢出函谷关，函谷关在河南省西北边界那个地方。"**鄢陵任唐雎，国独特立。**"鄢陵是指魏国。当时齐国跟楚国一起攻打魏国，魏国求秦国来支持他。秦国一开始没有答应，最后鄢陵君任用了唐雎出使秦国，才说服秦王。当时唐雎已经九十多岁，秦王看到这样的长者，话都还没讲就已经佩服他了。我们也感觉到，在国家危难之际，"屈志老成，急则可相依"，往往是那些有智慧，又有人生历炼的老者，能够真正扭转乾坤，拨乱反正，他们有定力、有智慧。所以魏国才没有灭亡，"独特立"就是还能够立足。

"楚有申包胥，而昭王反位"，当时楚国被吴王阖闾攻打，申包胥也去请秦国出兵相助，在秦国的王宫外整整站了好几天，在那里哀号。几天没睡觉、没吃饭，而且还刮风下雨，后来秦王感动了，就出兵帮楚昭王复位。"齐有田单，襄王得国。"齐国被攻打，已经丧失七十几座城池，剩两个城池就要亡国了，后来田单创火牛阵，齐襄王才得以复位。"由此观之，国无贤佐俊士，而能以成功立名，安危继绝者，未尝有也。""贤佐"，贤能的辅佐者，"俊士"，俊杰的读书人。国家没有贤佐俊士的话，不可能成功立名，甚至转危为安，继绝存亡。"故国不务大而务得民心"，所以，国不一定要很大，最重要的要得到民心，民心团结一致，国家才稳定。现在企业界，很多人觉得大就代表成功、代表有地位，结果往往因为快速扩大，最后内部人心不团结，就垮掉了。其实一个国家跟团体的发展，不是急于求大，不是打肿脸充胖子，而是自自然然感召很多的人来归附，它自自然然大的。假如有急功近利的心、好大喜功的心，组织会非常脆弱、松散，最后就会垮下来。所以这些古籍，其实对我们修身齐家、创业都是非常好的提醒。"佐不务多，而务得贤俊。"辅佐的人不必很多，重要的是有贤俊的才士。"得民心者民往之"，得到民心，不只自己国家的人民向往，甚至其他国家的人都来归附。"有贤佐者士归之。"假如得到贤德之人的辅佐，甚至其他国家的读书人都会来归顺。这是民心的向背，用贤德之人是民心所向，用无德之人，是民心所背。其实，民心是看不到的，但往往决定成败的都是看不到的部分。大家看，很多亡国之君，他的仓库里面钱多不多？看不看得到？可是他为什么亡国？他看不到的民心已经完全失去了，"财聚民散，财散民聚"。所以民心的向背，往往在于我们的言行。言行跟道德相应，马上很多人的力量都汇集过来；言行跟道德相背了，可能隔天很多人就离开了。所以愈上位者，愈要慎言慎行才好。

"文王请除炮烙之刑而殷民从"，周文王奉献很多的财物，甚至献了洛西之地，请求商纣王把炮烙之刑去除掉，他是为天下人请求废掉这个刑罚。商朝的人民听到周文王这样的仁慈，纷纷归附于他。所以舍掉的是有形的财物，得到的是民心。**"汤去张网者之三面而夏民从"**，商汤有一天看到打猎的人把东西南北四面都用网围起来捕猎。商汤不忍心，就建议去掉三面，用一面来网就好。这个情况传出来，老百姓都觉得商汤很仁慈，所以夏朝的人民都尊崇他。**"越王不隳旧冢而吴人服"**，**"隳"**是毁坏，**"冢"**是坟墓。他虽然统治了这个国土，但是不破坏人家祖先的坟墓，这也是表示对当地人民及其祖先的尊重。**"以其所为之顺于民心也。"**刚刚举的文王、商汤、越王的例子，都是顺民心的做法。**"故声同则处异而相应，德合则未见而相亲"**，**"声同"**就是讲出来的话，义理相同。纵使处在不同的地方，还是能够相应。**"德合"**，道德的见解很相同，虽然没有见过面，但互相仰慕，**"相亲"**。

　　"贤者立于本朝"，一个贤德的人立于朝廷，**"则天下之豪，相率而趋之矣。"**感来的是天下的豪杰都来投靠，**"趋"**是投靠。**"何以知其然也？"**如何能知道这个道理？接着又举了一个历史的故事。**"曰：管仲，桓公之贼也"**，管仲本来是齐桓公的敌人，有一箭之仇，**"鲍叔以为贤于己而进之为相，七十言而说乃听"**，鲍叔牙觉得管仲比他还贤能，举荐他做宰相，讲了七十次，才说服了齐桓公放下报仇的心，把国家交给管仲治理。**"遂使桓公除报仇之心而委国政焉。"**这里也提醒我们，一个上位者一定要先放下好恶的心，才能用得了贤才。假如好恶、爱憎的心很强，用不了贤才。为什么？贤才有时候正直，话不中听，可是中用。因为他无私，真的用了一定对人民有好处。我们听了都觉得很难得，要放下好恶、爱憎，容不容易？唐太宗已经很不简单了，有时魏征讲得太直，他也是气闷至极，进到寝宫里面，先把这个气吐一吐！但所谓"良药苦口利于病，忠言逆耳利于行"，一个正直之人的话，我们肯听、肯照着做，他就愈推心置腹来帮助、来劝勉我们。假如我们不能接受，可能这么好的人就离开了我们。所以我们一个心境，可能造成自己人生命运很大的不同。

　　大家现在有没有想到，你最不愿意听谁的话？每一次听他讲，火气就特别大，尽讲你不好。我们很不愿意听他讲话的人，往往就是看我们看得最清楚的，我们这一生的贵人。再冷静想想他讲的话，很可能都是直指我们的面子，直指我们的自欺，我们不肯承认。有一句闽南话叫"丢脸转生气"，就是恼羞成怒的意思。羞就是我们讲的虚荣、面子，那不是真正的羞耻心。真正的羞耻心，应该是人家讲得不对的，都恭敬地听，这样才能感得人家对我们直言不讳。唐太宗那个时代，很多大臣给他进言，有的批评得都太过了，甚至都批评错了，唐太宗都没有回嘴，都没有阻止，让他先讲完。后来臣子出去了，旁边的人听了抱不平："陛下，他讲的很多都不实，您怎么没有指正？"太宗讲："我假如给他指正，他以后就不大敢讲了，甚至出去又跟其他的大臣说，皇帝都不让我讲，那不就断了大家畅所欲言的机会了吗？"所以"德不广不能使人来，量不宏不能使人安"。所以齐桓公不简单，放下了恩恩怨怨，而且还拜管仲为仲父，对他尊崇到了极点。有一句古话讲，"士为知己者死"，管仲这样的读书人，面对人家这样的尊敬，两肋插刀来成就齐国的强盛。

"**桓公垂拱无事而朝诸侯**"，他不用烦很多事，因为管仲很能干，诸侯都来归顺他，"**鲍叔之力也**"，是鲍叔牙的功劳，因为他推荐了这样的贤德之人。"**管仲之所以能北走桓公无自危之心者，同声于鲍叔也。**"这也是看不到的部分，为什么管仲没有后顾之忧，尽心尽力为齐国、为齐桓公？他不觉得自己有什么危险，因为他知道鲍叔跟他是心心相应的，他们是同心同愿为齐国。

"**纣杀王子比干，箕子被发而佯狂，陈灵公杀泄冶而邓元去陈**"，刚刚举的是正面的例子，接着举反面的例子。纣王杀王子比干，这样的大忠臣被杀了，箕子看到这种情况，披头散发，装疯卖傻。"陈灵公杀泄冶"，陈国的君王灵公杀了一个贤才泄冶，接着另一个贤德之人邓元就离开陈国了。"**自是之后，殷兼于周**"，从此以后，殷商就被周取代了，"**陈亡于楚**"，陈国被楚国给灭掉了。"**以其杀比干、泄冶而失箕子与邓元也。**"因为这些贤德之人不能为他所用。

接着又举几个例子。"**燕昭王得郭隗，而邹衍、乐毅以齐、赵至，苏子、屈景以周、楚至**"，战国时燕昭王重用郭隗，接着当时的几个贤能之人统统来归顺。其实这些历史，都是印证前面讲的"贤者立于本朝，则天下之豪，相率而趋之矣"。邹衍、乐毅从齐、赵国赶来燕国效忠，苏子、屈景从周、楚国过来。周是指周天子管辖的地方。"**于是举兵而攻齐，栖闵王于莒**"，这么多的人才聚集，举兵而攻齐，把齐闵王打得逃到莒地，七十几座城池被攻下来。"**燕校地计众**"，燕国的土地跟人口都远远少于齐国，"**非与齐均也**"，力量悬殊。"**然所以能信意至于此者，由得士也。**""信"跟"伸"相通，燕昭王要雪耻，他能照着自己的意志把齐国打败，主要是因为他得到了这些读书人的帮助。

"**故无常安之国，无恒治之民**"，所以没有常保安定的国家，也没有能永远治理好的人民。最重要的，"**得贤者则安昌，失之者则危亡，自古及今，未有不然者也。**"从古至今都印证了国家得贤者就会昌盛，失贤者就危险。用《中庸》的一句话，就是"人存则政举，人亡则政息"，有贤德之人，就政通人和，没有好的人才，国家就败丧了。

"**明镜所以照形也**"，我们拿着明镜照自己的形体照得很清楚，"**往古所以知今也**"，我们从古代这些历史，能够鉴往知来，能够引以为戒，就能得到很大的利益。"**夫知恶往古之所以危亡，而不务袭迹于其所以安昌，则未有异乎却走而求逮前人也。**"这段话也是很深刻地提醒我们，每个人都明白鉴往可以知来，但多少人真正从历史当中得到人生非常宝贵、深刻的提醒？每一个人读到历史当中这些负面的例子都会非常生气，商纣王怎么是这样，这个夏桀真不像话，但是没有好好效法那些明君、好的领导者的德行智慧，他为什么能够让社会安定昌盛。"袭迹"就是效法。他只是去骂那些做错的，却没有很认真地去学那些对的，这就好像"却走"，倒着走，却想着要赶上前面的人，可不可能？所以有一个读书人杜牧讲，我们读历史的时候，有一个现象，"后人哀之而不鉴之"。后人读到前人的历史，都觉得怎么这么做，真悲哀，可是却没有引以为戒，可能自己还在犯跟前人一样的错误。我们都知道，家败掉了，国亡掉了，就是因为骄奢淫逸，骄傲、奢侈、淫乱、放逸，每个亡国之君都是这样。我们读到这段历史，有没有把自己的骄奢淫逸去掉？"亦使后人而复哀后人也"，我们也将成为历史，我们又变成后人在那里哀叹的教材。假如没有引以为戒，效法那些好的榜样，那历史上的错误将不断重复。我们这个民族是全世界最重视历史的，也是因为我们的老祖先知道，从过去历史当中得到教训，智慧才能超过前人，整个社会才能更安定。

接着，举了一个真正做到鉴往知来的圣人，姜太公。**"太公知之，故举微子之后而封比干之墓"**，太公明白这个道理，所以周朝立国之后，姜太公马上举微子的后代，封他为诸侯，让他领导一方，因为他是圣人之后。比干是大忠臣，赶紧加封他，肯定他的忠诚，尊贤。**"夫圣人之于死尚如是其厚也"**，姜太公对于死去的圣哲人都这么样地尊重对待，**"况当世而生存者乎！"**更何况是当前这些圣贤人。所以姜太公这么一做，整个商朝的人心都归附过来。因为你尊重这些贤德之人，他们的后代都会非常认同、佩服，就像《孝经》里面讲的"敬其父则子悦，敬其君则臣悦"，你敬这些圣贤人，他们的后代就欢喜了。姜太公也是汲取了这么多历史的教训，抓到了尊贤这个重点。**"则其弗失可识矣。"**他不遗弃这些圣贤人，不遗弃尊贤的道理，从他这个做法，我们就很清楚。"识"就是知道、明白。

好，这节课先跟大家谈到这里，谢谢大家！

礼义廉耻，国之四维

第七讲

尊敬的诸位长辈、诸位学长，大家好！

我们上节课一起学习了《说苑》的一篇文章，主要是强调"尊贤"。我们再来看"齐桓公问于管仲"这段故事。

> 桓公问于管仲曰："吾欲使爵腐于酒，肉腐于俎，得无害于霸乎？"管仲对曰："此极非其贵者耳，然亦无害于霸也。"桓公曰："何如而害霸？"管仲对曰："不知贤，害霸；知而不用，害霸；用而不任，害霸；任而不信，害霸；信而复使小人参之，害霸。"桓公曰："善。"

"**桓公问于管仲曰：吾欲使爵腐于酒，肉腐于俎，得无害于霸乎？**""欲"就是想，"爵"是酒杯，"爵腐于酒"应作"酒腐于爵"。为什么不改？因为原文是这样写。古代学者们会在后面注解，而不会轻易改原文，因为怕开了这个头，后面的人乱改。齐桓公很有意思，他这句话就代表他比较奢侈，他想让酒放久了在酒杯里坏了，肉在肉板上腐烂了。"俎"是指切菜、切肉的板子。这样的奢侈会不会有害于霸业？齐桓公把自己的缺点讲出来。"**管仲对曰：此极非其贵者耳，然亦无害于霸也。**"这不是一个高贵的人应该做的事，但是这么做了，也无害于霸业，因为霸业的关键还不在这里。"**桓公曰：何如而害霸？**"那哪些行为才是真的对霸业有害？"**管仲对曰**"，管仲接着说，"**不知贤，害霸**"，不知道贤德之人，没有办法成就功业。"**知而不用**"，知道他是贤才而不用他，"**害霸**"；"**用而不任**"，用了之后，又不能让他承担重任，"**害霸**"。"**任而不信**"，承担了重任，你还怀疑他，不信任他，"**害霸**"。"**信而复使小人参之**"，你信任他，却安排一些小人、没有远见的人给他碍手碍脚，干扰他，"**害霸**"。"**桓公曰：善。**"所以从这段话，"尊贤"容不容易？尊贤不是说知道他是贤德，他就能为整个团体国家做事，要知贤，还要能用，而且用还要委以重任。任了之后，还要信任，还不能派搞不清楚状况的人干扰他，这样做才是真正尊重贤德之人。所以"尊贤"，不是口头上说说，不是做样子的，要具体落实。

我们再看下一段：

> 鲁人攻鄪（bì），曾子辞于鄪君曰："请出，寇罢而后复来，请姑毋使狗豕入吾舍。"鄪君曰："寡人之于先生也，人无不闻；今鲁人攻我而先生去我，我胡守先生之舍？"鲁人果攻鄪而数之罪十，而曾子之所争者九。鲁师罢，鄪君复修曾子舍而后迎之。

"**鲁人攻鄪**"，鲁国攻打鄪这个地方。"**曾子辞于鄪君曰**"，曾子向鄪地的国君说，"**请出**"，我要走了。"**寇罢而后复来**"，军队离开以后，我会再回来。我不在的这段时间，"**请姑毋使狗豕入吾舍。**"拜托你帮我看一下家，不要让小狗、野猪跑到我的房子里面来。大家想一想，这个鄪国的国君听了感受怎么样？我大难临头，你不跟我同生共死，还叫我帮你看家。"**鄪君曰：寡人之于先生也，人无不闻**"，整个国家谁不知道我对先生尊重？"**今鲁人攻我而先生去我**"，今鲁国攻打我，先生居然要离开我。"**我胡守先生之舍？**"我何必还要守你的房子？这个鄪君能不能懂曾子的意思？所以有时候贤德之人在点人的时候，很含蓄、很委婉，我们要会听，善用心就知道人家的意思。"**鲁人果攻鄪而数之罪十**"，鲁国果然攻败了鄪，而且列出十条罪状责备鄪君。"**而曾子之所争者九**"，曾子平常规劝鄪君的，力争他要改善的，就占了九条。鄪君并没有珍惜曾子的劝告。"**鲁师罢**"，"罢"就是退军，鲁军回去了。"**鄪君复修曾子舍而后迎之。**"鄪君赶紧整理好曾子的家，然后把他迎接回来。所以尊贤不是口头上，也不是做样子，贤德之人可以感受到我们诚心不足，甚至尊贤是沽名钓誉，做给别人看。我们假如常常都是做给别人看，虚荣跟名利心就会污染我们的心，道德学问上不去。体会到圣贤人这些教诲都是帮我们恢复明德本性，就要在自己的习气当中下工夫，这叫会学。好名、虚荣本身就是习气，做个尊贤的样子，看起来是依教奉行，还是染着了。所以孔子在《论语》里面也强调，"巧言、令色、足恭"，话都讲得很好听，道理一篇一篇的，但是行为没有跟上，都修成伪君子了。表面上对人都非常恭敬，但是事实上没有真诚，甚至背后还讲人家的坏话，赢得很多社会大众的赞叹，孔子觉得这样的行为是不妥当的。

所以下面也举了一段历史：

> 子路问于孔子曰："治国如何？"孔子曰："在于尊贤而贱不肖。"子路曰："范、中行氏尊贤而贱不肖，其亡何也？"曰："范、中行氏尊贤而不能用也，贱不肖而不能去也。贤者知其不己用而怨之，不肖者知其贱己而仇之。贤者怨之，不肖者仇之，怨仇并前，中行氏虽欲无亡，得乎？"

"子路问于孔子曰：治国如何？"治理一个国家关键在哪里？"孔子曰：在于尊贤而贱不肖。""不肖"是无德之人。能够远离品德不好的人，尊重贤德之人。其实，我们看这些历史典故，都离不开《论语》跟四书的教诲。"子路曰："范、中行氏尊贤而贱不肖，其亡何也？""他怎么会灭亡？"曰：范、中行氏尊贤而不能用也"，看起来很尊重贤德的人，但是却没有重用。当时孔子到卫国，卫灵公也是号称尊贤的国君，结果圣人去他那里还是没有被重用，所以卫灵公也是只好"尊贤"的名。"贱不肖而不能去也。"虽然他强调要远离无德之人，可是身边还是有很多无德之人。所以他只做表面，慢慢他身边的人，人心都会起变化。"贤者知其不己用而怨之"，日久见人心，他尊贤是表面的，所以贤德的人知道自己不会被重用，当然就会埋怨。"不肖者知其贱己而仇之。"无德之人也知道，这个国君其实也瞧不起他们，就会动歪脑筋，就会仇视这个领导者。"贤者怨之"，贤德的人埋怨。"**不肖者仇之**",不肖之人又仇恨他。"**怨仇并前**",怨气跟仇恨交集而来。"**中行氏虽欲无亡,得乎?**"想不灭亡,可能吗?

所以这两段也是提醒我们,尊贤关键要听贤者的话,进而去做,然后利益自己、利益国家,这是贤德之人最欢喜的事情。他又不是为了名利、俸禄而来,他是为了利众而来的!所以《大学》里面有一段话说:"见贤而不能举,举而不能先,命也;见不善而不能退,退而不能远,过也。"见到贤人不能推举,推举了又不能重视,这是怠慢、不敬这些贤者。不要让不好的人把持这些重要的位置,甚至于辞退了他们以后,还要远离这些人,不然还是会受其影响,自己就有过失。齐桓公知道易牙、竖刁、开方不好,管仲都提醒过他,他没让他们当宰相,有没有退?有,见不贤能退,但退而不能远。把他们辞退了,但心里还想着他们,突然有一天受不了,想吃好吃的,又把易牙找来了;想玩好玩的,又把竖刁找来了。所以事实上,人假如不能把很多内心这些不好的欲望去掉,很容易又感来无德之人,所谓"方以类聚,物以群分"。人生的因缘都靠自己的心去感召,是发自内心尊重贤人,发自内心希望把事做好、希望利益大众,自然这个缘就能成熟。

《论语》讲,"法语之言,能无从乎?改之为贵。巽(xùn)与之言,能无说乎?绎之为贵。说而不绎,从而不改,吾未如之何也已矣。"最后一句的意思,是孔子说那我也没办法。圣人的感叹,都是我们学习当中最重要的一些关键点。"法语之言",就是人家义正词严地劝告我们,而且讲的话都是跟经典相应的。我们听了,是是是,对对对,这就是"从"。是是是,你讲的对我太重要了,都是我最缺乏的,都是我最严重的。很好,接受了,"从乎"。但之后呢?回去还是不改,那不是没有把这些长者、善知识的话记在心上吗?只是表面上做恭敬的响应而已。假如这些长者、善知识给我们讲完以后,我们一样也没改,下次我们在那里是是是,人家怎么想?又在装了。有时候自己装,自己欺骗自己,自己不知道。然后旁边的人讲,他好谦虚,人家怎么跟他讲,他都是点头接受。我们一听,还挺高兴的。其实，人家一称赞，自己一高兴，八风又动了。

所以修行得时时不欺骗自己的起心动念才行，得不被自己卖掉才行。听了这些好的教诲，要用心改自己的问题，"改之为贵"。愈改，这些善知识愈欢喜，你是真受教，孺子可教也，他会更疼惜你。为什么？他没有私心，就是希望为民族多栽培一些人才。所以有没有感得善知识来帮助我们，还在我们的态度。而这个态度不能做表面，得真干，得从真实心中去领受、去改。"巽与之言"，"巽与"是比较婉转的，或者是称赞、肯定我们，让我们挺受鼓舞的言语。"能无说乎"，人有时候还是需要鼓励的。"绎之为贵"，"绎"就是能深思，我有他讲得这么好吗？诚惶诚恐。人家这么信任我，我的德行、学问、能力还差一大截，赶紧好好地来提升自己。

"说而不绎"，听到称赞的话很高兴，但是不去反思，那就陷在高兴里面，就陷在称赞里面，之后没人称赞就没力气。"从而不改"，只是在那点头，好好，你讲得太好了，我接受，但是不去改过。孔子讲，一个人如果这样自我欺骗，那谁帮得上他？假如这个善知识给我们讲实话，我们面子挂不住，恼羞成怒，下次不跟他见面，或者是生气，背后还骂他，那人家不蹚这浑水。所以，我们能得身边善知识多大的利益，还在我们自己的态度，要真干才行，不能落在表面上。所以《大学》、《中庸》、《论语》这些话，都是提醒我们，尊贤最重要的是依教奉行。

我们回到"绪余"讲的，"上则优赐有加，下则鞠躬尽瘁，礼行于君臣矣。定省温清，出告反面，礼行于父子矣。外内位正，和而有别，礼行于夫妇矣。长幼有序，伯友仲恭，礼行于兄弟矣。乐群敬业，毋相聚以邪谈，礼行于朋友矣。"交朋友，历史上最具代表的是哪一对朋友？我们说朋友很知心，都会想到"管鲍之交"。俗话又说，"人生得一知己，死而无憾。"可见朋友能够惺惺相惜，有共同的志向，共同的目标，又共同成就彼此的道业，这是非常难得的因缘。

这节课我们一起来看《管晏列传》，提到管仲跟鲍叔牙的交往过程，司马迁著这篇文章，可能也有感触。李陵投降匈奴，司马迁觉得可能是因为当时援兵没到，投降是李陵的权宜之计，他不是真正投降，或者传言有误，所以他替李陵说话。汉武帝特别生气，把他关入狱中，并执行宫刑。而当他下狱的时候，这么多的朝廷同仁都没有人替他讲话。我们来看《管晏列传》：

管仲夷吾者，颍上人也。少时常与鲍叔牙游，鲍叔知其贤。管仲贫困，常欺鲍叔，鲍叔终善遇之，不以为言。已而鲍叔事齐公子小白，管仲事公子纠。及小白立为桓公，公子纠死，管仲囚焉。鲍叔遂进管仲。管仲既用，任政于齐，齐桓公以霸，九合诸侯，一匡天下，管仲之谋也。

管仲曰："吾始困时，尝与鲍叔贾，分财利多自与，鲍叔不以我为贪，知我贫也。吾尝为鲍叔谋事而更穷困，鲍叔不以我为愚，知时有利不利也。吾尝三仕三见逐于君，鲍叔不以我为不肖，知我不遭时也。吾尝三战三走，鲍叔不以我怯，知我有老母也。公子纠败，召忽死之，吾幽囚受辱，鲍叔不以我为无耻，知我不羞小节而耻功名不显于天下也。生我者父母，知我者鲍子也。"

鲍叔既进管仲，以身下之。子孙世禄于齐，有封邑者十余世，常为名大夫。天下不多管仲之贤而多鲍叔能知人也。

管仲既任政相齐，以区区之齐在海滨，通货积财，富国强兵，与俗同好恶。故其称曰："仓廪实而知礼节，衣食足而知荣辱，上服度则六亲固。四维不张，国乃灭亡。下令如流水之原，令顺民心。故论卑而易行。俗之所欲，因而予之；俗之所否（pǐ），因而去之。"

其为政也，善因祸而为福，转败而为功。贵轻重，慎权衡。桓公实怒少姬，南袭蔡，管仲因而伐楚，责包茅不入贡于周室。桓公实北征山戎，而管仲因而令燕修召公之政。于柯之会，桓公欲背曹沫之约，管仲因而信之，诸侯由是归齐。故曰："知与之为取，政之宝也。"

管仲富拟于公室，有三归、反坫（diàn），齐人不以为侈。管仲卒，齐国遵其政，常强于诸侯。后百余年而有晏子焉。晏平仲婴者，莱之夷维人也。事齐灵公、庄公、景公，以节俭力行重于齐。既相齐，食不重肉，妾不衣帛。其在朝，君语及之，即危言；语不及之，即危行。国有道，即顺命；无道，即衡命。以此三世显名于诸侯。

越石父贤，在缧绁（léi xiè）中。晏子出，遭之涂，解左骖（cān）赎之，载归。弗谢，入闺。久之，越石父请绝。晏子惧然，摄衣冠谢曰："婴虽不仁，免子于厄（è），何子求绝之速也？"石父曰："不然。吾闻君子诎于不知己而信于知己者。方吾在缧绁中，彼不知我也。夫子既已感寤而赎我，是知己。知己而无礼，固不如在缧绁之中。"晏子于是延入为上客。

晏子为齐相，出，其御之妻从门间而窥其夫。其夫为相御，拥大盖，策驷马，意气扬扬，甚自得也。既而归，其妻请去。夫问其故。妻曰："晏子长不满六尺，身相齐国，名显诸侯。今者妾观其出，志念深矣，常有以自下者。今子长八尺，乃为人仆御，然子之意自以为足，妾是以求去也。"其后夫自抑损。晏子怪而问之，御以实对。晏子荐以为大夫。

太史公曰：吾读管氏《牧民》《山高》《乘马》《轻重》《九府》及《晏子春秋》，详哉其言之也。既见其著书，欲观其行事，故次其传。至其书，世多有之，是以不论，论其轶事。

管仲世所谓贤臣，然孔子小之。岂以为周道衰微，桓公既贤，而不勉之至王，乃称霸哉？语曰："将顺其美，匡救其恶，故上下能相亲也。"岂管仲之谓乎？

方晏子伏庄公尸哭之，成礼然后去，岂所谓见义不为无勇者邪？至其谏说，犯君之颜，此所谓进思尽忠，退思补过者哉！假令晏子而在，余虽为之执鞭，所忻（通"欣"）慕焉。

"管仲夷吾者，颍上人也。"仲是字，夷吾是名。颍上是现在的安徽省。"少时常与鲍叔牙游"，年轻的时候跟鲍叔牙交朋友。**"鲍叔知其贤。"**在交往的过程当中，鲍叔牙深深了解管仲是贤才。**"管仲贫困，常欺鲍叔"**，管仲家里比较穷，跟鲍叔牙做生意，赚了钱多拿点。**"欺"**，不是欺负，是占便宜。**"鲍叔终善遇之"**，"终"就是自始至终，"善遇"就是对他很好。**"不以为言。"**他度量很大，不去计较这些事情。**"已而鲍叔事齐公子小白"**，后来鲍叔侍奉公子小白。**"管仲事公子纠。"**他们各为其主。**"及小白立为桓公"**，后来公子小白先回齐国当了齐桓公。**"公子纠死"**，公子纠死了。**"管仲囚焉。"**管仲被关在牢里，因为他曾用箭射齐桓公。**"鲍叔遂进管仲。管仲既用，任政于齐"**，管仲被重用了，齐国的政治重任付托给管仲。**"齐桓公以霸"**，齐桓公最后成就霸业，**"九合诸侯"**，"九合"有好几种说法。《史记》里面记载，确实有九次。另外还有两个说法，一个是"纠"，就是督导的意思；再一个是"勼"，聚的意思。不管哪一个意思，都讲得通，就是多次把诸侯团结起来，尊王攘夷，抵御戎狄外患。**"一匡天下"**，"匡"是匡正。当时诸侯都比较无礼，他带头做表率尊重周天子，其他的人也跟着效法，让天下得以匡正。**"管仲之谋也。"**这多亏了管仲的智慧谋略才达到了这样的效果。这是叙述管仲跟鲍叔牙的交往过程。

"管仲曰：吾始困时"，我当初很贫困，**"尝与鲍叔贾"**，曾经跟鲍叔一起经商，**"分财利多自与"**，在分钱的时候，自己多拿了，**"鲍叔不以我为贪"**，鲍叔不觉得我是贪心，**"知我贫也。"**知道我贫穷，家里需要。**"吾尝为鲍叔谋事而更穷困"**，他曾经帮鲍叔出主意，结果反而让情况愈来愈糟，**"鲍叔不以我为愚"**，鲍叔不觉得我是愚笨，**"知时有利不利也。"**因为鲍叔知道时机有利跟不利，我刚好都遇到时机很不利。**"吾尝三仕三见逐于君"**，"仕"是当官，"逐"就是被罢黜了。三次当官，三次都被免职。**"鲍叔不以我为不肖"**，不觉得我无能，**"知我不遭时也。"**没遇到好时机、好领导。**"吾尝三战三走"**，我曾经三次打仗，三次都失败，赶紧逃走。**"鲍叔不以我怯"**，我失败逃走了，鲍叔不觉得我是胆怯。**"知我有老母也。"**知道我还有老母要奉养，不能死。**"公子纠败，召忽死之，吾幽囚受辱"**，召忽跟管仲辅佐公子纠，结果公子纠败了以后，召忽很有气节，马上就自杀了，但管仲没有死，他被关起来，被囚禁，受到屈辱。"**鲍叔不以我为无耻**"，鲍叔不认为我不知羞耻，"**知我不羞小节而耻功名不显于天下也。**"鲍叔非常理解我，我不为小节感到羞耻，而是怕自己这一生不能为国家民族建功立业，留名于后世。接着管仲讲了一句话，是真情的流露："**生我者父母，知我者鲍子也。**"整段文章读下来，感觉任何人遇到鲍叔牙，都会被他的诚心感动。这样的信任，这样的支持，我们假如不真干，不真正以心相交，感觉对不起这个朋友。大家读着读着，有没有觉得鲍叔牙挺傻的？人傻到别人都不想欺骗你，那是智慧，那是修养！当然，鲍叔牙也确实能看到管仲的内心世界。管仲有没有缺点？我想有，但是鲍叔牙都是看他的好。再来，鲍叔牙时时以天下为重，念念想着管仲可以利益齐国，后来成就了这个因缘。

"**鲍叔既进管仲**"，鲍叔牙荐举了管仲，"**以身下之。**"居管仲之下。"**子孙世禄于齐**"，他的子子孙孙，世世代代在齐国享俸禄，因为他有德行，他念念为国家着想。"积善之家，必有余庆。""**有封邑者十余世**"，"邑"就是国家封给的地方，那个地方就属他们管理，纳税都由他们去掌管，有封邑的后代就超过十世。"**常为名大夫。**"而且都很有德行，闻名于国家社会。"**天下不多管仲之贤而多鲍叔能知人也。**""多"是赞美。天下人，以至于后世的人，更多赞美的是鲍叔能够知人，能够识别好的人才，进而去推荐他，为国举才。所以"进贤受上赏"，为国家，甚至为了文化的承传，推荐贤德之人，会得到老天最大的封赏，因为这样的利益非常深远。蔽贤，因为嫉妒，让团体、国家用不到贤才，会遭天谴。

"**管仲既任政相齐**"，担起了重任，为齐国的宰相。"**以区区之齐在海滨，通货积财，富国强兵**"，"区区"就是小小的意思。以一个小小的齐国，而且还位处于海滨边陲的地方，但政通人和，百业兴盛，国家、军队也很强。"通货"是流通货物，"积财"是积聚财富。为什么能达到这样的效果？"**与俗同好恶。**""俗"就是指人民，他时时想着人民需要什么，人民需要财富、需要养家糊口、需要生活安定，这都是人民需要的。孟子有段话说："乐民之乐者，民亦乐其乐；忧民之忧者，民亦忧其忧。"以人民的快乐为自己的快乐，去成就人民的幸福，人民也会为你着想，让你幸福；时时想着怎么去化解人民的忧虑，人民回报的也是常常想着你的忧虑。所以能以父母的心来照顾人民，一定可以王天下。整个国家带得非常好，人民团结一致，都来自于与民同忧喜、同好恶。**故其称曰**，所以管仲说，"**仓廪实而知礼节，衣食足而知荣辱**"，"仓"是指放谷类的仓库，"廪"是指放米的仓库。粮食都非常充足，人民生活没有匮乏，吃得饱才知礼节。一般的老百姓挨饿受冻，叫他们重视礼节，比较困难，要先生活无忧，才能进一步来学习这些忠孝节义的道理，慢慢就知道荣辱，什么是光荣，什么是羞耻。孔子在《论语》里面也讲到先"富之"，进一步再"教之"，让人民生活无忧了，赶紧要施行教化。

"**上服度则六亲固。**""上"是指领导者，"服"就是能实行，"度"是指法度、礼仪。上位者能带头守法、守礼，行为都是跟圣贤教诲相应。这一点清朝开国的几个皇帝康熙、雍正、乾隆，做得很好，尤其康熙，他都是带头做。那个时候都祭农神，康熙皇帝为了在耕田的时候耕得比较熟练，私底下还常常练习，代表他很重视，给人民做了榜样，自己亲耕，重视农业。所以上位者能真正以身作则，做出孝道，落实五伦、八德，六亲就会非常稳固、团结。"六亲"有多种说法，有说是父母、兄弟、妻子，又有说是外祖父母、父母、姊妹、妻兄弟之子、从母之子、女子之子。康熙皇帝是很孝顺的，他母亲不在了，可是他对他的奶奶很孝敬。有一次，他奶奶孝庄皇太后要出去，本想请几个人抬轿子。由于他奶奶不忍心，怕这么远的路，这几个人会很累，还是决定坐车好了。但毕竟老人家年纪大了，一路马车颠簸，骨头还是受不了，于是康熙皇帝赶紧换上轿子。这些轿夫是康熙皇帝吩咐一路跟来的。虽然是一个细节，但是可以看出康熙的孝心非常细腻，想得很周到。

"**四维不张**"，"四维"是指礼义廉耻，"不张"就是不能发扬光大。"国乃灭亡。"国家就要灭亡。这一段话在管仲的文章里面讲到过,"国有四维,一维绝则倾",礼义廉耻只要有一维不足、严重缺乏了,这个国家就倾倒,问题就会层出不穷;"二维绝则危",假如有两个不足了,这个国家危险了;"三维绝则覆",这个国家就要倾覆了;"四维绝则灭",那就要灭亡。对我们自身跟下一代来讲,四维是什么情况?只要四维的德行没有,再有博士学历,有再多的财富,家庭还是要败亡。所以"德者本也",值得我们深思!

"**下令如流水之原**",上位者下命令,如水自源头下流。上位者就是源头活水。"**令顺民心。**"顺了民心,下流就通达无阻,政通人和。这段话很强调上位者要做榜样,要考虑人民的实际情况,法令要能顺民心,四维也要上位者来做表率。"**故论卑而易行。**""论"是指政令,"卑"是平易,"易行"就是易于遵守。这些政治命令不能太烦琐,要贴近老百姓的生活需要。"**俗之所欲,因而予之**","俗"指一般的老百姓,"所欲",就是所希望的。能洞察人民的需要,然后给予他们。"**俗之所否**","否"就是厌恶,不喜欢的,"**因而去之。**"不好的法令去除,或者是不好的社会风气,把它矫正,人民就会很欢喜,生活就愈来愈好,安定。这是谈到管仲治理齐国的一些做法、政治理念。

"**其为政也,善因祸而为福,转败而为功。**""为政"就是治理政事。管仲很有谋略,脑筋也很清楚,善于把本来是祸的事情转成福,转失败为成功。为什么他能因祸得福、转败为功?"**贵轻重**",因为他考虑事情能够把握轻重缓急,"**慎权衡。**"谨慎衡量利害得失。"**桓公实怒少姬,南袭蔡,管仲因而伐楚,责包茅不入贡于周室。**"古代打仗都是凶,不得已才打,齐恒公是因为太生气了。齐桓公有个妃子叫蔡姬,有一天出去玩,齐桓公坐在船上,蔡姬很懂水性,就跟齐桓公开玩笑,把船弄得摇摇晃晃,齐恒公制止她都不听。齐桓公受到惊吓了,很生气,就罚她回娘家闭门思过。结果蔡姬的父亲,就是蔡国的国君,把他女儿又改嫁给另一个人。齐桓公怎么受得了?所以就发兵打蔡国。既然都出兵了,顺便打一下蔡国连着的楚国。因为楚国不像话，不尊重周天子，还自立为王，三代了，都不进贡，没有尽到为臣之礼。这么一打，天下人关注到哪？关注到主持正义，本来是家里的荒唐事，管仲把它一转，变成替天行道。"包"就是裹束，捆成捆。把什么东西捆成捆？精茅。精茅是一种香草，祭祀用，常常拿它进贡给天子。

"桓公实北征山戎"，又有一次，齐桓公实际上是征伐北边的山戎。"而管仲因而令燕修召公之政。"刚好路过燕国。在周成王的时候，有三个大臣，周公、太公、召公，都是当时的圣贤，燕地就封给召公。所以管仲就借这个机会督促燕国，你们应该恢复召公时候的善政，也教训了燕国的国君。所以管仲很会算，出一趟门，多做些重要的事情。

又有一件事，"于柯之会"，齐国跟鲁国打仗，齐国打胜了，要鲁国割一块地给他，结果就在柯这个地方讨论，要割这个地方。鲁国有一个臣子叫曹沫，他很机智，当场挟持齐桓公说，"你告诉大家，你不要鲁国这块地了。"齐桓公答不答应？当然答应，刀都架到脖子上还不答应吗？但是事后桓公受不受得了这个气？我一个泱泱大国，你居然这么欺负我，于是就想进攻鲁国，顺便杀了曹沫。"桓公欲背曹沫之约，管仲因而信之"，管仲劝齐桓公，你既然当众答应了，要守信，不然你就会失信于天下。管仲不是看恩恩怨怨，是看天下大局，所谓"贵轻重，慎权衡"，这要很冷静、不情绪化的人才办得到。齐桓公也难得，管仲讲得有道理，他听了，把愤怒压下来。"诸侯由是归齐。"因为他忍住气了，还是信守诺言，天下人都说这样的国君好，都来归附他。那是不是转祸为福，转败为功！

"故曰：知与之为取"，给反而是取，"政之宝也。"这是从政的法宝。当然，这不是说要给的时候就想着，我待会儿就有了，那个心态就是错的。"与之"都是符合道义的，所以"与之"反而能取，取什么？取信于人。他做的都跟道义相应，得的是人心，他取得的是人的信任。所以"自古皆有死，民无信不立"，我们之前《信篇》里面一直强调孔子这段话，没有信任，团体、国家是很脆弱的。所以能"与之"，施信义，"与之"也是时时体恤人民的需要，自然取得信任，国家团结。

好，这节课先跟大家讲到这里。谢谢大家！

礼义廉耻，国之四维

第八讲

尊敬的诸位长辈、诸位学长，大家好！

我们继续看《管晏列传》。"**管仲富拟于公室**"，"拟"就是媲美，管仲的财富跟诸侯差不多。从哪里看到？"**有三归、反坫，齐人不以为侈。**""三归"有几个说法，一个是指他的封地，一个是指他娶了三个不同姓氏的女子。领导者还是要慎重，因为人民瞩目，一言一行都会带动社会风气。为什么在经典《孝经·诸侯章》中，特别强调不能傲慢？诸侯是一个国家最高的领导，"在上不骄，高而不危"，要节制自己的欲望；"制节谨度，满而不溢"。上位者最后失败，殃及人民，很多都因为傲慢、纵欲造成的。经典真的是人一生幸福的护身符。《孝经·诸侯章》最后引《诗经》的话作结语，也是提醒所有的上位者，要"战战兢兢，如临深渊，如履薄冰"。

第三个说法是他建了三归之台，很大的房子，这种情况看起来好像是炫富的感觉。其实人有钱不能张扬，张扬可能会招来一些不好的缘分，有钱人应该藏富教子。孩子假如从小就知道你很有钱，他就不想努力，就开始想那些钱我怎么拿到手，甚至从小都在想，以后爸爸的那些钱就是我的。所以要藏富教子。再来，有钱张扬，小偷、盗贼看到了，他就起不好的念头。我高中时候的一位同班同学，他们家是台湾十大首富之一。我什么时候知道的？大学的时候才知道，高中三年我不知道他们家这么有钱，看起来很朴素，也没穿金戴银，衣服都旧旧的。后来我了解到，他父母很懂得教育，很懂得守富之道，不张扬。

"反坫"是两位诸侯国国君见面，用来安放酒杯的土垫。这个东西管仲家也有。可是齐国的人都没有批评管仲奢侈，为什么？因为他的功劳很大，老百姓念他的功劳。虽然没有批评，其实还是有很大的流弊。不知道司马迁是不是很有深意，把管仲跟晏婴放在一起。都是齐国的宰相，晏子非常勤俭，一件外套穿三十多年都没有换。这应该也是有深意，提醒后世的人，虽然齐国的人并没有批评，但是一个人建功立业，还有更重要一点，还要立德，才能影响深远。所以"天下不多管仲之贤，而多鲍叔能知人也"，后世的人非常赞叹鲍叔牙推荐这样的贤才，他让贤，他没有嫉妒，他以天下为重，这是德的表现。所以司马迁先生处处都在彰显立德的重要性。很多政治人物或者公众人物，虽然一生为社会国家做了不少事情，但晚年因为一个品德的污点，可能把他一生的价值都抹掉了。所以人还是要非常爱惜、珍重自己的节操，所谓一失足成千古恨。

"管仲卒"，管仲去世了，管仲做宰相做了四十年。"**齐国遵其政，常强于诸侯。**"齐国遵循他的施政理念，国家也经营得不错，在诸侯当中都是强盛的。"**后百余年而有晏子焉。**"过了一百年左右，齐国出现了晏子。"**晏平仲婴者**"，平仲是晏子的字，婴是名。"**莱之夷维人也。**"莱州夷维在今天的山东高密这个地方。"**事齐灵公、庄公、景公，以节俭力行重于齐。**"晏子侍奉过三朝的国君。灵公时，他做了三年的大臣；庄公时，六年；景公，四十八年。晏子在朝为官总共五十七年，真是一代老臣、忠臣，而且他非常节俭。"力行"是指竭尽心力办事。人要尽忠于团体，首先一定要有勤俭的人生态度。一个人不勤劳，怎么可能尽忠？一个人不节俭，他办事一定浪费公帑（tǎng），大手大脚，他怎么尽忠？勤俭为服务之本，一个人勤劳，他会主动去付出、帮忙，他做的事情愈多，他积累的感悟跟经验愈多，境界，还有他的能力，都会提升。其实吃亏是福、多做是福，人有时候想不明白，只想到眼前自己方不方便、舒不舒服。

"**既相齐**"，晏子后来当到宰相，"**食不重肉**"，"重"就是多，吃饭最多一道肉菜。"**妾不衣帛。**"他的妻子不穿绸缎的衣服，非常简朴、节俭。有一次，有一个叫田桓子的大臣跟齐景公讲：景公，您看晏子是宰相，受国家这么多的俸禄，但他的车这么破，那匹马这么老，国家给他这么多俸禄，结果他这么表现，不是隐藏了国君给他的恩德吗？所以他待会儿来，罚他喝酒。景公一听，有道理。晏子来了，田桓就把这个话讲了一遍。晏子就说：古圣先贤的教诲当中说到，一个人身居高位，假如朝廷内的官员没有照顾好，就是宰相的过失；在外的官员没有照顾好，也是宰相的过失；军队里面军备没有准备好，那是宰相的过失；自己的家族没有照顾好，那也是宰相的过失。这些才是我的过失，我坐了一台车子破破的，并不是过失。而且我父亲的家族统统都有车坐，我母亲的家族统统吃得饱，我太太的家族没有一个饿死的，还有几百个读书人没钱生活，都是靠我的薪水支持他们读书，维持生计。我的钱都用在这些地方，我是要把国君给我的爱护去利益更多的人，让他们感觉到国君的恩德，我怎么是在隐藏国君的恩德？晏子讲完，齐景公对田桓说："该罚的是你。"田桓本来要设计晏子，进他的谗言，最后害了自己。曾子有一句话叫"出乎尔者，反乎尔者也"，我们一个不好的念头、不好的话出去了，最后会回到谁的身上？自己。其实，整个大自然就是一个循环，你给人善言，最后这个善也会回到自己身上。所以有一句俗话叫"打人就是打自己，骂人就是骂自己"，今天我们打了这个人，事情好像过去了，可是人家把这个恨记在心上。君子报仇，十年不晚，最后机缘成熟了，恶的因缘不就又回来了吗？所以傻的人才跟人家有过节，那真是愚昧不明理。要跟人广结善缘，最后护荫后代。这些善的力量、因缘，最后都会回到自己的孩子、后代身上。

"**其在朝**"，晏子在朝廷当中，"**君语及之即危言**"，国君问他一些重要的决策，非常正直地陈述意见。这个正直来自什么？无欲则刚，他绝没有一丝一毫的私利、私情在里面，都是为天下着想。"**语不及之，即危行。**"君王没有请教他意见，可能不想听他说了，但他还是非常公正地去尽他的本分。"**国有道，即顺命**"，整个国家的政治上了轨道，政通人和，他顺着政令去办事情。"**无道，即衡命。**"假如政治没上轨道，国君没有道德，当下的状况也不好，只能权衡政令。比方说国君的命令不对，他善巧方便地转化这个危机。有一次饥荒，齐景公接到晏子给他的劝谏，说要赶紧放粮仓救济人民。但齐景公在路寝这个地方大兴建筑，还是要自己享受，而且齐景公很坚持，晏子没办法。当时他非常善巧，他把工人的薪资提高，把工人的人数扩大。比方说本来要五百人，他用一千人，薪水提高，人数又增加，很多饥民都有工作机会。然后本来两年完成的，他可能把它改成三年。最后路寝也盖好了，老百姓也没饿死。所以要懂得变通，这是晏子的权变。

再来，晏子也非常懂得善谏。有一次齐景公了解到晏子的房子很潮湿，在比较低洼的地方，又旧，就说："我帮你重盖一个房子，到比较高、比较舒服的地方去住。"晏子就说："国君，使不得，这个房子是历代坐我这个位子的高官住的，宰相住的，我的德行跟所做的功业都比不上他们，他们都能住，我怎么可以搬走？"大家看，晏子非常谦退，时时讲话都非常圆融，而且很自省，很严格要求自己。"而且住在这里又接近市场，我买东西也方便。"所以连婉拒也要有艺术、有智慧，让国君听了舒服，能接受。"你住在市场旁边，现在什么东西贵，什么东西便宜？"齐景公顺便问了一下。晏子为什么机智？告诉大家，机智都是从慈悲来的，都是念念为国君，念念为人民来的。晏子马上说："君王，假的脚很贵，鞋子很便宜。"脚都切掉了，就没人穿鞋。大家想一想，人民的脚为什么断了？代表刑法太严苛。晏子就顺着景公这句话，只讲了假脚很贵，国君你看着办。齐景公也不是笨的人，就把这项刑罚废除了。你看，晏子这么一提醒、一规劝，多少人得福。

在《左传》里面，左丘明引了《诗经》的一段话赞叹晏子，"君子如祉，乱庶遄（chuán）已。""祉"指善行，或者福祉的意思，"庶"是差不多，"遄"是快。君子如果行善，国家的灾难差不多很快就能制止了。或者说，君子就像福祉一样，是人民的福，会让灾乱停止，因为他们有慈悲、有智慧。

再来，晏子也很能观察整个政治的形势，很冷静地进退。有一次晏子来见庄公，庄公就安排奏乐的人唱着歌，歌的大意是，我看到你很不高兴，你怎么还不走，你怎么还不走？晏子一听就懂了庄公的意思，马上从位子上移开，坐在地上。庄公就很纳闷，你怎么椅子不坐，突然移开坐在地上？晏子说："一个人要申诉的时候，都要坐在地上，今天我要和国君评评理。"接着晏子又说:"我从古书当中了解到一个道理,众而无义,强而无礼,好勇而恶贤者,祸必及其身。"一个人人马众多,没有道义;他的位置很高,很有势力,但是不懂礼,不懂得礼敬他人;然后好逞强斗狠,又嫌弃、厌恶贤德之人,这样的领导者,灾祸很快就要降临到他的身上。其实不只是国家领导者,一个企业、一个团体的高位者,假如有这个情况,灾祸也很快就到了。因为这样的处世态度,一定会跟很多人结对立怨仇,很不吉祥。所以古人明白这些道理,从这些表现都可以洞察到一个人,甚至一个国家的灾难快到了。一个人的吉凶祸福,往往在自己一言一行当中就已经有征兆了。晏子讲,既然你不听我的劝,我也不能白受国家的俸禄。他就离开了。离开之后,读书人有志气,马上把房子、财物还给庄公。既然我不在这个位置,也不能为人民做什么,那我不能享受这些俸禄。没过几年,庄公就被底下的人给杀死了。你说这样的人格特质,旁边围的一定都是那些巴结谄媚要谋权的人。所以晏子在国家无道的情况之下,也懂得善巧权变。**"以此三世显名于诸侯。"**晏子在三个朝代名声都很显著,甚至在其他的国家,人们也都很佩服他。

接着下一段讲道:**"越石父贤"**,越石父这个人很贤德,**"在缧绁中。"**他被关在监狱中。"缧"是指黑色的绳子,"绁"是系的意思。**"晏子出,遭之涂,解左骖赎之,载归。"**晏子外出,刚好在路途当中遇到了越石父,看到他的遭遇,很不忍心,马上把自己驾车的马解下来替他赎罪。左边那一匹叫左骖。一匹马当时不便宜,所以古代贤人都是重义轻利,不会去想到这些物质的东西,赶紧解救贤人,顺便就把他载回家里来照顾。**"弗谢,入闺。"**"谢"是告辞。晏子没有打声招呼就进内室去了。"闺"是内室。**"久之,越石父请绝。"**过了好一会儿,晏子才从自己内室出来,越石父请求跟他绝交。**"晏子惧然"**,"惧然"就是很吃惊。**"摄衣冠谢曰:婴虽不仁,免子于厄,何子求绝之速也?"**"厄"是指灾难。越石父请求绝交,晏子马上非常恐慌、惊讶。大家注意看,一个人的修养都在这些突如其来的境缘当中看出来。

我们换成晏子的角色，你今天把一匹马拿去给一个人赎罪，那一匹马可能是你好几年的俸禄。过没多长时间，对方就说，我要跟你绝交。假如是一般的人，帮了人如果记在心里的话，马上反应是什么？这个人真不识好歹，我才救你一命，你这什么态度！晏子有没有把帮助别人这件事放心上？放心上脾气就上来了。他完全没有在心地上留下一个帮人的痕迹，反而是马上很恐慌：我是不是哪里做错了？你看修养多好，任何境界突如其来，反求诸己。甚至觉得，这是一个贤德之人，我没有好好地对待他，让国家损失了一个人才，不得了！从这些地方我们都看得出来，贤德之人都是道义、公益的存心。"摄衣冠"，把自己的衣服好好地整理一下，表示恭敬。"谢曰"，就是道歉。对不起，我晏婴虽然无德，但您至少念这份情，为什么这么快求绝交？

"石父曰：不然。"话不能这么讲。"吾闻君子诎于不知己而信于知己者。"我听说君子遇到不理解自己的人、误解自己的人，受到冤屈、困穷，他不会难过。而能够得伸展、得益于信任自己的人，能解开这个危难是因为有知己的帮忙。"吾方在缧绁中"，我刚刚被关在牢里，"彼不知我也。"是他们不了解我，不是我的知己，我不怪他们。"夫子既已感寤而赎我，是知己。"您很理解我，赎我的罪，是我的知己。"知己而无礼，固不如在缧绁之中。"既然是知己还对我这么无礼，要入内室也没有先跟我打个招呼就进去了，那我还不如关在牢里，心里还好受一点。你看，越石父很直率，直言对晏子，当然也是对晏子的测试。这么直言，晏子完全没有不高兴，反而马上检讨自己。俗话说，"不打不相识。"在一件事情当中，彼此都是直心相对，最后被劝的人还能接受、理解，更尊重对方，那就是惺惺相惜。"晏子于是延入为上客。"晏子把越石父以上等宾客来照顾。这里讲到"知己而无礼"，这句话值得我们思考。人有时候会因为熟而无礼、忙而无礼，事实上还是内在的恭敬不够。所以晏子跟人交往，孔子赞叹，"晏平仲善与人交，久而敬之。"晏子交朋友，愈久的朋友他愈恭敬，朋友的德行他佩服，朋友对他的恩德他都记在心上，愈来愈恭敬，不会因为熟而失礼。

好，这节课先跟大家谈到这里，谢谢大家！

礼义廉耻，国之四维

第九讲

尊敬的诸位长辈、诸位学长，大家好！

《管晏列传》里面提到管鲍之交，也提到晏子面对一位贤者，一位刚认识的朋友的态度。我们这节课先来看一段《说苑》里面曾子谈孔夫子与人相处的风范。

> 曾子曰："吾闻夫子之三言，未之能行也。夫子见人之一善而忘其百非，是夫子之易事也；夫子见人有善若己有之，是夫子之不争也；闻善必躬亲行之，然后道之，是夫子之能劳也。夫子之能劳也，夫子之不争也，夫子之易事也，吾学夫子之三言而未能行。"

"曾子曰：吾闻夫子之三言，未之能行也。" 我曾经听夫子谈到三句很宝贵的教诲，而我自己还没能做到。"未之能行"，有两种情况，一种是曾子谦虚，一种是曾子念念不忘赶紧把它落实。我们很熟悉《论语》当中曾子的一段话，也是我们立身行道很重要的一个态度，"吾日三省吾身，为人谋而不忠乎"，每天自己的本分有没有尽心尽力去做，尽忠职守；"与朋友交而不信乎"，诚信待人，凡出言，信为先；"传不习乎"，一是夫子的教诲我有没有做到，二是可能他们也在教学，教学的内容有没有尽力去领会，进而把它传下去，三是作为教学的人，自己有没有先做，才传给学生。这是学习的态度，很珍惜老师的教诲，不敢忘怀。

"夫子见人之一善而忘其百非，是夫子之易事也"，夫子见到人家一个善行，肯定他这个善行，他以前所有的不是都不放在心上。所以感觉夫子很容易相处，因为处处都看人家的好，肯定人家的好。这句话也给我们反思，我们不能倒过来变成见人之一恶而忘其百善。几年交情，人家做了很多很好的，一件做不好，就看他不顺眼，就不想理他，心胸就太小了，不能容人家之过。而且夫子这样的态度会让身边的人很受鼓舞，我这么多错，夫子都能包容，我才这么一点点善，他这么肯定、鼓励我，我不能让老人家失望，我要赶紧加油。所以要有隐恶扬善的处世态度，我们读完了要效法，专记人家的善跟优点、恩德，人家的不是绝不污染自己清净的心。

"夫子见人有善若己有之，是夫子之不争也"，见到人家的德行、善行，就像自己做的一样高兴，随喜他的善，叫见人之德如己之德。没有丝毫的嫉妒心，都是肯定、效法、学习人家的善，"道人善，即是善，人知之，愈思勉。"这里是提醒我们，一定要去掉嫉妒心，嫉妒心是很大的烦恼。一嫉妒人，在贤德之人身上就学不到东西，而且嫉妒心继续发展还会嫉贤妒能，排斥、对立这些贤德之人，甚至还陷害，造的罪孽就很大。"进贤受上赏"，为团体、国家推荐好的人才，受上天最丰厚的赏赐。鲍叔牙的后代十几世都是名大夫，因为鲍叔牙心胸宽大，不嫉妒管仲之能，为国举才，所以"积善之家，必有余庆"。"蔽贤蒙显戮"，嫉妒贤才，障碍贤才为团体、国家服务的机会，很快会遭到上天的惩罚。所以嫉妒心一定要去掉，障碍自己的道业，还会造很大的罪孽。"见人善，即思齐。""人所能，勿轻訾。"都是去掉我们的嫉妒心。

"闻善必躬亲行之，然后道之，是夫子之能劳也。"夫子听闻善的教诲，看到善的德行，必定先亲自落实，体悟很深了，再去教导、引导他的学生。夫子是做到再说，是圣人；不是学了一堆道理，自己没做就先要求别人做。因为他自己做了，领悟了这些宝贵经验，一定能成就学生，少走弯路。"能劳"是为了成就弟子，非常用心，以身作则，身先士卒，把这些宝贵的感悟拿来利益学生。我们今天在学校落实、推展《弟子规》，学生如何得最大的利益？坦白讲，就是这一句话，老师躬亲行之，一言一行、一举一动都跟《弟子规》相应，孩子潜移默化当中都学会了。

我曾经遇到夫子的后代，他说他小时没读过《弟子规》，可是他第一次读，从头读到尾脑海里浮现的，都是他小时候家里的情景。他说他所有的叔叔、伯伯这些长者都是这样做的，都是像《弟子规》中孝的部分这样对奶奶、对爷爷的。你说他学过没有？他没有正式读过《弟子规》，但是从小养成的整个处世心态、习惯，都来自于潜移默化的家教。所以一个教学者也要效法夫子，所有教诲都是自己努力先去做到的这份精神。"**夫子之能劳也，夫子之不争也，夫子之易事也，吾学夫子之三言而未能行。**"曾子最后总结，夫子处世这三方面的涵养、行谊，自己还没做到，要赶紧效法。

我们再继续看《管晏列传》。"**晏子为齐相，出，其御之妻从门间而窥其夫。**""御"是驾车的马夫，他帮晏子驾车，他的妻子从自家的门缝偷看。"**其夫为相御，拥大盖，策驷马，意气扬扬，甚自得也。**""拥大盖"，宰相的马车有一个伞盖，遮太阳的。马夫居伞盖之下，坐在宰相的车上，驾着四匹马拉的车，志得意满。"**既而归**"，那一天回到家，"**其妻请去。**""去"就是要离开他。"**夫问其故。**"她丈夫问什么原因。"**妻曰：晏子长不满六尺，身相齐国，名显诸侯。**"晏子不高，可是他却当到宰相，他的德行跟功业显著于各国诸侯。"**今者妾观其出**"，我观察到晏子外出的时候，坐在马车上，"**志念深矣**"，他的志向、思想非常深远，"**常有以自下者。**"从他的整个举止感觉到，他非常谦虚卑下，把自己摆得很低。以身份来讲，他是一人之下万人之上的宰相，但是他却这样谦退，谦光逼人。"**今子长八尺**"，你身高八尺，大概一百八十厘米，"**乃为人仆御**"，当晏子的车夫，"**然子之意自以为足**"，志得意满，不思上进，当个车夫就不可一世，"**妾是以求去也。**"看到你这样的态度，实在很伤心，所以我想我还是离开。

这个妻子不简单，很有气概，我这一生就是要跟有德的人在一起，看到你这样的行为，我很难过。"**其后夫自抑损。**"丈夫听了太太这番话很惭愧。古人难得，连一个车夫听到妻子有道理的话都马上生惭愧心，所以古代人心都受圣贤教化。你说车夫读过书吗？学历可能也不算太高，但是懂得闻善言就接受，福在受谏，人贵自知，福跟贵都在自己的一念转变当中。"抑损"就是懂得克制自己的傲慢，把习气压下来，不能让它再发作。

"晏子怪而问之"，他一调整自己，表现出来的气质、言行不一样，谦下来了。晏子觉得很奇怪，就问他。这也代表晏子对下属很关心。"御以实对。"车夫就把来龙去脉都跟他讲了。后来这个车夫的德行不断增长，"晏子荐以为大夫。"晏子推荐他出来当大夫。当然晏子也是为国举才，"内举不避亲"，推荐好的人，虽然是自己身边的人，也不避嫌；"外举不避仇"，这个人真的很好，能为国出力，哪怕他跟我是死对头，都把他推荐出来，人要有这种涵养。从这一段我们感觉到，车夫的太太有助夫成德的修养，有助夫运。另一半有不妥的时候，懂得劝谏，这也是我们为人夫、为人妇很重要的职责本分。其实在五伦关系当中都有劝谏的本分，"亲有过，谏使更"；朋友、兄弟之间"善相劝，德皆建"，都是这样的，不过要善巧去劝。

"太史公曰"，司马迁先生说道，"吾读管氏《牧民》《山高》《乘马》《轻重》《九府》及《晏子春秋》，详哉其言之也。""管氏"就是管仲的著作。《牧民》，主要是讲如何治理人民；《乘马》，是国家的体制如何来建设；《轻重》，是国家的财用如何来规划。《山高》《九府》在《管子》一书当中没有出现，为什么？《管子》有三百八十九篇，后来刘向把它删成八十六篇，可能《山高》跟《九府》删去了。一般我们比较熟悉《牧民》，还有《晏子春秋》，里面很详细地记载了管仲跟晏子的一些学说、主张。"既见其著书"，看过他们写的书，"欲观其行事"，也想看他们做出来的事迹，记录下来的这些事迹。"故次其传。"把他们两位在这些重要著作当中没有提到的行持、事迹，记在《管晏列传》里面。"至其书，世多有之，是以不论，论其轶事。"汉朝管子跟晏子的这些书籍、学说，很多人都在看，所以他写《史记》的时候不再去论说这些部分，主要记录轶事，就是所搜集到的两位的这些行持。"管仲世所谓贤臣，然孔子小之。"管仲是世间所谓的贤德又有才干的臣子，但是孔子却觉得他气量小。孔子在《论语》当中，对于管仲辅佐齐桓公，九合诸侯，一匡天下，抵御外族的侵略，是非常肯定的。"微管仲，吾其披发左衽矣。"我们看汉服都是右衽，但是其他夷狄是开左衽。所以没有管仲，可能整个汉文化就要被他们灭掉了，管仲功劳很大。管仲的功劳，孔子很肯定，但是管仲做得不好的地方，孔子还是很明白地点出来，这也是给我们后人警惕、学习。为什么说他气量小？"**岂以为周道衰微**"，就是因为周朝比较衰微了，"**桓公既贤**"，齐桓公很有可取的地方，想要把国家治理好，又用了他做宰相，他可以去辅佐齐桓公。"**而不勉之至王，乃称霸哉？**"而不用王道的精神来劝勉齐桓公，却让他称霸，这样功业就显得小了。"**语曰：将顺其美，匡救其恶，故上下能相亲也。**"这在《孝经》里面也有提到，好的政策、做法应该是成就君王、领导者的优点，改正领导者的缺点，或者从政上的错误。因为臣子念念都是为了上位者、为了人民，这样的尽忠爱国，上下一定能相亲。"**岂管仲之谓乎？**"这句话也就是对管仲辅佐齐桓公这件事的一个诠释。齐桓公在管仲去世之后也是很惨，他一些严重的好色、好吃、好玩的习气没有格除，用了一些很不好的臣子，最后死去六十几天，尸虫都流出来了才被发现，被天下人耻笑。所以孔子还是很有洞察，管仲还是有他不足的地方。夫子评论人很公正，对的要认同肯定，不对的也要指出来，以为后世警醒、借鉴。

"**方晏子伏庄公尸哭之**"，"方"就是当，当晏子趴在庄公的尸体上痛哭流涕，因为庄公不能容晏子、排斥晏子，晏子不为所用，没办法只好离开，然后到海边种田。后来庄公没几年就被杀了。毕竟晏子曾经服侍庄公六年，看到庄公死去，也非常悲痛，所以来吊唁庄公。"**成礼然后去**"，痛哭，也尽他一份臣子的心意，毕竟主公已经离开了。古代这些贤者，虽然君王有很多不妥之处，他们绝不放在心上，不会埋怨、记恨自己的君王，都是想着怎么样协助君王，心不会因为君王怎么对待他们而改变，这叫义。义是不谈利害的，没有条件的，始终如一。古人那种在五伦当中的道义，让我们非常感佩、动容。所以他痛哭失声，尽了最后的君臣之礼。"**岂所谓见义不为无勇者邪？**"，司马迁先生觉得晏子这个行为，尽他的君臣之礼，就是见义勇为。为什么这么说？因为庄公刚被杀的时候，乱臣还掌握着权力，所以晏子这个时候去吊唁庄公，会有生命危险。可是古人，义之所应为，再大的危险也不畏惧。

"至其谏说"，晏子劝谏他的君王，"犯君之颜"，为了人民，哪怕是让君王很没面子、很不舒服，对他生气，他也在所不辞，还是尽心尽力地劝。其实，"犯君之颜"也是要成君之德，也是要利益人民，这都是爱心、成就对方的心。有一次，孟子到了齐国，那时候国君是齐威王。孟子给齐威王提了不少建议，旁边这些臣子就对孟子讲：你怎么这么不尊重我们的君王？可能孟子批评了君王犯的一些过失。孟子对这些大臣讲，我是最尊重你们君王的，因为我是希望他成为圣王、明王，我尊重他，希望他有德。你们的尊重都是巴结谄媚，他有什么过失你们也不讲，怕俸禄没了。不劝君王，君王的德行一天比一天差，你们根本就不爱你们的君王，也不恭敬你们的君王。所以世人有时候看事情看得很浅，好像轻声细语就是恭敬。真正君王要犯很大过失的时候，能"犯君之颜"，犯颜进谏，这才是大忠，是真恭敬。

"此所谓进思尽忠，退思补过者哉！"忠臣一上朝，想尽一切的方法，让君王采纳这些宝贵的意见，或者劝谏君王，让他能看到他的问题。"退思补过"，下了朝还想着君王还有哪些不足，赶紧要去提醒。"进思尽忠，退思补过。""将顺其美，匡救其恶。"我们读到这一段，有没有想起另外一句跟这个完全相应的话？ "居庙堂之高，则忧其民；处江湖之远，则忧其君。是进亦忧，退亦忧，然则何时而乐耶？其必曰：先天下之忧而忧，后天下之乐而乐乎。"你看这就是大忠臣，不同的时代，心境完全相应。

我们刚刚谈到晏子的几个故事，都是提醒君王的不对。而"将顺其美"，就是他有好的地方，要赶紧鼓励、赞叹，让他的善更增长。有一次齐景公看到一只小鸟掉到巢外，小鸟很软很脆弱，他把它捧在手心，又小心翼翼把它捧回巢中。结果晏子听到齐景公这样的行为，赶紧见齐景公，说："君王，您有圣王之德。"景公说："哪有这么严重，不就一只小鸟而已。""您看，您对一只这么小的鸟都这么有慈悲心，所有的圣王就是因为有慈悲心，最后成为圣王，所以恭喜君王。"我们看晏子时时抓住这些机会来长君王之善。

接着，司马迁先生说道："**假令晏子而在，余虽为之执鞭，所忻慕焉。**"假如晏子还在世，即使为他驾马车，"忻"通"欣"，我也会非常欢喜、向往。所以从这里我们看，司马迁先生对于这些圣贤人都非常仰慕，希望能有机会效法、学习他们。司马迁先生写这篇"赞"也流露过这样的心情，觉得没能跟着孔老夫子学习，非常遗憾；没有能跟晏子亲近学习，他也觉得很遗憾。他那份希圣希贤的心非常恳切，所以司马迁先生一生德行功业也非常难得。

我们再来看《礼篇》"绪余"第二段。

孔子曰：上好礼，则民莫敢不敬，故君子敬而无失，与人恭而有礼。伦常日用之间，无时无地，不立于礼，非礼无行也。吕东莱曰：夫礼也者，所以定尊卑，明贵贱，辨等列，序少长，习威仪。人所不能外其规矩者也，而况朝庙禘（dí）献，非礼不能昭其诚；冠婚丧祭，非礼不能尽其情；宾朋酬酢（zuò），非礼不能表其敬。礼之为用，岂可须臾离乎。人能以礼制心，则奸盗诈伪之端必不作。人能以礼制事，则犯上作乱之事必不为。故礼也者，持身涉世之要端，亦即治国平天下之大经大法也。

"孔子曰：上好礼，则民莫敢不敬"，这一段出自《论语》。樊迟要种五谷，希望夫子教他。夫子说：我比不上老农夫。樊迟又说：我学种菜。孔子说：你去问老菜农，他们比较有经验。接着樊迟就出去了。孔子说："小人哉，樊须也。""小人"不是骂人的意思，是志向太小了，读了圣贤书，最后还想回去种田。读圣贤书，这是修己、安人、齐家、治国、平天下的学问，要把它用出来。所以夫子接着讲："上好礼，则民莫敢不敬；上好义，则民莫敢不服；上好信，则民莫敢不用情。"这是原话。一个上位者能好礼、好义、好信，国家会大治。能这么做，其他国家的人民都会到我们国家定居，来做我们的百姓，来这里安居乐业。这才是求修齐治平学问的大用。这么多人民来归附，士农工商，不就有人去发展了吗？而且农业、工业、商业要发展得好，要有政治的稳定跟清明，不然都谋私利，对于各行各业都有很大的障碍。

现在人要投资，都先问社会犯罪率怎么样，环境稳不稳定。我们看孔子那个时代有个故事，"苛政猛于虎"。有一个妇人哭得很伤心，先生、儿子被老虎给吃掉了。夫子说："你为什么不回自己的国家去？"她说："我的国家比老虎还恐怖。"苛政猛于虎，你看一个国家政治办不好，人民的心有多恐惧。所以，假如有一个地方从政者有德行、爱民，国家团结，还有很多人要归附过来，整个国家就愈来愈兴旺。所以"上好礼"，一切形式都符合礼节，对人民也非常礼敬，不会用权势去压人民，人民自然也会恭敬这些上位者。"上好义"，上位者很重道义，处处为人民着想，老百姓欢喜，一定不会不配合这些德政。"上好信"，上位者非常讲求信用，则人民坦诚相待，对国家的这些领导者，没有任何隐瞒。现在很多国家招商引资，希望更多的投资者到自己的国土来投资，其实上位者好礼、好义、好信，自然会感召很多人来，人与人的缘分都是靠德、靠心感召来的。所以一个团体、企业的领导者，假如找不到人才，还是要反思，自己有没有好礼、好义、好信的态度。

"故君子敬而无失，与人恭而有礼。" 这也是《论语》当中的一个典故。司马牛有一天很感慨，"人皆有兄弟，我独亡。"人都有很好的兄弟，怎么我没有？其实司马牛有好几个兄弟，他为什么说没有？他的哥哥司马桓魋（tuí），是宋国的一个大臣，结果他的哥哥掌权之后，要谋害自己的君王，还有几个兄弟陪着一起作乱。司马牛很难过，他不想跟兄弟同流合污。子夏就劝他，"商闻之曰：死生有命，富贵在天，君子敬而无失，与人恭而有礼，四海之内，皆兄弟也。"我听说，"死生有命"，劝司马牛放下，你哥哥的命运，你也操不了心，个人的命，还是掌握在他自己的手上，你也别挂碍了。"富贵在天"，往后人生如何，上天有安排，也要自己好好经营，自有你往后愈来愈好的人生。怎么经营？"敬而无失，恭而有礼"，对人恭敬，不犯过失，对每一个人、每一件事，都非常恭敬、谨慎，与人相处，恭敬、守礼、守分寸，时时恭敬待人。所谓"敬人者，人恒敬之"，这样的处世态度，自然感来所有的人都推心置腹跟他交朋友，结果是"四海之内，皆兄弟也"。

所以这也提醒我们，假如我们常常起个念头，我都没有好朋友，还抱怨，这叫怨天尤人，叫造孽。"行有不得，反求诸己"，自己不恭敬，不够真诚，才交不到知心朋友。所以反求诸己容不容易？反求诸己不容易，怨天尤人很容易，动不动这个惯性就起来了。"**伦常日用之间**"，整个五伦、纲常，每天的这些互动，"**无时无地，不立于礼**"，不管任何时间、任何地点，没有不是建立在守礼的这个基础上。圣贤的教诲也没有一句不是礼，因为礼就是做人的标准。"**非礼无行也。**"人不懂礼，寸步难行，常常失礼，就跟人不愉快，对立、冲突，就很难相处。"**吕东莱曰**"，吕东莱是吕祖谦先生，他是南宋的思想家，大儒。他们家家道非常好，北宋到南宋，很多中华文物是通过这个家族保存下来。吕家代代都出大儒，吕公著、吕希哲、吕好问、吕本中，接着又到南宋吕祖谦。吕家的家训、家教的承传，很值得我们效法。

"**夫礼也者，所以定尊卑，明贵贱，辨等列，序少长，习威仪。**""礼"，所以能够"定尊卑"，家庭当中有尊卑，天地也有尊卑。天在上，天尊；地在下，地卑。天地化育万物，各守其位。天假如表男人，地假如表女人，假如女人想做男人的工作，那会怎么样？天地会相反，天地倒过来。女人要跟男人争半边天，大家都做天，地没了。所以现在的孩子没有立锥之地。现在的孩子内心空不空虚？他能不能感觉到一个家浓浓的爱？没有家庭，没有父母的爱，他怎么能有健康的人格？古人都是顺着天地的顺序，这个规矩一变，整个社会就乱了。

男女的天性就不同。我们不要讲远了，女子怀胎十月，十个月中孩子跟她一体，那种感受非常深刻，孩子就是她身上的肉，所以她一生都会非常念着、爱着这个孩子。假如她在外面忙到没有时间照顾孩子、爱他的孩子，最后孩子的行为出状况，这个母亲会怎么样？她会一生都很痛苦。大家注意去观察，这是女人的天性，母慈，那种慈爱是一辈子的。那时候她会非常懊恼。每一个人恭维她"总经理、董事长"，可是一回到家，关起门夜阑人静，一想到自己的孩子管不了，你说她有多痛苦。所以女子天性的特质是慈爱，特别适合教孩子。一个家庭里面，最重要的事，包括经济的维持，下一代的教育，还有整个家的和乐。

所以老祖宗创字意义深远，安定的"安"字怎么写？女人在房子底下就安，女人一不在家就不安。你看现在的孩子，脖子上挂着一把钥匙，回到家一开门没人，去哪？去游戏厅，在那里玩游戏，那叫什么？麻醉。你说他很快乐？每天泡在那里几个小时，那都是家里没温暖被推出来的。告诉大家，我从小住在高雄市，游戏厅也很多，我怎么都没进去？不是我功夫好，是我妈的红豆汤很好喝，家里很温暖就回家了。你说家里这么多爱，这么多好吃的，先生想在外面喝个烂醉吗？以前电视上都说："爸爸回家吃晚饭。"我就很纳闷，我爸爸都回家吃晚饭，干吗还要强调？结果我再大一点才知道，原来很多的爸爸都不回家吃饭。所以我们在这样的一个社会情况下再回想，对父母、对家庭的恩德能体会得更深。

所以"尊卑"是一个很自然的事。在团体，领导尊，我们在下位是卑，我们很自然地恭敬我们的领导，因为他信任、照顾我们，给我们一个服务大众的机会，我们也感他的恩德。"明贵贱"，礼让我们明白身份，上位者比较尊贵，他尊贵是他年龄大，对整个家族贡献多；他在团体是领导，或者是政府的高官，长期为人民操劳。身份背后是对家庭、社会的贡献，所以才贵。我们年纪小，又在低处，对家庭、对团体都还没有贡献，常常就要别人尊重我，这样的心态，德行不就愈来愈差了吗？所以德行都是从孝敬当中培养出来的，孝顺父母、恭敬长辈。"辨等列"，我们家族聚会，包括古代的饮酒礼，都是按照年龄排坐下去的，让人时时敬老，念家族长辈曾经对我们的恩。不能你现在当大官，什么场合你都要坐主位，这就不符合人心、人情。人不能因为财富或者地位而忘了家人、长辈的恩德，财大气粗、位高权重压人，这就很悲哀，自己在富贵当中心性堕落了。所以一个人往后有成就，都能念着一路上所有人的恩德，这是很可贵的人生态度。"序少长"，在团体、家庭当中，"少长"这个辈分、次序很清楚。"习威仪"，时时落实、练习这些应对进退的礼节威仪。

"人所不能外其规矩者也"，人在处世当中都不能离开礼的这些规矩范畴。"**而况朝庙禘献，非礼不能昭其诚**"，这些礼仪其实对我们人心都有很好的教化力量，整个人心的调和都在这些礼当中。我们看上朝，或者在庙里祭祀。"禘"，是大的祭典，"献"，献礼物，或者是朝贡。在这些情况之下，守住这些礼，才能彰显我们的诚意。比方祭祀的时候，祭祖先也好，祭天地也好，在那样的过程当中，人的心非常收摄，就会遥念祖德、遥念天地之德。大家真的去参与这个祭礼就感觉到了，我以前也不知道威力这么大，除夕二三百人祭祖，大男人在那个氛围之下都哭出来了，很自然的感应。所以礼很宝贵，我们要好好把它保存、继承下来。

"**冠婚丧祭**"，加冠礼、婚礼、丧礼、祭祀，这些礼的过程，"**非礼不能尽其情**"，没有这些礼的仪式，没有办法把整个情感表达、抒发出来。"**宾朋酬酢，非礼不能表其敬。**""酬酢"就是交际相处，朋友之间没有礼不能表达那份彼此的情意、恭敬。朋友远方来，赶紧把最好的拿出来请客。这都是礼的应对。"**礼之为用，岂可须臾离乎。**"所以礼不可须臾离开人心，不可须臾离开我们的一言一行。"**人能以礼制心**"，用礼来约束自己的心、自己的念头，心恭敬，"**则奸盗诈伪之端必不作。**"就不会贪赃枉法。"**人能以礼制事**"，根据礼的规范来行事，做事情，"**则犯上作乱之事必不为。**"就不可能做这种事。"**故礼也者，持身涉世之要端**"，礼就是一个人立身处世重要的准则。"**亦即治国平天下之大经大法也。**"不只个人的生活准则，处世的原理原则，能以礼来治，礼也能让国家天下安定。我们看孔夫子那时候当官，用礼治，很短的时间整个县都大治，夜不闭户，路

礼义廉耻，国之四维

不拾遗，然后做生意的人都没有欺骗他人的，人民走在路上都很有规矩。礼治，确实能治国。所以现在哪个地方、哪个国家，肯把中华文化这些礼的智慧、经验落实，也能带动全天下来认同、珍惜中国老祖宗的智慧、文化，也能达到平天下的效果。哪里来做？"当今之世事，舍我其谁。"其实现在圣贤的教育复兴，人心转变、人心懂伦理道德，社会问题就会大大化解。"人能弘道，非道弘人"，也要靠我们真正身体力行、立身行道，才能让所有接触我们的人，对圣贤教育生起坚定的信心，进而学习、效法古圣先贤。

　　这节课就跟大家分享到这里，谢谢大家！

礼义廉耻，国之四维

第十讲

尊敬的诸位长辈、诸位学长，大家好！

我们这一讲进入"义"的部分，先看《义篇》"绪余"的第一段。

夫义，德之宜也。《说文》：义，己之威仪也。古者书仪为义，书义为谊。义之本训，谓礼容威仪出于己，故从我。董子曰：仁者，人也。义者，我也，谓仁必及人。义必由中断制也。从羊，与善美同义。孟子曰，生，亦我所欲也。义，亦我所欲也。二者不可得兼，舍生而取义者也。是故见得思义，见利思义。义然后取，人不厌其取，君子义以为上。君子有勇而无义，为乱。小人有勇而无义，为盗。义，人之正路也。行义以达其道，则无往而不咸宜矣。

"夫义，德之宜也。""义"是一个人的德行。"宜"，就是什么应该做，什么不应该做，也有本分的意思。那什么是应该的？五伦当中都有应该尽的本分，上位者仁爱是本分，接受人家的恩德，受人点滴，涌泉相报，这也是做人的义。

我们先来看一篇文章，《冯谖客孟尝君》，选自《战国策》。《战国策》，从书名了解，主要是记载战国时代的读书人——游士的。他们游走在各国间，有些国家的领导者很认同他们的理念，就会任用他们。这些游士谋划了很多策略，《战国策》把这些故事记下来，从春秋到楚汉相争，整个过程二百四十五年。后来刘向把它归整为三十三篇，就是我们现在看到的《战国策》。冯谖是战国时代的人物。"客"，战国时代有个风气就是养士，收罗、供养这些人在家里，有需要或者危难的时候，这些食客就替他们出力。我们来看文章《冯谖客孟尝君》：

齐人有冯谖者，贫乏不能自存，使人属（通"嘱"）孟尝君，愿寄食门下。孟尝君曰："客何好？"曰："客无好也。"曰："客何能？"曰："客无能也。"孟尝君笑而受之，曰："诺。"左右以君贱之也，食（通"饲"）以草具。

居有顷，倚柱，弹其剑，歌曰："长铗（jiá）归来乎！食无鱼。"左右以告。孟尝君曰："食之，比门下之客。"居有顷，复弹其铗，歌曰："长铗归来乎！出无车。"左右皆笑之，以告。孟尝君曰："为之驾，比门下之车客。"于是乘其车，揭其剑，过其友。曰："孟尝君客我。"后有顷，复弹其剑铗，歌曰："长铗归来乎！无以为家。"左右皆恶之，以为贪而不知足。孟尝君问："冯公有亲乎？"对曰："有老母。"孟尝君使人给其食用，无使乏，于是冯谖不复歌。

后孟尝君出记，问门下诸客："谁习计会，能为文收责（通"债"）于薛者乎？"冯谖署曰："能。"孟尝君怪之，曰："此谁也？"左右曰："乃歌夫长铗归来者也。"孟尝君笑曰："客果有能也。吾负之，未尝见也。"请而见之。谢曰："文倦于事，愦于忧，而性懧（通"懦"）愚，沉于国家之事，开罪于先生，先生不羞，乃有意欲为收责于薛乎？"冯谖曰："愿之。"于是约车治装，载券契而行。辞曰："责毕收，以何市而反？"孟尝君曰："视吾家所寡有者。"

驱而之薛，使吏召诸民，当偿者悉来合券。券遍合，起，矫命以责赐诸民，因烧其券。民称万岁！长驱到齐，晨而求见。孟尝君怪其疾也，衣冠而见之，曰："责毕收乎？来何疾也？"曰："收毕矣。""以何市而反？"冯谖曰："君云，视吾家所寡有者，臣窃计：君宫中积珍宝，狗马实外厩，美人充下陈，君家所寡有者以义耳！窃以为君市义。"孟尝君曰："市义奈何？"曰："今君有区区之薛，不拊（fǔ）爱子其民，因而贾利之。臣窃矫君命，以责赐诸民。因烧其券，民称万岁！乃臣所以为君市义也。"孟尝君不说（通"悦"），曰："诺，先生休矣。"

后朞（jī）年，齐王谓孟尝君曰："寡人不敢以先王之臣为臣。"孟尝君就国于薛。未至百里，民扶老携幼，迎君道中。孟尝君顾谓冯谖："先生所为文市义者，乃今日见之。"冯谖曰："狡兔有三窟，仅得免其死耳。今君有一窟，未得高枕而卧也！请为君复凿二窟。"孟尝君予车五十乘，金五百斤，西游于梁，谓梁王曰："齐放其大臣孟尝君于诸侯，诸侯先迎之者，富而兵强。"于是梁王虚上位，以故相为上将军；遣使者，黄金千斤，车百乘，往聘孟尝君。冯谖先驱，诫孟尝君曰："千金，重币也；百乘，显使也。齐其闻之矣！"梁使三反，孟尝君固辞不往也。

齐王闻之，君臣恐惧。遣太傅赍（jī）黄金千斤、文车二驷、服剑一，封书谢孟尝君，曰："寡人不祥，被于宗庙之祟，沉于谄谀之臣，开罪于君。寡人不足为也，愿君顾先王之宗庙，姑反国，统万人乎！"冯谖诫孟尝君曰："愿请先王之祭器，立宗庙于薛。"庙成，还报孟尝君。曰："三窟已就，君姑高枕为乐矣。"

孟尝君为相数十年，无纤介之祸者，冯谖之计也。

"**齐人有冯谖者**"，齐国有一个人叫冯谖。"**贫乏不能自存**"，他非常穷困，不能生存。"**使人属孟尝君**"，"属"就是嘱托，他托人去告诉孟尝君，"**愿寄食门下。**"希望做他的门下食客。"**孟尝君曰：客何好？**"孟尝君问，客人有什么嗜好？"**曰：客无好也。**"他没什么嗜好。"**曰：客何能。**"他的本事、专长在哪里？"**曰：客无能也。**"他什么能力都没有。"**孟尝君笑而受之，曰：诺。**"孟尝君笑一笑，"好，就让他住下来。"孟尝君还挺有度量的，人家既然有缘想来，纵使没什么能力，也让人家先住。"**左右以君贱之也，食以草具。**"旁边的仆人刚好听到孟尝君跟冯谖的对话，觉得孟尝君看不起冯谖。其实，旁边的人揣测领导的意思，会不会揣测错？底下的人一揣测错，之后对人态度不好，最后人家会把罪怪在谁的头上？怪在领导的头上。所以底下的人不要乱猜，那个猜的念头不是很好，既然让我们去服务别人，就要尽心尽力，哪怕领导轻视别人，我们都应该尊重客人。这样也是在提醒自己的领导，要平等真诚，不能看人大小眼。真的，领导假如看人大小眼，他的事业，包括他团队的人心迟早出问题。所以一个做属下的，应该尽心尽力把工作做好，不是揣测上意，那都有谄媚在里面。"食"跟"饲"相通，给他吃非常粗恶的食物，最差的待遇。

"居有顷"，居住了一段时间，"倚柱"，冯谖靠在柱子上面，"弹其剑"，弹着自己的剑，"歌曰：长铗归来乎！食无鱼。""长铗"有两个说法，一个就是指长剑，一个是指剑的手把。总之他就是拿着自己的剑在那里感叹，长剑，长剑，回去吧，怎么都没有鱼吃。"左右以告。"孟尝君的仆人赶紧禀报这个情况，"孟尝君曰：食之"，给他鱼吃，"比门下之客。"比照一般门下之客的待遇，不要轻视他。

"居有顷"，又过了一段时间，"复弹其铗"，冯谖又在弹他的长剑，"歌曰：长铗归来乎！出无车。"我们回去，出门都没有车坐。左右的仆人看到，"皆笑之"，这个人已经要过一次了，还要第二次，真是贪心，"以告。"又告诉孟尝君。"孟尝君曰：为之驾，比门下之车客。"他要出门就用车送他，比照有车坐的食客。大家看，孟尝君这一点还是很重义气的，一个人重义就轻利，他给别人东西的时候，不会放在心上。"德不广不能使人来，量不宏不能使人安。"面对这些生活的细节，他度量很大，很慷慨，能包容。大家想一想，现在一个部门，三四个人，常常就看这个不顺眼、看那个不顺眼，都冲突很多。他一个大家长，几千人住在他那里相安无事，也是不简单。从这些地方也看出他处事的一个特质。"于是乘其车"，冯谖坐着配给他的车，"揭其剑"，高举着剑，"过其友。"去拜访他的朋友。"曰：孟尝君客我。"孟尝君很礼遇我。冯谖这么做，其实都是在提高孟尝君的声望。

"后有顷"，又过了一段时间，"复弹其剑铗"，他又开始弹他的长剑，"歌曰：长铗归来乎！无以为家。"就是没有东西养家，不能维持家计。"左右皆恶之，以为贪而不知足"。孟尝君很有修养，第三次又来要求他，他反而先问："冯公有亲乎？"很尊重，称他"冯公"，你有父母亲要奉养是不是？"对曰：有老母。""孟尝君使人给其食用"，"给"就是供给，派人供给他的母亲吃的用的。"无使乏"，不使之匮乏。"于是冯谖不复歌。"冯谖从此就没有再唱歌了。孟子讲，"君之视臣如手足，则臣视君如腹心。"你这么尽心尽力爱护他，把他当手足一样照顾，他就把你当腹心一样，为你出生入死在所不辞。而且这可能也是冯谖的测试，孟尝君的修养到哪里，这个主子值不值得效忠。

　　"后孟尝君出记"，过了一段时间，孟尝君出了一个公告。"问门下诸客，谁习计会"，计算财物、出纳这些事，谁熟悉？"能为文收责于薛者乎？""文"是孟尝君的名，孟尝君姓田名文，是齐威王的儿子田婴的儿子，齐威王的孙子。薛是其先父的封地，在现在的山东滕州市。"冯谖署曰：能。""署"就是书写上自己的名字，说我可以去。"孟尝君怪之"，孟尝君觉得挺奇怪的，因为对他印象不深。"此谁也？"这个人是谁？"左右曰：乃歌夫长铗归来者也。"就是唱"长剑，回家"那个人。"孟尝君笑曰：客果有能也。吾负之，未尝见也。"这个客人果然是有本事的人。我忽略了他，有负于他，不曾召见他。孟尝君觉得很过意不去。"请而见之。"把他请来单独见面。"谢曰：文倦于事，愦于忧，而性懧愚，沉于国家之事，开罪于先生，先生不羞，乃有意欲为收责于薛乎？""谢"就是道歉。"倦于事"，就是被很多琐碎的事搞得很疲倦。"愦"就是心乱，"愦于忧"，很多忧虑的事情使我心乱。"懧"，通"懦"。而且我生性比较懦弱愚昧，忙着管这些国家的事情，得罪了先生。"先生不羞"，我这么冷落你，先生不以为羞辱，还能够包容我，还愿意替我出力，还愿意替我到薛地去收债吗？"冯谖曰：愿之。"我愿意去。"于是约车治装"，"约车"就是整束好车子，整理好行装。"载券契而行。"他要去收债，"券契"就是契约。"辞曰"，要走之前，向孟尝君告辞，然后请示他，"责毕收"，所有的债收完了，"以何市而反？""市"是买的意思，债收完了买什么东西回来？"孟尝君曰：视吾家所寡有者。"你看我的家里缺少什么，就买些回来。

　　"驱而之薛"，驱车到了薛地，"使吏召诸民"，他就吩咐当地的官员

礼义廉耻，国之四维

110

召集老百姓，"当偿者悉来合券。"有欠钱的百姓统统来了。为什么叫"合券"？以前的契约，写好以后撕成两半，会面的时候各拿一半对起来，叫合券。"券遍合"，契约都对好了，"起，矫命以责赐诸民"，他就站起来，"矫命"就是假托孟尝君的命令，说这些债不用还了，全部赐给老百姓。"因烧其券。"把合约全部烧了。"民称万岁！"老百姓看契约烧掉了，心里石头放下了，很欢喜。冯谖做完这件事，"长驱到齐"，"长驱"就是一直走，以最快的速度赶回齐国。"晨而求见。"一大早就去见孟尝君。"孟尝君怪其疾也"，就觉得很奇怪，怎么这么快就回来了。"衣冠而见之"，赶紧起来很正式地穿衣戴帽接见。"曰：责毕收乎？"债都收完了吗？"来何疾也？"怎么回来得这么快？"曰：收毕矣。"冯谖说统统收完了。"以何市而反？"你买什么东西回来？"冯谖曰：君云，视吾家所寡有者"，您当时是跟我讲，看您家缺什么就买什么回来。"臣窃计"，我私下考虑。"君宫中积珍宝"，您家里面积了很多珍珠宝贝。"狗马实外厩"，"实"就是充满，"厩"是指牲畜住的地方。不只金银财宝，连养的马匹、牲畜也非常多。"美人充下陈"，家里侍妾又很多，也不缺女人。"君家所寡有者以义耳！"您家里面最缺的只有义罢了。"窃以为君市义。"所以我私下决定为您买义回来。"孟尝君曰：市义奈何？"孟尝君讲，你买义要做什么？义在哪儿？"曰：今君有区区之薛"，今天您只有小小一个薛邑，是当时先王封给你们的，"不拊爱子其民"，"拊"就是爱护，您不像对待自己的孩子一样去爱护他们，"因而贾利之。"反而向百姓图利，谋取利益。"臣窃矫君命"，我私底下假传您的命令，"以责赐诸民。"把债券全部烧掉了，赐恩义给老百姓。"因烧其券，民称万岁！"我烧的时候，老百姓很欢喜，喊万岁！"乃臣所以为君市义也。"这就是我替您买来的义。"孟尝君不说"，孟尝君听完之后，可能这个落差太大了，去薛地收钱，应该是很大的一个数目，结果什么也没买回来，就买了个摸不着的义，一下很难接受，不高兴。不过他虽然心里不高兴，但没有发脾气，"曰：诺，先生休矣。"好吧，算了吧。也没有指责他，度量还是挺大，而且既往不咎，事情做了就做了，再追究再骂也不能改变，他就勉强接受了。人就怕常常翻旧账，常常翻旧账，家里人或者亲戚朋友就很难接受。而且人常翻旧账，就特别容易对人有成见，人家其实已经在改变，已经很努力了，你尽说你以前就是怎么样怎么样，人家听了就感觉很不受信任，或者讲着讲着火气都上来了，"好了好了，不跟你讲了，每次尽提这些旧事。"所以处事当中，这一点还是要谨慎。不要常翻旧账，但也不是说以前的事一句都不再提，有时候刚好要借前面的事让他思考、体会，那还是可以。最重要的是心态，假如心态是有成见、不信任，那感召来的一定是人家很难过。假如你是真的用爱护他的心，又很委婉，言语又不情绪化，人家还是能够接受的。换个角度，如果我们是另一方，只要人家讲得对，我们就要接受，不然就是意气用事。意气用事会把事搞得愈来愈糟糕，没事变有事，小事变大事。掌握情绪才能掌握未来，所以领导者一定要能掌控情绪，因为领导者一发飙、一生气，整个团队的气氛就很不好，团队的整个人心、做事效率全部都受影响。

　　"后朞年"，一年之后，"**齐王谓孟尝君曰：寡人不敢以先王之臣为臣。**"寡人，就是寡德之人，谦虚的意思。可是说实在的，齐王讲这句话，一点都不像"寡人"。你看那不都是一个表相吗？有德应该能容，尊重贤德的人，表面上称寡人，事实上不直率，还讲得很好听，你是先王的臣，我不敢用你。这摆明了就是冷落人家，不用贤才，还把责任推给自己的父亲，还推给先王。"**孟尝君就国于薛。**"被解除了宰相之位，前往薛地。"**未至百里，民扶老携幼**"，薛地的老百姓知道孟尝君要来，走那么远的距离夹道欢迎，"**迎君道中**"。"**孟尝君顾谓冯谖：先生所为文市义者，乃今日见之。**"孟尝君回头看看冯谖，先生您帮我买的义，我今天终于看见了。"**冯谖曰：狡兔有三窟，仅得免其死耳。**""狡兔三窟"是譬喻兔子很厉害，它为了保命，有三个洞穴，藏身非常地周密。"**今君有一窟，未得高枕而卧也！**"我今天为您准备了一窟，还不能高枕无忧。"**请为君复凿二窟。**"请您给我方便，再来给您安排两个地方。"**孟尝君予车五十乘，金五百斤**"，给了他五十辆车马，黄金五百斤，"**西游于梁**"，"游"就是游说。他往西到了魏国国君梁惠王面前。"**谓梁王曰：齐放其大臣孟尝君于诸侯，诸侯先迎之者，富而兵强。**"齐国国君把他最重要的大臣孟尝君放逐，不用他了，哪个诸侯先迎接孟尝君，重用他，一定可以国富兵强。孟尝君在整个诸侯之间享有盛名，都知道他很有能力，梁惠王当然想要富国强兵。"**于是梁王虚上位**"，空出最上的位置，就是宰相位。"**以故相为上将军**"，本来的宰相调到上将军的位置。"**遣使者**"，派遣使者，"**黄金千金，车百乘，往聘孟尝君。**"这是重礼，来礼聘孟尝君到魏国当宰相。"**冯谖先驱**"，冯谖知道梁惠王要来请，赶紧先赶回齐国。"**诫孟尝君曰**"，他告诫孟尝君说，"**千金，重币也**"，是贵重的聘礼，"**百乘，显使也。**"用车百乘来迎接，这是非常显贵的使臣礼节。"**齐其闻之矣！**"齐国应当已经听闻这个情况了。以前的人头脑很清楚，一步一步会怎么样，他都很清楚。我们现在走第一步不知道第二步会发生什么事情。这跟清净心有关，每天那么多欲求，脑子不清楚。再来跟什么有关？跟见识有关。古人很喜欢读历史，几千年的历史积累的这些经验，会让人很有见识。读历史很重要，可以从历代的例子中，体会到我现在应该怎么做为好。冯谖告诫孟尝君，齐国已经知道了这个消息，您要把持得住，不然一高兴答应了，就麻烦了，后面的戏就演不了了。"**梁使三反**"，魏国的使臣三次礼请，"**孟尝君固辞不往也。**"坚持没有去。

　　"**齐王闻之**"，齐闵王听了这个消息，"**君臣恐惧。**"君王跟臣子都非常害怕，孟尝君假如到其他国家去当宰相，对齐王就很有威胁，甚至于可能也担心，孟尝君会不会记恨于他？"**遣太傅赍黄金千斤**"，太傅是君王老师的身份，很尊贵。"赍"就是带着。"**文车二驷**"，"文车"就是彩绘非常华丽的车马。"**服剑一**"，还佩戴了一把宝剑。"**封书谢孟尝君**"，还带了一封信。这个"谢"字也是道歉的意思。"**曰：寡人不祥，被于宗庙之祟**"，"被"就是遭受鬼神之灾祸，就是说他的做法不妥当，宗庙里的祖先会降灾给他。"**沉于谄谀之臣**"，"沉"是蒙蔽，受到旁边这些谄媚臣子的蒙蔽，没有好好珍惜您的才能，"**开罪于君。**"得罪于您。"**寡人不足为也**"，唉！

寡人实在不值得帮助，"**愿君顾先王之宗庙**"，愿您能够顾及我们先王的宗庙祭祀，"**姑反国**"，姑且回到国内，"**统万人乎！**"其实就是当宰相，好好来建设我们的国家，让宗庙祭祀都能平平安安延续下去。

"**冯谖诚孟尝君曰**"，冯谖提醒孟尝君说，您也不要一下答应，要祈请，祈请什么？"**愿请先王之祭器**"，要请来祭祀先王的礼器。"**立宗庙于薛。**"额外在薛地再盖一个宗庙，有宗庙的地方君王不敢侵犯。所以把宗庙盖在这里，薛地就更稳了。"**庙成，还报孟尝君。**"宗庙建好了，回报孟尝君。"**曰：三窟已就**"，三窟建好了，"**君姑高枕为乐矣。**"您可以暂且高枕无忧了。三窟，第一窟就是市义于薛，在薛地买义。第二窟就是魏国愿意重用他，齐王就要考虑，不能让他跑到其他的国家去。第三窟就是宗庙盖在薛，君王要很恭敬薛，他不敬薛地就是不尊敬自己的祖先。

"**孟尝君为相数十年**"，孟尝君当宰相数十年，"**无纤介之祸者**"，"纤"就是很细微，"介"是小草，草芥，就是一点小祸都没有。"**冯谖之计也。**"都是靠冯谖的计谋成就的。当然孟尝君的度量很好，很照顾这些食客，冯谖感他的这份义，也是尽心尽力帮他出谋划策，帮他建有三窟，高枕无忧，这都是道义相交。

这节课就跟大家分享到这里，谢谢大家！

第十一讲

尊敬的诸位长辈、诸位学长，大家好！

我们古文课程进入"义"这个单元，"绪余"当中讲："夫义，德之宜也。""宜"就是应该做的本分，这个应该做也是很自然生起的心境。比方我们上一节课谈到的《冯谖客孟尝君》，冯谖生活有困难，寄食在孟尝君门下，孟尝君以为他没什么能力，但还是照顾他，尽了这份道义。所以后来孟尝君遇到困难，冯谖尽心尽力帮助他。所谓受人点滴，涌泉相报，这也是处世的心境、道义。古人对别人的恩德念念不忘，这是处世的态度。我们现在是对什么事情念念不忘？想吃什么东西念念不忘，想买什么东西念念不忘，谁稍有得罪我了就念念不忘，这样与人相处就会很多烦恼。假如遵循道义，与人相处都是浩然之气。

在《冯谖客孟尝君》这篇文章当中，提到孟尝君管辖的是薛地。他是一个领导者，对于这个地方的人民，应该尽心尽力照顾，这也是他应该尽的道义。结果不但没有尽道义，还给人民很大的赋税负担，很多人都欠他的钱。冯谖看到这一点，觉得孟尝君家什么都不缺，就缺义，所以把那些契约、借条全部一把火烧了。我们也冷静观察，现在的家庭缺什么？好像不缺吃也不缺穿，还是缺义，缺情义、道义、恩义。真的，不管是家庭还是社会的冲突，其实都跟利有关系，利就相争，能够重义轻利，冲突就不存在。

很多公司互相诉讼，一了解，原来这两个人以前曾经一起合作过，创业之初两个人是胼手胝足，同甘共苦，结果事业成功了，为了一点利益，最后闹僵了，就告上法庭了。所以可以共患难，不可以同富贵。患难当中，人贪心没有起来，互相体恤。可是福报现前，有福气了，有钱财了，人很可能在这个因缘当中起贪念，就起计较了。因为一起贪念，什么都是利，一损害自己的利益，就开始计较，就开始对立，甚至开始损害对方。

所以孔子讲："放于利而行，多怨。"怨恨跟冲突从哪里来的？自私自利。所以《弟子规》说："与宜多，取宜少。""己有能，勿自私。"不要跟人计较，多给人方便，多布施给人，这都是义的态度。

我们有没有思考过，这一生哪些是我们应该做的？我们这个古文课，不要上到最后只懂得背古文，不知道文以载道、文以贯道、文以明道。这些千古文章，是要我们明白、贯通伦理道德，贯通所有做人的道理。人无伦外之人，学无伦外之学，人与人相处，不会脱离五伦关系。真实的学问是能够在五伦关系当中相处和睦，能够尽自己的本分，团结五伦，以至于齐家、治国、平天下。我们看，在父子关系当中有没有尽道义？"养不教，父之过。"这是做父母的本分。我们在教育孩子当中有没有生气？"气死了，不教了，早知道就不生他了。"这个话出来，根源还是想自己多，不是想孩子。现在要赶紧把孩子教好，不然他的人生怎么幸福？你看，为他着想，耐性就出来了；为自己着想，火气就来了。

大家想一想，以前做父母辛苦，还是现在做父母辛苦？（答：现在。）为什么辛苦？想自己多，就辛苦！我好辛苦，辛苦的根在哪？我。你看三五十年前，我们父母那一辈，听过自己的父母喊苦了吗？我这一辈子还没听过，我相信也没机会听到，因为在父母的人生态度当中，觉得那些就是该做的，任劳任怨。那种心境都是从这种道义当中延伸出来的。我曾经遇到一位长者，五十几岁了，她在谈话当中不经意讲了一句："生了就要好好把他养好！"这位长者也没说子曰，可是这个话实不实在？你要负责任，自己生的当然要尽力把他教好，这个态度学历高的人不一定能提得起来。我在小学教书时，班上孩子的家长各行各业都有，有的学历也很高。而我在家访中，往往遇到一些父母，初中、高中毕业，教育程度不高，但是我在跟他们交流孩子的问题时，他们都会说："我没想这个孩子以后要赚多少钱，学历要多高，但是我觉得不能让他为害社会，我要尽力，最起码要教他做人。"我被这个态度感动！那些学历比较高的，往往很会跟老师计较，不见得懂如何教育孩子，甚至会有点傲慢。

我们也看到很多例子，孩子到国外读博士，读完之后就不回来了。父母耕农，已经是尽所有的力量，拼了老命把孩子送美国读书，最后父亲七十几岁，无依无靠，跑到国外，被他赶回来。所以我们看，这个义的教育太重要了。随着学历的不断提升，增长的是自我还是道义，我们父母、从事教育的不能不关注。"教也者，长善而救其失。"三五十年前那个时代，生的孩子不少，而且生活比较困难，父亲一个人赚钱，母亲带七八个孩子，省吃俭用，真是不容易。但以前一个人赚钱，母亲很节省，还买了好几栋房子。现在两人赚，连贷款都付不完。看出个中的学问没有？勤俭为持家之本，假如很会花钱，两个一起赚也不够。

所以上一代人有道义的教育，养育孩子这么辛苦，他觉得是应该做的，从没喊苦。对公公婆婆，知道媳妇道，很晚去睡觉，三四点钟要起来，二三十个人住一起，做一家子人的饭。现在的太太，哪有早上四点多起来做饭的？但你看，那个时代没喊苦，现在一个礼拜做一餐，"为什么要叫我做？为什么不归先生做？"都是计较的心，抱怨一大堆。在古代婚礼过程当中，有喝交杯酒的环节，葫芦瓜是苦的，盛的是甜酒，表的是同甘共苦。而且同一个葫芦瓜合在一起就是一个整体，不分彼此。同甘共苦、不分彼此就是从道义的心流露出来的，这样还会不会计较？所以计较都来自于太重自我的利益了。道义的心，互相疼惜，互相感恩。所以幸不幸福关键不在外在的条件，在内心当中有没有道德、道义、情义。刚刚我们反思，在五伦当中哪些是我们应该做的。

古人时时把义当作为人处世的标准。我们在单位的君臣关系也是如此。领导可不可以抱怨下属？君臣也有本分，叫君仁臣忠。领导人的仁慈表现在哪里？表现在为下属的人生幸福着想，为下属的家庭着想，照顾他。为下属的幸福着想，一定首先教他做人。在同一个屋檐下工作就是有缘分，既然有缘，那能尽多少力就尽多少力。这个时代伦理道德断了二三代，你跟你的下属讲："你爸怎么没教你？"结果他当天很难过，回去问："爸，你怎么没教我做人？"他爸说："好，找你爷爷去。"父子两个去找爷爷。爷爷说："我爸也没教我。"那可能就要三个人立到坟墓面前。所以这是民族的悲剧，要从我们开始，把伦理道德教育振兴起来。

在这样的情况下，不要去责怪任何人。孔子讲"忠恕之道"，恕，宽恕、包容；忠，能尽多少力，尽力去做。大家都为了整个人心的祥和，整个人心的转恶为善，随缘随分随力去做。可能说到这里，有人就想，我都为他想，谁为我想？我出那么多力，他假如不好好给我工作怎么办？动念即乖，这个念头跟伦理道德相不相应？我们现在要观照，一个人会修身，就从念头当中修，念头一错，言行都错，讲出来的话也不在情理当中。当一个老板这样想，这个念头是义还是利？现在人还没付出，脑子里都是在想我的利益，不能损害我的利益。每一个人都是用利来交往。结果是什么？争、抱怨、不讲情义。你看现在的男女关系，互相伤害，就是重利轻义的结果。

所以现在很多的问题，其实就是人心能不能从利调回到义来。老板一有道义了，道义会相感应，慢慢底下的人就受感动。整个社会人心就开始因为我们而转。不要计较，不要要求，从我心做起。《大学》里面讲："未有上好仁而下不好义者也。"上位的人很仁慈，底下的人受到他的感化，道义就提起来了。人与人其实不复杂，相互感应，你用道义的心就感来他的道义，用自私自利的心就感来他也是自私自利。所以人与人的关系、互动，不要怪对方，先观我们自己的心态。老祖宗提醒我们，"行有不得，反求诸己。"因为我们人生遇到的情境、人与人的状况，都是相互交感的，根源在我们的心态。

刚刚讲到当老板的人，还没付出就在想自己了，这是利，不是义。有一些企业家又说了，假如我一直教他都教不好，他又不好好学，然后又造成团体的麻烦，我学中华文化，那可不可以把他辞掉？大家想一想，可不可以？这个老板讲的有没有道理？学了传统文化，要有义，可是他教不会。其实主要看发心，你是想损害到我的利益了，还是想我们学传统文化，不是做个样子给人家看的，应该是念念为对方着想。总是教不会他，必须当头棒喝他才会醒，那把他辞掉是慈悲。你看，核心在哪？在自己的这颗心。真正疼惜他，纵使把他辞退，言语也非常恳切。能否听懂是他的造化，我们讲的时候是真正地爱护他，苦口婆心，不是发脾气。而且，除了叮咛之外，还给他希望，"假如这些做人做事的态度，你能够下工夫去提升，坏习惯改掉，公司的大门随时欢迎你回来。"也不失人情味。但是必须告诉他，"以后到任何一个团体，都要守规矩，不然不能立足，也没有办法立信于社会、团体。"所以君仁，仁慈表现在爱护他、教他。老祖宗说君亲师，一个领导者，君，以身作则；亲，生活上的关怀、体恤；师，在工作、在处世的能力上能够指导他。

再来，臣忠，尽心尽力是我们的本分。我们之前读到《管晏列传》，"进思尽忠，退思补过。""将顺其美，匡救其恶。"我们当下属的是不是时时保持这样的道义，还是今天给领导提个意见，领导没有采纳，晚上很生气地在那里骂？抱怨本身也不是道义，还是来自这个我，怎么可以不接受我的意见？所以大家有没有体会到，人的烦恼、怨恨、脾气，这些的根在哪里？自我太重了。所以斩草要除根。这个根要除不难，只要在整个五伦关系当中，处处都想着我应尽的道义，处处都想仁义。

仁就是为他好，怎么样做对他更好，这个方法不行，再试另外的方法。很有耐性，善巧方便，这就是仁义。这样无形当中，自我愈来愈淡，之后就不会自私自利，不再只为自己想，就放下了这个我，念念为人着想。这样的人生好不好？有时候放下一个习惯，会有担心，会不习惯。可是真放下的人就知道，念念为人想，是什么样的人生境界。孟子懂，孟子有契入。孟子说："爱人者，人恒爱之；敬人者，人恒敬之。"所以仁义处世，他的人际是和谐的，他的人生会是幸福的。很多的冲突、摩擦、对立，其实都还是自我太重。自私自利、贪、发脾气，都跟这个有关系。包括兄弟朋友之间，是讲道义还是讲利害，这都是值得我们去观照的。现在兄弟朋友为什么冲突这么多？还是把利摆在面前造成的。所以社会问题也不复杂，真的把自私自利转成道义，世界就和平了。

"《说文》：义，己之威仪也。"一个人看起来很有威仪、很庄严，诚于中形于外，因为做的都是道义的事，有浩然之气。假如一个人自私自利、鬼头鬼脑的，每天都为自己动脑筋，他看起来会不会很庄严？那些谋私利的奸臣，都长什么样子？有没有跟弥勒佛长得很像的？没有！相由心生，心量小，五官就会慢慢缩起来了，因为他常皱眉头。心量大的，心广体胖，整个眉间就愈来愈宽。相貌是有它的原因的。大家不要回去照镜子，"我爸妈怎么给我生成这样？"这一念不对。成年人要有一个态度，成年人的相貌不能怪父母，要自己负责。尤其四十岁以上的，完全是自己负责。很多人说，好险，我才三十多岁。这些念头都是不负责任。哪怕你现在只有二十岁，都要改相貌才对，不然就是不老实，没依教奉行。所以，威仪也是从有那种无私奉献的精神体现出来的。

"古者书仪为义，书义为谊。"所以有义的，他表现出来的威仪不同。而这个"义"，其实就是"谊"。"谊"就是该不该做，适不适宜。做人的准绳、标准就在这个义当中。"义之本训，谓礼容威仪出于己，故从我。""义"本来的意义是，礼容威仪出于自己，所以这个繁体的"義"字里面有个我。"礼容威仪"，其实就是一个人合宜的道德行为。而且这个义当中还有一个羊字，古代羊代表美善的意思。所以，我内心的这种道德流露出来，展现在外的礼容威仪，就是道义的表现。一个人要成就自己的道德，当然也是要循义，不断地提升自己到美善的境界。

"董子曰：仁者，人也。""人也"意思是能推己及人，想到自己就想到别人。"义者，我也，谓仁必及人。"仁慈，必想到他人。"义必由中断制也"，"义"，必从自己的心来判断该不该做。不该做却做了，这个我就堕落了，就不美了，不善了。有时候违背道义，一失足成千古恨，这一生就毁了，不能成就自己了。所以这个标准是不可须臾离也。该做的，再怎么困难，义无反顾去做。所以古人有句话叫"临财毋苟得，临难毋苟免"，这都是义的表现。面对财物，不应该拿的，绝不苟且。这样的教诲，其实在我们十几年的读书生涯当中，很少能熏习到。尤其社会又是功利思想，我们在这个大环境当中，自私自利也无形当中增长了。

其实人生就是学习，学得好升级，学得不好留级，学得太差降级。有位仁兄学得太差了，阎罗王就判他：没有做人的资格，仁义礼智信五常都做不好，降级，只能做畜生。他为什么五常做不好？他特别自私、贪心。阎罗王判他降级做畜生，他还主动提出要求说，阎罗王，能不能让我做母狗？阎罗王很纳闷，这么多畜生可以做，你为什么要做母狗？他说，我曾经看人家写过一句话，说临财母狗得，临难母狗免。所以你看人的习性难去掉，到阎罗王面前都还没有反省，还是自私。他把字看错了，把"毋"看成"母"，把"苟"看成"狗"了。这个故事也给我们很多启示，人若有严重的习性，得要下工夫才行！

而这两句，其实就凸显了我们古圣先贤处世过程中，面对再大的诱惑，甚至再大的威胁，也绝不动摇做人的标准、做人的道义。所以孟子讲，"富贵不能淫"，就是"临财毋苟得"；"贫贱不能移，威武不能屈"，就是"临难毋苟免"，这才叫大丈夫。而一个人像大丈夫，这一生道德学问就能成就。就像文天祥先生，尽心尽力复国，虽然失败了，也不畏生死，从容就义。他在赴刑场的时候，在衣带上面写了："孔曰成仁，孟曰取义，唯其义尽，所以仁至。读圣贤书，所学何事，而今而后，庶几无愧。"从今以后，我不愧对任何的人，因为我已经尽力了。为了整个国家，他已经仁至义尽了。

义，"从羊，与善美同义。""善美"最重要的，是成就自己的本善明德。"**孟子曰：生，亦我所欲也。义，亦我所欲也。**""生"，是我想要的。"义"也是我所追求的。"**二者不可得兼**"，假如生命跟道义不能同时获得，"**舍生而取义者也。**"为了道义宁可牺牲自己的生命。我们看《德育课本》里，父亲被老虎咬住了，杨香一下子冲过去，奋不顾身。她有没有想到自己的生命？没有，她只想到她的父亲。包括缇萦救父，从山东走到长安有两千多里路，才能够帮她父亲伸冤。所以这些女子面临这些情况，把生死置之度外了。这是在孝道当中舍生取义。其他像朋友关系，都有舍生取义的。我们看荀巨伯，朋友生病了，盗贼来了，他不愿意舍弃朋友，抛弃他于危难当中，宁可去求盗贼饶了朋友，要杀就杀他好了。义能感通，把盗贼的良心给唤醒了，"这么有道义的地方，我们不能来这里做这些不义的事。"都回去了。一个义行，感化盗贼，救了一个地方的人。包括师生关系。那是在王莽时代。老师被陷害了，没有人敢去为老师收尸，只有云敞一个人不畏权贵、不畏生死，去帮他的老师吴章收尸。这么多学生，只有他一个人敢这么做。其他人顾忌，我读了那么多书，因为这一件事，以后可能没办法考功名。想到自己的命或者前途，就很难做出这种义行。所以，义贯在五伦关系当中。

"**是故见得思义**"，获得任何东西，要跟道义符合才行。这句话见于《论语·子张》，"士见危致命，见得思义，祭思敬，丧思哀。"有这样的态度，才算是有成就的人。"见危致命"，就是国家有危难的时候奋不顾身。见得思义，跟"临财毋苟得，临难毋苟免"的精神相应，也跟孟子讲的"富贵不能淫，贫贱不能移，威武不能屈"相应。"祭思敬"，祭祀的时候要至诚恭敬。"丧思哀"，以前人孝顺，往往在父母离去的时候，孝思整个流露出来，会很哀痛。

"**见利思义**。"这跟"见得思义"一样的意义。"**义然后取，人不厌其取**"，符合义的标准而取，人家不会讨厌。假如为了自私自利而取，一定招来人家的埋怨、不满。"**君子义以为上**。"《论语》当中子路问了一个问题。其实大家留心看《论语》，问话的人问某个问题，是他心境的流露，而孔子作答都是因材施教，很有味道。子路问："君子尚勇乎？"君子崇尚勇猛、勇敢吗？子路本身就特别勇猛，所以他请教孔子。"君子"这里主要是指在上位者，拥有政治权力。孔子回答："君子义以为上。"赶紧借这个机会引导子路，君子不是只有勇猛而已，更重要的是道义。他有了这个道义的基础，才会把勇猛用到正确的方向上去。所以我们一般提义都是跟正一起讲，叫正义，没有了正，义就会出问题。回想我自己成长的过程中，男同学相处在一起，都特别强调讲道义。现在回头想一想，念初中、高中那时候根本就不叫道义，那叫哥们义气，都不是遵循正道。孔子说："**君子有勇而无义，为乱。**"一个上位者很勇猛，但是不懂得义，不懂得做人做事的标准，可能会作乱，会造成社会的祸患。因为他有权力，假如无义，为祸就比较严重。"**小人有勇而无义，为盗。**""小人"是指一般的老百姓，没有地位的。一般的人有勇而没有义，就可能做出偷盗的事情。很多偷盗的人也讲道义，但没有经典做标准，所以他的勇就会危害社会。一般这些做坏事的，没勇气还不敢做。所以从这里我们就看出，义的教育很重要，没有义，纵使具有勇敢的特质，人生都可能会偏掉。所以学什么最重要？学做人的常道，仁义礼智信，这比什么都重要，人才不会偏离正道。

所以接下来引了《孟子》的教诲："**义，人之正路也。**"道义是人应该遵循的正确道路。"仁，人之安宅也；义，人之正路也。"古圣先贤教育我们，都很善于譬喻。安宅不住，正路不走，人生就很可悲了。符合仁义去做事，良心安，才有真正的快乐幸福，仰不愧于天，俯不怍于人，都走在正路当中。"**行义以达其道**"，处世待人遵循义的标准，尽伦常大道。"**则无往而不咸宜矣。**"不管走到哪里，都能跟人家相处得好，不会有什么冲突对立。我们之前提到，"君子敬而无失，与人恭而有礼，四海之内皆兄弟也。"这是礼。义也是一样。其实人与人相处，谁不愿意跟讲道义的人在一起？虽然很多地区受功利主义影响，比较自私自利，但是自私自利的人看到讲道义的人，还是会佩服、会羡慕。我记得我二姐当时在美国留学，美国算是功利主义比较严重的。我们在台湾成长，也是蛮幸运的，台湾对中华传统文化是比较重视的。我二姐受到中华文化的影响，所以对朋友特别好，朋友有什么需要，就尽心尽力帮忙，甚至损害到自己的利益都在所不辞。结果很多美国同学就过来问她：你怎么对朋友这么好？大家从这句话听出什么没有？他们虽然可能做不到，可是看你这么讲情义、道义，心里也感佩，也很想跟你交朋友。所以真理是放诸四海皆准的。你说美国不强调孝道，一般的教科书里面没有强调孝道，可是美国人看到孝子他高不高兴？当父母的人希不希望自己的儿子就像这样？人同此心。所以八德是真理，任何一个地方，只要八德能呈现出来，不管是哪个种族、哪个信仰，看了都生欢喜，甚至效法。所以这里讲的"无往而不咸宜"，是真的。

接着我们看下一段"绪余"。

> 孔子曰：君子喻于义，见义不为，无勇也。闻义不能徙，不善不能改，是吾忧也。不义而富且贵，于我如浮云。君子之于天下也，无适也，无莫也，义之于比。吕蒙正曰：五伦八德，非义莫能成。父子无义，则渎伦之事兴。君臣无义，则僭窃之乱作。兄弟无义，则萧墙之祸起。夫妇无义，则离异之端兆。朋友无义，则倾陷之机伏。故义者，至刚至正，有严有法，无偏无党，义之所在，懔若春雷，肃若秋霜，而不可犯。其规矩至严，准绳至正，无物不可，无时不然。义固不止于一二端见也。

"孔子曰：君子喻于义"，《论语》原文下一句是"小人喻于利"。君子真正明白、通晓做人的道义，而且将其作为自己处世的标准。小人精打细算，还是先考虑自己的利益。但是说实在的，当只想着自己的利益，智慧就有限了。所谓欲令智迷，利令智昏，纵使再怎么会算，人算不如天算。都是为自己斤斤计较、自私自利，人和没有了，天时不如地利，地利不如人和。所以一个家庭自私自利，最后一定众叛亲离；一个国君自私自利，最后一定被推翻。所以这个小人说到底，还是不明白的人。

孔子提到，人有五种情况是不吉祥的，其中"损人自益，身之不祥；弃老取幼，家之不祥"，这跟"小人喻于利"是相应的。只是斤斤计较自己的利益，心胸太小了，福也跟着折损。所以量大福才会大，小人毕竟眼光短浅，还是没有明白通达人生的大道理。你有没有看过哪一个人斤斤计较，最后人生很好的？现在的人很奇怪，都有自己一套一套的道理。统统是计较，然后还很幸福的，五千年的历史一个都没有，但他就偏要这么做。结果人算不如天算，"青出于蓝而胜于蓝"，他的孩子比他还会算，最后他就完蛋了。曾国藩先生的外孙聂云台先生写了一本书叫《保富法》，怎么永保一个家族的财富，里面有很多的历史事例。所以绝对不能自私自利。

"见义不为，无勇也。"见到道义不去做，那就是没有勇气。我们来看一则见义勇为的故事。

　　杨少师荣，建宁人，先世以济渡为生。久雨溪涨，横流冲毁民居，溺者顺流而下，他舟皆捞取货物，少师曾祖及祖惟救人，而货物一无所取。乡人嗤其愚。逮少师父生，家已裕。有神人化为道者，语之曰："汝祖父有阴功，子孙当贵显。宜葬某地。"即今白兔坟。生少师，封三代皆一品，累世贵盛。（《德育古鉴》）

"杨少师荣，建宁人，先世以济渡为生。"他们家世代以济渡为生。"久雨溪涨，横流冲毁民居"，大雨造成溪水暴涨，民居都被冲毁了。"溺者顺流而下"，有的已经淹死了，有的还活着，奄奄一息。"他舟皆捞取货物"，其他的船都想趁这个时候多捞一些金银财宝。"少师曾祖及祖惟救人"，"祖"是指爷爷，"曾祖"就是指爷爷的父亲。"惟救人"，一心一意只想着赶紧把人救起来，这都是仁慈、仁义的表现。你把一个人救活，可能他的父母妻小往后的日子才过得下去。感同身受，这个时候就尽心尽力，"而货物一无所取。""乡人嗤其愚。"同乡的人都笑他们，真笨，这么好的机会也不多赚一些财物。"逮少师父生"，"逮"是等到，杨少师的父亲出生了，"家已裕。"家庭渐渐富裕起来。"有神人化为道者"，有神仙化成道人，"语之曰：汝祖父有阴功，子孙当贵显。"你的祖父积累了很厚的阴德，子孙会富贵显达。"宜葬某地"，应该把他葬在某个地方，"即今白兔坟。""生少师，封三代皆一品，累世贵盛。"后来杨荣出生，官至少师，少师是太子的老师。太子以后当皇帝了，他就是皇帝的老师。而这么高的官对国家奉献很大，就追封他三代的祖上都是一品官，就是他父亲、祖父、曾祖父。

我们看另外一个见义勇为的故事。

建州章太傅，妻练氏，素有贤德，智识过人。太傅出兵，有二人违令，欲斩之，练氏密使亡去。二人奔南唐为将。后攻建州，州破。时太傅已死，二将重以金帛遗练氏。且以二白旗授曰："吾将屠此城，夫人植旗于门，吾戒士卒勿犯。"练氏返金帛，并旗不受。曰："君幸念旧恩，愿全此城之人。必欲屠之，吾家与众俱死耳，不愿独生也。"二将恐亡练氏，又感其言，遂止。夫人所生八子，皆登第。（《德育古鉴》）

"**建州章太傅**"，太傅是官。"**妻练氏**"，他的妻子姓练，"**素有贤德**"，向来就很有德行，"**智识过人。**"她的智慧、见识超过一般的人。"**太傅出兵，有二人违令，欲斩之，练氏密使亡去。**"两个人犯了军法，本来要斩首，练氏仁慈，有智又有仁，悲智双运，赶紧秘密安排让他们逃走了。"**二人奔南唐为将。**"这两个人到南唐当了将军。"**后攻建州，州破。**"他们来犯建州，结果建州被攻破。"**时太傅已死**"，那个时候太傅已经过世了。"**二将重以金帛遗练氏。**"二人因为被练氏救过命，所以给她厚重的财物。"**且以二白旗授曰**"，还拿了两支白旗给练氏，"**吾将屠此城，夫人植旗于门**"，这两个将军说要屠城，请她把两支白旗插在门口，"**吾戒士卒勿犯。**"我交代我的士兵不可以侵犯这家人。"**练氏返金帛**"，把黄金、丝绸都退回去，"**并旗不受。**"连旗也不接受。"**曰：君幸念旧恩**"，君是对他们两个人的尊称，很感念你们念过去的这份恩情，但是我"**愿全此城之人。**"希望你们能保全这整个城的百姓。"**必欲屠之**"，假如你们真的一定要屠城，"**吾家与众俱死耳**"，那我不会偷生，我会跟全城百姓一起死，"**不愿独生也。**"

因为她的丈夫太傅掌管建州，是这个地方的父母官，夫妻二人跟人民不分彼此。**"二将恐亡练氏"**，这两个将军怕伤害了练氏，**"又感其言"**，也被她的这番话所感动，**"遂止。"**就没有这么做。**"夫人所生八子，皆登第。"**这是大福！见义勇为福报很大，八个儿子统统考上进士。

我们再看"绪余"。**"闻义不能徙，不善不能改，是吾忧也。""徙"**是迁移，听到道义的行为、道理，不能够赶快奉行。闻善马上就赶紧去做、去实践，也是夫子的一种自我要求。夫子讲，"德之不修，学之不讲，闻义不能徙。不善不能改，是吾忧也。"闻义而不能去奉行；有了错误，不能马上改正，这等于是良心被欲望蒙蔽了，羞耻心提不起来，不知道自己不善，不觉得很丢脸。所以人要保持廉耻心，保持良知，就能改过行善。**"不义而富且贵，于我如浮云。"**没有遵循道义的原则，而让自己富贵，这样的行为，圣贤人是不齿的，更不可能羡慕。其实人生也像浮云一样，像一场梦，什么也带不走，干吗做出伤天害理的事情，让自己的良知、灵性堕落？孟子也有一段话，跟孔子这句话相呼应："行一不义，杀一不辜，而得天下，皆不为也。"做一件不道义的事情，伤害一个无辜的生命，而得到天下，圣贤人都不愿意。很多人说，让我得了天下之后，我一定好好爱人民；让我有这个权力了，我一定好好爱人民。这样的话不要相信，他当下就不能守仁义了，还指望他以后守仁义吗？

"君子之于天下也"，君子在天地之间，在跟所有的人相处的时候，**"无适也，无莫也，义之于比。""适"**跟"莫"有"可""不可"的意思，就是无可无不可。以什么为标准？"义之于比"，遵从、符合义的就做。不是随着个人的喜好想做不想做而决定，不是这样的。或者，这个人关系跟我好我就做，那个人关系跟我疏远我就不做，不是这样。应该做的，有生命危险都做；不应该做的，哪怕获得天下都不做。这个义当中有为国家、为人民，还有为世界负责任。

这节课就跟大家先谈到这里，谢谢大家！

第十二讲

尊敬的诸位长辈、诸位学长，大家好！

我们继续看第二段"绪余"。"**吕蒙正曰**"，吕蒙正是宋朝的一名大臣。"**五伦八德，非义莫能成。**"义，其实贯在五伦，我们常说的五伦八德，都是我们应尽的本分。八德，孝悌忠信礼义廉耻。其实尽孝、尽悌都是存有这份道义，所以忠义、信义都有义的精神在当中。

"**父子无义**"，父子关系假如没有义，而只有利害的时候，"**则渎伦之事兴**"，"渎"就是轻慢。对自己的父母傲慢，甚至于冒犯父母、伤害父母的事情都出现了。当然，在这些家庭的悲剧当中，我们还是要反思，是教育出了问题。父慈子孝，父母的慈爱表现在哪？重视孩子的人格教育，教好他做人做事，成就他一生的幸福。假如没有考虑到这个，没有教他做人，甚至于还常常以功利来引导孩子，孩子就见利忘义，这些渎伦的情况就会愈来愈严重。所以"尧舜之道，孝悌而已矣；孔孟之道，仁义而已矣"，孝悌、仁义一定要教。

"**君臣无义，则僭窃之乱作。**""僭"就是越分。超越本分，以下犯上的乱象就会出现，所以五伦大道要在家庭、学校当中赶紧教。"**兄弟无义，则萧墙之祸起。**"兄弟住在一起，可能自己家都发生严重的冲突。《德育课本》当中，父子、君臣、兄弟，我们都读到过杀身成仁、舍生取义的例子。古人受了这么好的教育，行为多是符合道义，多是惊天地泣鬼神。我们这几代忽略了义的教育，多是自私自利，做出来的事情，有时候会让人家叹气。

"**夫妇无义，则离异之端兆。**"情义缺乏了，所以现在离异的现象愈来愈多，很多大都市甚至离婚率都快接近五成了。我们教书的人，尤其担忧离异，因为很多学生的行为比较偏颇，都是家庭不健全，家庭教育比较缺乏造成的。所以年轻男女结婚以前，就要先上恩义、情义、道义的课。这个谁来做？最好政府来做。现在很多国家的政府，都怕出生率太低，然后就生一个补助多少，鼓励大家生孩子。孩子不是生多好，教育好更重要。孩子一大堆，假如都不忠、不孝、不仁、不义，那是家庭、社会的负担。所以现在不应该是鼓励生孩子，生一个给多少钱，应该是来上伦理道德的课，上一次给多少钱。先以欲勾牵，后令入圣智，先用钱，让他愿意来听，说不定几句把他给敲醒了。所以凡事要看到本上，德是本，教育是本。

"**朋友无义，则倾陷之机伏。**"朋友之间不讲道义，互相陷害，互相争夺的情况就会愈来愈明显。说穿了，都是人心的问题。但人心必须通过教育、教化才能改善。所以"建国君民，教学为先"。我们在家庭或者工作当中，要尽心尽力弘扬伦理道德，当然这个弘扬是先从自己做起。"人能弘道"，我们做得好，人家看了欢喜，就生信心，进而效法。你自己当领导，你的榜样影响了下属的一生，这是功德一件。随顺因缘尽力来为人演说，为这个社会拨乱反正出一分力。

"**故义者，至刚至正**"，义刚正到极点，没有丝毫的软弱、退却，没有丝毫的邪思。"**有严有法**"，很有威严又守法度，违背道义的，绝对不做。"**无偏无党**"，没有偏私，也没有任何的私心。"党"就是私。"**义之所在，懔若春雷，肃若秋霜**"，道义之所在，一个人真的是正气凛然，人家不敢丝毫的触犯，"**而不可犯。**"一个单位的领导者能够正气凛然，底下的人都不敢造次，他有威慑团体的能量、威仪。当时岳飞率领的军队就是正义之师，他们有一个信念，"冻死不拆屋，饿死不掳掠。"所以你看他的军队，确实是"懔若春雷，肃若秋霜，而不可犯"。那种正义之师，真是所向披靡，打得金兵落花流水，不敢对敌。老百姓感受到他们这种义，"只要将军走到哪里，我们就跟到哪里"，对他信任到这种程度。

"**其规矩至严**"，当然领导者首先对自己严格，"其身正，不令而行"。"**准绳至正**"，义是做人的准绳。"**无物不可**"，没有哪件事，没有哪个地方，是不遵循义的，这是指空间。所有的事，所有的地方，放诸四海，都要遵循义的标准。"无时不然。"这是指时间，任何时候都应该这么做。时代在变，但真理、做人的纲常是不能变的。"义固不止于一二端见也。"所以义的精神、义的落实，不仅仅是在一二个方面而已，应该是一切人事物，无时无刻、无所不在。也就是说，任何时候能够合情、合理、合法，能够与恩义、情义、道义相应，这样做就是孟子讲的养浩然之气。

我们来看一篇文章《义田记》。《义田记》是宋朝钱公辅先生写的。他是宋朝的一名大臣，他非常推崇范文正公的义行。更重要的，他想让后世的人能够有所感动，进而效法范公的风范。钱公辅字君倚，常州武进人。常州属于江浙，那里出了很多文人，是那个地方的读书风气使然，另外像广东梅县，读书风气也很盛。所以古代很强调境教，近朱者赤、孟母三迁就是这个道理。钱先生是宋英宗时候的副枢密使，神宗的时候做知谏院，知谏就是专门给朝廷、给皇帝谏言的。给皇帝谏言叫批逆鳞，天子是龙，得要逆着他的鳞片，因为忠言逆耳。伴君如伴虎，所以面对天子直言不讳，也需要相当的勇气才行。而且因为有时候批评政治上的缺失，会得罪很多权臣，所以这个官是很不容易做的。钱先生耿直不阿，非常正直，绝不谄媚，不跟恶势力妥协。他的文章平正不苟，就像他的人格一样，很平实，没有华丽的言语。不苟，写得非常真实，没有穿凿附会的东西。我们来看钱公辅先生的《义田记》：

> 范文正公，苏人也。平生好施与，择其亲而贫、疏而贤者，咸施之。方贵显时，置负郭常稔之田千亩，号曰义田，以养济群族之人。日有食，岁有衣，嫁娶凶葬皆有赡。择族之长而贤者主其计，而时其出纳焉。日食人一升，岁衣人一缣（jiān），嫁女者五十千，再嫁者三十千，娶妇者三十千，再娶者十五千，葬者如再嫁之数，幼者十千。族之聚者九十口，岁入给稻八百斛。以其所入，给其所聚，沛然有余而无穷。仕而家居俟代者与焉，仕而居官者罢莫给。此其大较也。

初，公之未贵显也，尝有志于是矣，而力未逮者三十年。既而为西帅，及参大政，于是始有禄赐之入，而终其志。公既殁，后世子孙修其业，承其志，如公之存也。公既位充禄厚，而贫终其身。殁之日，身无以为敛，子无以为丧。惟以施贫活族之义遗其子而已。

昔晏平仲敝车羸马，桓子曰："是隐君之赐也。"晏子曰："自臣之贵，父之族，无不乘车者；母之族，无不足于衣食者；妻之族，无冻馁者；齐国之士，待臣而举火者，三百余人。以此而为隐君之赐乎？彰君之赐乎？"于是齐侯以晏子之觞而觞桓子。予尝爱晏子好仁，齐侯知贤，而桓子服义也。又爱晏子之仁有等级，而言有次也。先父族，次母族，次妻族，而后及其疏远之贤。孟子曰："亲亲而仁民，仁民而爱物。"晏子为近之。观文正之义，贤于平仲，其规模远举，又疑过之。

呜呼！世之都三公位，享万钟禄，其邸第之雄，车舆之饰，声色之多，妻孥之富，止乎一己。而族之人，不得其门而入者，岂少哉？况于施贤乎！其下为卿、大夫、为士，廪稍之充，奉养之厚，止乎一己。族之人瓢囊为沟中瘠者，岂少哉？况于他人乎？是皆公之罪人也。

公之忠义满朝廷，事业满边隅，功名满天下。后必有史官书之者，予可略也。独高其义，因以遗于世云。

"**范文正公，苏人也**。"范仲淹先生字希文，苏州吴县人。我们之前一起学过《岳阳楼记》，这里就不详述了。"**平生好施与**"，他一生处世很喜欢布施，很喜欢帮助人。"**择其亲而贫、疏而贤者，咸施之。**""亲"就是指有血缘关系的亲戚，还有比较熟的朋友。"疏"就是指没有血缘关系，关系比较远，"而贤"，但是很有才德的人。对于他的亲戚比较贫穷的，他会帮助；关系比较远的，只要他知道是有才德的人，却很贫困，没有办法生活的，他都一定会去帮他。"咸"是都的意思。

"方贵显时","方"就是当，当他贵显的时候，"置负郭常稔之田千亩"，"置"就是购买，"负郭"，"负"是指背对，"郭"是指外城墙。"常稔"就是土壤肥沃可以丰收的田。"稔"，稻谷成熟称为稔，我们常说丰收、丰稔。购买背靠着外城而且土壤肥沃的土地。"号曰义田"，把这一千亩田地叫做"义田"。为什么叫"义田"？尽一份道义，来照顾他整个族群的人。有一句格言讲，"以父母之心为心，天下无不友之兄弟。"人能以父母的心为自己的心，他一定会体恤到兄弟和乐父母最高兴了，他一定会友爱兄弟，不让父母操心。"以祖宗之心为心，天下无不和之族人；以天地之心为心，天下无不爱之民物。"天地化育万物，我们能效法，就能爱护人民，民胞物与，连万物都懂得去爱惜。我们看这三句话，其实人生很多问题，都是心量不够大。心量一扩宽，养自己的太和之气，就什么冲突、对立都没有了。其实，修身最重要的就是扩宽心量，无人不可容，无事不可容，卡住了，都是我们心量不够大。

范公自己家本来要盖房子的，听人说这块地风水很好，以后要出状元，就把地捐出去盖了学校，后来那所学校出了几百名进士。范公确实是以祖宗之心为心，他告诫子孙的时候就提到，我今天能有这么显贵的人生，这是祖先的福荫，"积善之家必有余庆"。我不能把祖先的福分拿来自己享受，也不能让自己的孩子、孙子去享受，这样以后没脸面去见先祖。假如孩子才三岁、五岁就这样教育他，范公在孩子的心目当中是什么样的形象？凛然大义。所以范公体恤祖先的心，要办义田。

范公两岁时父亲去世，他母亲带着他，处境非常可怜，孤儿寡母，无依无靠。他的母亲很不简单，在这样的人生境界当中，被整个家族的人抛弃，没有丝毫的埋怨，居然教育出的孩子往后还尽心尽力地照顾族人。所以范公能成就这样的人格，跟范母的教育关联最大。我们相信范母心中没有怨恨，反而是期许孩子，你曾经遭遇这样的困难，遭遇这样的窘况，你以后有能力的时候，不让自己的族人再有这样的痛苦。我们人生曾经走过的弯路，尽力不让后面的人再错。尤其我们这几代人，从小缺乏中华文化的学习，人生的弯路实在走得太长了。所以现在看到很多孩子三五岁就开始学中华文化，我们内心也比较宽慰。我愿做后代的垫脚石，因为十年树木，百年树人。我们要承担起来，为了后面的人学传统文化能够更得力，构建更好的学习中华文化的一个因缘、平台。

范仲淹先生有这样的不幸，但他转不幸为一种人生的使命、责任，购置了义田。"**以养济群族之人。**""养"是赡养，"济"是救助，赡养、救助族人。"**日有食，岁有衣**"，让他们吃得饱，穿得暖。江浙一带，冬天有时候很冷，会到零下七八度，没有暖气，冬天进门就像进了冰柜一样。所以冬天要有棉衣才能抗寒。我们也有机会到比较乡间的地方，看到一些老百姓居住的状况。有的门破一个洞，窗户也破了，冷风这样吹进来，只有一床不厚的被子，真的不知道怎么熬过来的。所以人饥己饥，人溺己溺，要能体恤他人寒冬的痛苦。"**嫁娶凶葬皆有赡。**"婚丧喜庆都给予一些补助。"赡"就是补助。

"**择族之长而贤者主其计**"，范公也是用有德之人，选择族中年纪大而且贤德的人来管理这些事情。"**而时其出纳焉。**""时"是动词，就是按时去做支出、收入的事情。"**日食人一升**"，每天给每个人一升粮食。"**岁衣人一缣**"，每年给每个人一匹细绢，用来做衣服。"**嫁女者五十千**"，嫁女儿的补助五十千钱。"**再嫁者三十千**"，再嫁的，给三十千。"**娶妇者三十千**"，娶媳妇的给三十千。怎么娶媳妇少一点？娶媳妇是家里多一个人力。"**再娶者十五千**"，再娶的，给十五千。"**葬者如再嫁之数**"，有丧葬的时候，钱数跟再嫁的一样。"**幼者十千。**"未成年的给十千。这都是指很贫穷的人家。"**族之聚者九十口**"，他的族人跟他聚居在一起的有九十口人。"**岁入给稻八百斛。**"每年义田供给粮食多少？八百斛。"斛"是量词，一斛等于十斗，八百斛就是八千斗。"**以其所入，给其所聚，沛然有余而无穷。**"义田的收入情况很好，丰盛有余。整个义田的事业愈来愈兴旺。"**仕而家居俟代者与焉**"，"仕"就是当官。曾经当过官，现在退居在家等待新职的人，也会提供这些帮助。范公体恤人的心很细腻，没有工作，没有收入，家里这么多人要吃要用，父亲压力会很大。**"仕而居官者罢莫给。"** 有官职的，有收入的，就停止供应。我们相信，在这样一种道义的家族中，一个人自己宽裕了，也会拿钱出来，去帮助更困难的人。**"此其大较也。"** 这就是大略的情形。这一段主要是概述整个义田的制度，也说明接济的对象主要是这些亲族，还有一些贫困的贤士。

我们看下一段，这一段回到范公以前的人生状况。刚刚是讲他已经贵显了，然后置义田。其实范公这样的志向，并不是他显贵之后才有，他很年轻的时候就有这样的志向。**"初，公之未贵显也"**，早在范公还没有富贵显达的时候。**"尝有志于是矣"**，曾经就发这样的誓愿，有这样的志气。**"而力未逮者三十年。"** 但是当时能力不够。三十年过去了，还没有能力办到，但还是坚定不移。**"既而为西帅"**，等到他当了征西的统帅，那时候他辅助夏竦，算是副元帅。**"及参大政"**，参知政事，也算是副宰相的位置。**"于是始有禄赐之入"**，才有足够的俸禄。"禄"是俸禄，"赐"是朝廷的赏赐，这样统统加起来财力才够。**"而终其志。"** 终于达成他的志向。**"公既殁"**，"殁"是去世。范文正公去世后，**"后世子孙修其业，承其志，如公之存也。"** 后世的子孙学习他的德业和事业，继承他的遗志，做的就好像范公在的时候一样，而且发扬光大，到清朝的时候，义田扩展到四千亩。所以范公的后人为什么福报这么大？主要是这个精神一直承传在他们的家道里面。**"如公之存也"**，这是精神长存。而且不只是他的后代效法他的做法，宋朝以后的读书人没有不读范公的文章，没有不效法他的德行的。

"公既位充禄厚"，范公固然位居高位，俸禄丰足，位高了又富贵了，**"而贫终其身。"** 一生都过着清寒的生活。儿女看他辛苦一生，要给他盖个比较像样的房子，修个园林，范公讲：一个人尝到尽道义那种内心的喜悦，身体都可以放下，怎么还会去讲究生活这些享受？而且他告诉他的子孙说：你看很多大官都盖很大的庭院，我就去他们那里走一走不就好了，干吗自己盖？而且说实在的，那些大官盖了，自己也很少去。那些庭园，还得要有闲情雅致的人才享得了，不然每天都在那里忙忙忙，都在那里算计怎么升官，也尝不到那种快乐，快不快乐还是在心。所以人有没有福报，其实还是看自己的心态，心态好了，公园这么多，公园不就是我的吗？我去了尽情享受，干吗一定要自己盖？所以人有时候苦就苦在追求一些虚荣，房子要自己的，庭园要自己的，还要买名牌，买很多项链、钻戒。所以师长曾经讲到一个例子，一个人很有钱，买了很多珠宝、黄金，然后到银行锁在保险柜里面，每次去，打开看一看，十分钟看完了，推进去。为什么要放在保险柜里？戴出来怕人家抢。师长说，这样就是你的？那所有珠宝店里面的都是我的，我随时可以去看一看，欣赏欣赏！所以这叫累赘，一生搞那么多东西，其实一样都带不走，身心哪会轻安？

你看范公是懂生活的人，看到任何人需要都去帮助，心里非常欢喜，良心非常踏实。这样的人好吃好睡。你看现在人钱多了怕贬值，然后还要买股票，心情又跟着股票七上八下。现在的人就是有钱，自己去找很多的烦恼。其实说实在的，人假如每天读圣贤书，尽心尽力弘扬伦理道德，对亲朋好友能尽多少力尽多少力，根本没有心思去想吃什么穿什么，时间都不够用。这样也很充实。然后能够到什么程度？好像两个礼拜都没花钱了，都想不起花钱，很舒服。

"殁之日"，他去世的那一天，"身无以为敛"，"敛"有大敛、小敛。去世了穿上寿衣，叫小敛，大敛就是入棺，这里是指大敛。有钱就全部都布施了，所以连棺木都买不起。"子无以为丧。"儿子没有钱帮他办丧事。范公的德行风范能影响千年之后的人心，不是偶然的，他修身、齐家、治国、平天下都落实了。他自我的要求非常严格，而且四个孩子都很有成就，二儿子范纯仁在政治上的成就高过他，是正宰相，他自己是副宰相。"惟以施贫活族之义遗其子而已。"只是将济助贫人、养活族人的高尚的道义，将这份精神传承给了他的孩子。所以这一段也让我们思考，我们到底传什么给后代？《三字经》讲，"人遗子，金满籯；我教子，唯一经。"传圣贤的智慧，传道义的风范。所以司马光先生说道，"遗金于子孙，子孙未必能守；遗书于子孙，子孙未必能读。不如于冥冥中积阴德，以为子孙长久之计。"不只福荫后代，风范还让后代效法，这是最有智慧的。因为福的根源在心地，量大福大，范公的后代子孙都有先天下之忧而忧的心，哪有可能会没福？所以家道的传承，范公的风范很值得我们效法。

"昔晏平仲敝车羸马"，这一段引出了晏子的风范，"昔"是过往，"羸马"是很瘦弱的马，"敝车"是很破的车，他平时都是坐着瘦弱的马拉的破车。"桓子曰"，结果陈桓子当着齐景公的面，对晏子讲，"是隐君之赐也。"晏子，你怎么这么寒酸？你这么样做是不是隐藏了君上对你的赏赐？君上给你的俸禄这么多，你这么寒酸、这么可怜，人家会不会误会说，齐景公亏待了你？ "晏子曰：自臣之贵，父之族，无不乘车者"，我富贵之后，我父亲那一边的族人，没有没车乘坐的。父亲那边的亲戚都照顾好了，父亲每天都笑呵呵的，不然老人家会挂心这些亲人。这些其实都是孝道的落实。"母之族，无不足于衣食者"，母亲那边的亲人没有，吃不饱、穿不暖的。"妻之族"，妻子的亲人，"无冻馁者"，"冻"是受冻，"馁"是吃不饱，没有受冻挨饿的。"齐国之士"，齐国的读书人家，"待臣而举火者，三百余人。"等着我供给粮食做饭的，就有三百多人，这个"举火"就是生火烹饪。"以此而为隐君之赐乎？彰君之赐乎？"由此看来，我是隐藏国君的赏赐，还是显扬国君的赏赐？谈到这里，相信齐君、桓子听了都会打从内心地佩服，为什么？他们自己都做不到。"于是齐侯以晏子之觞而觞桓子。"第一个"觞"是名词，指酒杯，第二个"觞"是动词，指斟酒给别人喝。本来桓子是要借这个机会罚晏子喝酒，晏子讲完这段话，结果国君罚桓子喝酒，你看，你讲错了，人家是"彰君之赐"。所以一个人不要恶意向人，恶意向人最后会回到谁的身上？可能会回到自己的身上。

"予尝爱晏子好仁"，钱公辅先生说，当他读到这一段历史的时候，特别欢喜、佩服晏子的"好仁"，他很仁慈，爱护这么多人。"齐侯知贤"，齐侯能用晏子，而且听完晏子这一段话，马上表示认同，所以他也肯定齐侯的知贤任贤。"而桓子服义也。"陈桓子也难得，他听完之后没有辩驳，马上说"我该罚，该喝"。"服义"就是真诚服从义理，听完就接受，受教了。"又爱晏子之仁有等级"，在这个公案当中，晏子的仁慈是有亲疏远近的。一个人这一生跟不同的人缘分还是有差异，他的仁慈也是循着亲疏关系。"而言有次也。"晏子的言语讲得很有层次。"先父族，次母族，次妻族，而后及其疏远之贤。""及其"是推广到比较没有血缘关系的、比较疏远的贤才之士。这其实是从为国家栽培人才的角度，为国家这个大家庭有后、有更多的贤人，来尽这个力量。"孟子曰：亲亲而仁民，仁民而爱物。"从爱自己的父母亲人开始，这份爱心随着缘分推及所有有缘的人，由爱人再推衍到爱万物。这份爱心内化了，对一切人、对一切生命都能提得起爱心。"晏子为近之。"晏子的做法，跟孟子这句教诲的精神，是非常接近了。

"观文正之义，贤于平仲"，观察文正公的义行，做得比晏子还要贤德。"其规模远举"，他接济整个族人，他建立的规模制度很完善。前面讲到了，他推举族中有德行的长辈来管这些事情，制度很完善。"远举"，代表他这个义田的做法，整个规模制度可以行之久远，所以到清朝都还做得很好，到了四千亩。我们看钱公辅先生不简单，他在宋朝时候就已经看到了，这样做下去能"远举"。晏子的后人有没有这么做？所以"又疑过之。"恐怕又比晏子更要高明。我们中华民族重视历史，我们也相信像范公这样的贤德之人，一定也都知道晏子的文章、风范，效法他们，并能发扬光大。"不让古人是谓有志。"一个人看到古人的风范，期许自己做得更好，这个人有志气。我们不能一看到古人的风范，"古人才做得到，我们做不到。"还没做就已经漏气了。所以这一段虽是举晏子，但也烘托出范公的义行是多么地高明。

"呜呼！世之都三公位，享万钟禄，其邸第之雄，车舆之饰，声色之多，妻孥之富，止乎一己。""都"就是高居。"三公"，周朝太傅、太保、太师，到了汉代是大司马、大司徒、大司空，都是指最高位的大臣。"钟"，一钟是六斛四斗，"万钟"就是最高的俸禄了。而且他们住的官邸，非常宏伟壮丽，车马都非常华美，每天声色娱乐也安排得很多，大把大把的钱在那里挥霍。"妻孥之富",妻子孩子都非常富裕。他们享了国家最高的俸禄,"止乎一己",却只顾一己的享受,把这些俸禄都自己享有了。"**而族之人,不得其门而入者**",他不只没有救济,连族人请他帮忙,门都进不去,他瞧不起。虚荣作祟,泯灭人性,瞧不起族人,甚至瞧不起以前对他有恩的人。《弟子规》提醒我们,"勿谄富,勿骄贫;勿厌故,勿喜新。"这些都是最可耻的行为。《朱子治家格言》讲,"见富贵而生谄容者,最可耻。"见到富贵人就谄媚巴结,这种人最可耻。"遇贫穷而作骄态者,贱莫甚。"遇到贫穷的人,就很得意,瞧不起人的样子,反而显得他低贱。人有钱,应该是比较高贵,可是高贵不是看你有没有钱,是看行为,因行为而高贵,不是因有钱而高贵。你作骄态,在那里很傲慢,财大气粗,那就是低贱的行为。"**岂少哉?**"这些亲戚朋友进不去的难道是少数吗?"**况于施贤乎!**"连他的族人都得不到他的帮忙,救助亲人以外的贤德之人,那就更谈不上了。一个人居高位,应该为国家挑选、栽培人才才对。我们看左忠毅公,在大雪纷飞的时候都出去微服私访,为国家举才。这才是应做的。

"**其下为卿、大夫、为士**",其他大臣,还有国家机关的人,"**廪稍之充,奉养之厚**","**廪稍**"是指公家的俸禄,生活还是比较富足舒适的,"**止乎一己。**"也都是只顾一个人享受。"**族之人瓢囊为沟中瘠者,岂少哉?**""瓢"就是水瓢,就是手拿着水瓢,"囊"指粮袋。族人拿着水瓢、粮袋去行乞。他们都冷漠,无视于族人的贫苦,结果造成族人去向人乞讨,过这样的日子,最后饿死在沟壑中的,难道是少数吗?"**况于他人乎?**"连族人都不照顾,就更谈不上其他的人。"**是皆公之罪人也。**"这些人为富不仁,都是愧对范公的罪人。这也是一个强烈的对比,当时的富贵人做出来的行为,真的看到范公的风范,应该惭愧而死。

最后一段。"**公之忠义满朝廷**",范公忠义的精神,满朝文武谁人不知,谁人不晓!所以一个读书人的风范,可以正整个朝廷的气节。"**事业满边隅**","边隅"就是边疆的角落。他的功业连边疆都佩服、推崇。他到西北当统帅，整个西北就安定下来，甚至于西夏很多人都归顺了。这确实是"**善人为邦百年，亦可以胜残去杀**"。"**功名满天下。**"他的功勋、名望，天下人都敬仰。"**后必有史官书之者**"，范公这样的风范，史官一定会记载的。"**予可略也。**"我就不用写太多了。"**独高其义**"，我特别推崇他这个义田、义行，"**因以遗于世云。**"因此写这篇文章，给后世来效法、学习。

这节课就跟大家交流到这里。谢谢大家！

礼义廉耻，国之四维

第十三讲

尊敬的诸位长辈、诸位学长，大家好！

我们上一次一起学习了钱公辅先生的《义田记》，叙述了范公对于整个家族的这份道义，照顾了几百个族人，甚至很多贫穷的贤德之人，他也尽心尽力扶持他们读书。这是为国举才，对国家尽一份义务。所以我们对家庭，对自己的团体，以至于对自己的国家民族，都有一份道义，要去尽心尽力。像在我们这个时代，对于整个家道的承传是义务，对于整个民族文化的承传是义务，以至于对于现阶段人类共同面临的整个地球的存亡问题，也应该尽一份义务。

我们2005年在安徽庐江汤池镇推展伦理道德的教育，《弟子规》的推展落实使人心很快有了变化，离婚率、犯罪率都下降了。其实在我们还没有从事这个工作以前，真的对于人心还能向善都打一个问号。现在功利主义这么厉害，人能不随波逐流吗？后来接触当地的老百姓，他们一接触圣贤的教诲，确实"人之初，性本善"，很明显的，一年之内离婚率、犯罪率都快速下降了。老祖宗在《礼记》里面讲"建国君民，教学为先"，这个"先"字重要！建立一个国家，甚至于带领一个团体，都要把教育摆在第一位。

现在人为什么苦恼那么多？因为把最重要的东西忽略了，本末倒置，最后问题都出来了。一个家庭教学为先，教孩子做人最重要，父母忽略了，都忙啊忙啊，赚钱，连孩子都把钱看得很重，忽略道德。团体领导者都把利摆在第一位，拼命赚钱，忽略员工的教育，员工贪污腐败出现了，几十年的基业，可能就被搞垮了。包括我们整个社会，也是把经济摆在第一位，忽略了做人的教育，结果现在青少年犯罪率愈来愈严重，很多官员都不知道怎么办。所以这个时代，整个世界都需要非常用心地思考，我们的出路在哪里？

上世纪七十年代英国著名历史哲学家汤恩比教授讲，"解决二十一世纪的社会问题，要靠孔孟学说跟大乘佛法。"汤恩比教授不简单！如果你处在那个时代你会觉得未来的社会问题会这么严重吗？他那个时候就已经洞察到整个世界的危机了，这不是普通人。但几个人肯珍惜他的话？其实每一个人也好，甚至整个国家社会也好，都有贵人，关键在于我们肯不肯听、肯不肯接受。所以一个人不能说，我这一生都没贵人。这句话是折了很大的福，为什么？你是中华民族的儿女，还说自己没贵人。你看，五千年的历史，多少圣贤人的教诲在其中！你没读过"子曰"吗？再说，中华民族的父母都很爱护子女，都很尽心尽力地教导孩子，他们在我们成长过程中操了多少心！我自己有两个姐姐，我们受过传统文化教育的哥哥姐姐都特别照顾弟弟妹妹，包括叔叔伯伯都是这样的心境，怎么会说我们没有贵人？我们成长过程中，很多好老师用心地教我们，是我们有没有受教。

最近有国家发生动乱，另一些国家又对它发动战争。这很无奈，这五十年到一百年之间，请问哪次战争解决问题了？不是愈搞愈糟糕吗？所以人没有圣贤指引，真的是一而再、再而三做出错误的抉择。我们中华文化里面，打胜仗都是凶，以凶礼来回应，是万不得已，为道义才打的，而且心里都很明白，要把伤亡减到最低，这是仁义之师。我们这个民族很特别，特别重视历史经验，鉴往知来，借鉴过去的历史，以免在未来重蹈覆辙。我们看这几十年，地球人打仗好像愈来愈严重，解决不了问题，还打。所以，要靠文化的力量，教化、感化才行！从整个世界的格局来看，我们共同要为这个地球走出一条活路来。所以汤恩比教授这句话也是提醒我们所有的中华儿女，在这个大时代都有责任为化解灾难、为世界和平尽一份心力。

诸位学长一听，这么远的目标，我能做得到吗？老祖宗在《大学》里面告诉我们，"物格而后知至，知至而后意诚，意诚而后心正，心正而后身修，身修而后家齐，家齐而后国治，国治而后天下平。"有谁不能为国家、为天下尽一份力？除非自私自利，不然每个人都可以为国家天下做很多事。我们老祖宗讲相由心生，这个心才是根本。心地善良，慈眉善目；心地奸邪，尖嘴猴腮。老祖宗特别讲悟性，你从一个人身上可以看到这个真理，请问可不可以把这个真理扩展到全世界？世界也是相由心生。所以心改了，境界就转了。所谓"心净则国土净"。首先端正我们的心念，念念爱护、祝福整个地球，从实际的行动当中珍惜资源，不糟蹋、不浪费。我们中华民族的儿女，代代都敬天敬地，对万物心存感恩。所以要转变人心，甚至让全世界的人心能够重义轻利，把功利思想转成情义、道义的思想，要靠中华文化的弘扬。

诸位学长，你们有没有想过，我这辈子到底来干什么的？"人生自古谁无死，留取丹心照汗青。"远大的目标都落实在生活的一点一滴当中。从念念纯净纯善做起，从节俭做起，从尽心尽力落实圣贤教育给身边所有人做榜样做起，从落实孝道做起，从念念为他人着想做起。每个人都有这样的心，就可以把身边人的本善给唤醒。所以这份义只要随缘随分，尽心尽力，都是圆满的功德、圆满的道义。我们接着看《义篇》"绪余"的后两段。

> 义者，所以处事也。凡人作事，须处处合乎天理，顺乎人情。五伦之中，无时无地，不能离一义字。兹姑不论，第就女子之义言之，闺贞自守，克尽女道，父母弟昆，力为维护，是谓义女。出嫁相夫，孝事舅姑，和睦妯娌，感化乡邻，是谓义妇。或居侧室，安分守己，敬事大妇，不夺专房，是谓义妾。夫亡守节，抚孤教子，不肥私家，克保夫产，是谓义母。既字夫故，守贞母室，或为抚继，从一而终，是谓义姑。他如义婢乳保等，尤足多已。

"义者，所以处事也。"义，是为人处世的标准，是做人的标准。我们从另外一个角度讲，一个人不遵守道义，就是连人都没做好。所以五常就是做人的常道，仁义礼智信。义跟利是相对的，重义就轻利，重利就轻义，我们每一天为人想得多，还是为自己想得多？假如一天当中为自己想得多，代表连人都做不好，连做人的资格都还没拿到。这些话我们细细去体悟，对我们也是很大的警醒。

"凡人作事"，凡是处事待人，"须处处合乎天理，顺乎人情"，情理法都要顾及，要时常提醒自己符不符合恩义、情义、道义。古人很冷静，常常对照经典，心地柔软，体恤人心。"五伦之中，无时无地，不能离一义字。"在五伦关系当中，任何地方、任何环境、任何时间，都不能须臾离开义的精神。"兹姑不论"，"兹"是这个、这些的意思。"姑"，是姑且、暂且。这个暂且不论，"第就女子之义言之"，"第"就是单单，我们现在单就女子的义来跟大家探讨。

"闺贞自守"，"闺"是指闺房，我们称未出嫁的女子叫闺女。这里的"闺"是指女性。"守"是操守、守节，妇女在节操上没有污点，叫"闺贞自守"。其实这个守节，男女都一样。孟子讲，"事孰为大？事亲为大。"人生最重大的事情是孝顺、侍奉父母，知恩报恩。"守孰为大？守身为大。"身体受伤可以调养，德行有损可能终身都无法弥补。所谓"一失足成千古恨"、"立名于一生，失之仅顷刻之间"。男子如此，女子亦如是。而且我们要了解，女子有操守、有德行，直接影响孩子，成就他人格的根基。女子重节操，对整个世界安定的影响超过男子。不重节操，思想有邪念，孩子在胎中就受影响了。

其实古人有一种态度，他不是只想我高不高兴，我喜不喜欢，都考虑到自己给这个社会是好的影响，还是不好的影响。大家看一个女子不重节操，这个事情严不严重？因为人学坏很快，学好要一段时间，古人叫"学好终年不足，学坏一日有余。"学坏那个速度像重力加速度。现在有两样东西太厉害了，叫财跟色，我们这个时代被财狼跟色狼给控制住了。女子爱慕虚荣，很奢华，那完了，小孩青出于蓝胜于蓝。女子好色，天下大乱，离婚率愈来愈高，整个家庭愈来愈脆弱。不完整的家庭，孩子得不到爱跟教育，怎么会没有社会问题？

现在很多大都市离婚率都占一半了，两对就有一对离婚。三十年前，连听都没听说过离婚的。你看以前和现在的女子在家庭、在人生的价值观上，差异有多大？所以问题出在思想。我念高中的时候，都没听说过有离婚的。我们家那个巷子里面也有夫妻打架的，太太被打得很厉害，但怎么打也没说要离婚。当然打架不好。不过据我观察，女人被打，可能跟嘴巴很有关系。有的男人很凶暴，可是不打太太。为什么？他太太没什么话，也从不唠叨，也不骂人，就默默做她的事。这个男人出去跟人打架，回来也不会跟他太太有什么冲突。所以大家要明白一个人生的真相，一个巴掌拍不响，会响的彼此都要负责任。当然这个责任有多有少，但是只要有一个人不动气，冲突是出不来的。

五伦关系都是这样。比如父子关系，大舜是至孝，他的父母都要害死他了，因为他心中没有任何怨，当然冲突起不来。以此类推，所有五伦关系会冲突，都叫半斤八两。冲突都来自于哪里？都是看对方没做好，指责对方。只要有一个人先冷静，好吧，我先不说他了，我自己有没有做好？我做好了再要求他。真这么做了，对方的善良已经被你的道义感染。但是人现在情绪通常稳不住，看到别人不对了，咬着不放，然后愈讲愈骂，冲突愈大。所以别人对不对不是最重要的事，首先自己要做对。我尽道义了没有？我们现在大半的精力都在看别人的过失，那就没有精力看自己了。都看别人不看自己，跟我们相处谁受得了？我们说别人时，别人心想，你又没比我好到哪里，你凭什么说我？孔子告诉我们，"正己而不求于人，则无怨。"我们现在怎么跟人都有怨？都有不愉快？不就把这句话给倒过来了吗？颠倒！我们现在把孔子的话倒成什么？求于人而不正己，则多怨。所以真正能把一句经典百分之百不打折扣地落实，好日子就到了。心念一转，你的世界也就跟着转！所以人难，难在哪？老实、听话，接着真干、真做。

所以，社会风气坏了，根源在人心偏颇。面对目前社会的大洪流，我们能够不被影响，真的是要感激我们的父母，把我们处世待人的根基扎得比较好。刚刚跟大家讲到，我念高中的时候都不知道有离婚这件事。有一次，一个同学跟我说，他妈妈跟他爸爸离婚了，吓了我一跳。我小的时候看电视，电视里都说"爸爸回家吃晚饭"。我说奇怪了，我爸爸都回家吃晚饭，干吗还强调这个？后来才搞清楚，原来很多爸爸都不回家吃晚饭。一个幸福的家庭，对人的一生影响太大了。所以什么是最伟大的事业？家庭里面最伟大的事业就是齐家，就是把家庭治理好。夫妻和乐，孝顺父母，为国家社会培养好人才，这是神圣的事业。所以我们现在再来读古人这些教诲，就可以了解到现在人思想偏离了常道，"弃常则妖兴"。

所以古人守贞节，女子都觉得守节是光荣的、神圣的，以此为人生的追求，而不是那些虚荣。"**克尽女道**"，尽心竭力做好女儿的本分。"**父母弟昆，力为维护**"，全力关怀爱护父母兄弟。这都是发自天性，义也是人的天性。从小跟父母兄弟一起生活，为父母兄弟赴汤蹈火，在所不辞，很自然地流露。小时候我被比我大的男孩子欺负，我姐姐看到了，就以最快的速度冲过来。我记得那时候姐姐的头发都有一点翘起来，后来才知道那叫怒发冲冠。很有意思，那个男孩都被吓跑了，所以你看人那种道义之气很强的。"**是谓义女**。"这样的人，社会称赞、肯定她是义女。在民国时代东北有一位王凤仪老先生，他很重视女教，办了很多女子学堂。先生强调女子要性如棉。我们看棉花有什么特质？洁白，不受染污；柔软，有弹性，不刚硬，不强势，不乱发脾气；温暖，棉衣穿在身上很暖和，所以女子应该走到哪，都能让人家感觉如沐春风；绵长，你看棉花可以拉很长，她的情义长长久久一生不变，很坚韧、很有弹性。很多女子面对家庭的变故都能一肩扛起，绵软中也带有坚韧。

"**出嫁相夫**"，出嫁为人妇的，相夫教子是她的本分。"**孝事舅姑**"，孝顺、侍奉婆婆公公，"姑"是婆婆，"舅"是公公。"**和睦姒娌**"，兄弟媳妇之间也要像姐妹一样互相关爱。"**感化乡邻，是谓义妇**。"她能做到以上这些，人们佩服她，称她"义妇"。小的时候我们看到有的妈妈特别有爱心，看到一些穷人，主动给衣服、食物，旁边的人看了都感动，这是好人，感化乡邻。"**或居侧室，安分守己，敬事大妇，不夺专房，是谓义妾。**"在古代可以娶妾，但很注重伦常，原配在家族当中地位是不可侵犯的，妾都要听大太太的管教。"侧室"就是偏房，妾要安分守己，不要去争宠。"敬事大妇"，恭敬、奉事正室。"不夺专房"，不要独占专宠。所以每一个角色都应该守好本分，这样家庭、社会就不会乱了。

"**夫亡守节，抚孤教子**"，丈夫去世了，教育好孩子，这也是对先生以至于对夫家的一份道义。"**不肥私家**"，"肥"就是充足、丰裕。不把夫家的东西拿到自己的娘家去。有两个老太太在那里聊天，其中一个老太太就很无奈，叹了一口气说，我命很不好，娶了个媳妇，都是肥她的私家，什么好东西不知不觉就往她娘家拿。那个老太太就安慰她，不要太伤心了。过了一会儿，这个叹气的老太太问，你最近好不好？那个老太太说，我最近很好，我女儿嫁出去之后，拼命往我家拿东西。所以我们从这里了解到，"己所不欲，勿施于人"，容不容易？我的权益不能被拿，人家的权益我可以拿。所以落实这句话不容易。

比方说我们做下属的，我们会说这个主管哪里不好哪里不好，可是有一天我们做主管，底下的人说我们哪里不好，我们就受不了，不能接受。每一个角色都是这样。今天我们要求孩子，孩子实在不孝顺。要求别人都比较快。现在换个角度，我们把所有对孩子的要求，回过来要求自己，我有没有这样对我爸、对我妈？这么一想，其实自己都还没做好，"所求乎子以事父，未能也"。"所求乎臣以事君"，对下属的要求，先停、先缓一下，对上司自己全部先做到。"所求乎弟以事兄"，对弟弟的要求，自己先做，先这样对待自己的兄长。"所求乎朋友先施之"，你现在对朋友，觉得他这个没做好、那个没做好，暂停，时光暂停，先冷静一下，所有对朋友的要求，全部要求自己对朋友先做到。所以我们人生有很多的障碍，都在于先要求别人没有先要求自己。

所以应该尽心尽力为自己的夫家付出，不能有私心。我们古人特别厚道，很有奉献的精神。女儿照顾了一二十年，嫁出去了，都期许她尽心尽力为夫家，这是很可贵的精神。因为这样的信念，女子会专注把这个家治好，社会就安定了。所以女子父母的精神也是令人敬佩。我记忆当中，我外公外婆到我们家的次数，十个手指头都数得过来。而且每一次到我们家来，都是刚好到城里办事，顺便过来看看。而且每一次都没有很久，待一下子就走了。我小的时候不是很明白，为什么外公外婆是这样。可是大年初二跟着妈妈回娘家，外公外婆对我们非常地好、非常地爱护。为什么？他们对女儿的爱。一年这么久都看不到女儿，女儿一回来，爱屋及乌，所以对外孙很疼爱。所以成长过程当中，很多人生道理细心都能体会到。老人家生怕打扰了女婿家，亲家刚好在忙什么，会不会影响他们？都没有为自己想的念头。想女儿这么心切都可以压得下、放得下，那时人心真厚！你看那个心多么的体恤，哪有可能像现在还跟亲家冲突，女儿受点委屈，赶紧回来，谁怕谁？你说那个心态差多少！

"**克保夫产**"，尽力保护夫家的财产，"**是谓义母。**""**既字夫故**"，"**字**"是许配。已经嫁人了，而丈夫去世了，"**守贞母室**"，守住贞节，照顾公婆，"**或为抚继**"，把孩子抚养长大，"**从一而终**"，内心对于丈夫的这种情义终身不改，"**是谓义姑。**"其实这也是自然的流露，人只要没有自私自利的念头，这种义终身不会改变。"**他如义婢乳保等，尤足多已**"，其他如义婢保姆，那就更多了。

接着我们看《义篇》"绪余"下一段。

女子之义，当以名分所在，各尽其责。尽其责所当尽，即为尽义，本乎自然之性，而出乎相感之情。其志也洁以贞，其行也勤以固，刀锯在前，虎狼在后，一若无所闻知，悍然而无所虑，恬然而无所疑。百折不挠之概，直足以憾鬼神而破金石，皎乎若日星之炳而不可及，巍乎若山岳之峻而不可登，浩乎若江海之渊而不可穷，懔乎若宗庙之严而不可渎。是集义所生者，非义袭而取之也。行有不慊（qiè）

于心，则馁矣。至若命之不毂，时与愿违，朱颜无自免之方，白刃岂甘心之地。然而一死之外，更无他图。则舍生取义，亦足多矣。

"女子之义，当以名分所在，各尽其责。"每个人都有自己的身份，每个身份背后都有本分、责任。这个责任是应该做的，默默去做，不邀功，邀功都是利害的心，不是道义的心。而且自己尽本分，觉得本是如此，没有附带条件说我都这样做了，你也应该要怎么样，不是附带去要求别人。"尽其责所当尽"，尽她的职责所当尽的本分，"即为尽义，本乎自然之性"，也都是自然天性的流露，"而出乎相感之情。"出于相互交感的情义。这五伦都是情义，包括我们之前在《信篇》讲到的，张劭跟范式那种信义之厚，读的人都流眼泪。约定三年以后去看望他，三年到了，那一天真的去了。张劭的母亲都有点不相信，隔那么久了，能来吗？后来张劭去世了，范式感应到，然后快马加鞭赶过来。张劭的灵柩就要抬走了，可怎么抬都抬不起来，他的母亲说：你是不是要等范君到？话才讲完，突然听到马车的声音，范式到了。结果范式一到，痛哭流涕，马上灵柩就可以抬起来了。所以我们看这个"义"字，真是天地都相交感。信义、忠义、正义、情义、道义，义是充塞在天地之间的正气。包括孝悌当中讲到的，很多女子父母早逝，为了抚养好自己的弟弟，终身不嫁，就把他们拉拔大，说的就是姐姐的这份情义。

"其志也洁以贞"，她的心志非常地纯洁忠贞。"其行也勤以固"，她的行为非常地勤劳坚定。那些尽道义的人，无怨无悔，有时候看到她们的人生，觉得怎么熬得过来？这么苦、这么累，她是怎么走过来的？她们的心非常地坚定，不可动摇，那种坚毅都能克服种种人生的挑战。"刀锯在前，虎狼在后，一若无所闻知，悍然而无所虑，恬然而无所疑。"女子这种义气，哪怕刀山剑锯摆在面前，她也无所畏惧。"锯"一般指刑具。在汉朝，有一个人叫王陵。王陵跟汉高祖刘邦很年轻的时候就相识了，他们俩是好兄弟。楚汉相争时，王陵的母亲被项羽抓到了军营里面，然后就请王陵的一个朋友到了军营，意思就是让他去告诉王陵，你妈妈在我手上，你看着办。王陵的母亲担心儿子弃刘邦而来，因为她知道儿子很孝顺，所以在送这个朋友的时候她就讲，你回去告诉我儿子，不可以违背刘主公，说完马上抽剑自杀了。一个母亲不愿她的儿子违背道义，宁可自刎而死，那是何等的忠义、何等的勇气！

这这是汉朝王陵的母亲。同样是汉朝，另外一个臣子叫赵苞，他担任辽西太守。他派人去接母亲来奉养，结果途中鲜卑的军队把他母亲给劫走了。鲜卑人就用他母亲来威胁他，他母亲就隔空对他讲，要遵守你臣子的本分，还有为国家的这份忠义，不能顾及私情。后来赵苞率领两万大军跟敌军对峙的时候，鲜卑人还是拿他母亲威胁他，他母亲还是对着军队大喊，劝勉儿子要尽忠，最后遇害了，很壮烈。

所以我们看到前人的榜样，面对这么危险的境界，"一若无所闻知"。"一若"，就好像。在危险面前处之泰然，好像没有看到什么危险，我们常说从容就义。"悍然而无所虑"，"悍然"是很英勇，无所担忧，无所畏惧。"恬然而无所疑"，恬然"就是处之泰然，没有什么疑虑。**"百折不挠之概"**，义所当为，义不容辞，再怎么困难，都勇往直前。这样的精神，**"直足以慑鬼神而破金石"**，所谓义薄云天，震慑鬼神，让鬼神都非常敬佩。"破金石"，穿破金石，精诚所至，金石为开。她们这种义的精神，**"皎乎若日星之炳而不可及"**，"皎"是皎洁、光亮，就像日月星辰的光芒，令人仰慕。**"巍乎若山岳之峻而不可登"**，"峻"，高峻。她们的精神像山岳一样高大耸立，不可攀登。**"浩乎若江海之渊而不可穷"**，精神浩瀚，像江海不可穷尽。**"懔乎若宗庙之严而不可渎。"** 精神懔然，让我们生敬畏的心，像宗庙那种威严不可轻慢、亵渎。**"是集义所生者，非义袭而取之也。"** 她们的这些行为风范，是因为正义长久地积聚在内心，遇到这些境界，很自然地流露出来。没有考虑，不假思索，从内心发出来的，不是偶然。"非义袭"，不是外面学来的。

"行有不慊于心"，"慊"，不满足。行为只要不符合道义，良心不安，就觉得空虚，"**则馁矣**。"正气就有点萎靡、消退了。大家有没有经验，今天做了违背《弟子规》的事情，然后就有点心虚，尤其在做的时候怕人家看到，有没有？如果被人家看到，心里会不会想，真衰！然后还解释一下，我平常都不是这样的，你不要误会了，我只有这一次而已。愈描愈黑，"**倘掩饰，增一辜**。"本来已经错了，错上再加错。其实人都不够冷静，人一不冷静，什么是好事坏事分不清楚，好歹不分。今天你一违背《弟子规》，马上被看到，是天大的好事，代表你祖上有德，让你马上警觉。人为什么会做出终身遗憾的错事？就是他在小错的时候、耍小聪明的时候都没被发现，他还自鸣得意，接着就愈来愈放逸、放纵了，就出事了。你做一点小坏事，马上就被人看到，那是祖先冥冥当中保佑你，自己不知道，心里还在那里想，真衰。你说这样知好歹吗？其实这些教诲，用自己的心都可以感受得到，这一阵子统统都没有违背道义、没有违背经典，会觉得自己充满了力量、充满了正气。

"**至若命之不穀**"，"至若"就是假如，"穀"就是善，刚好生命遇到不善、不幸，"**时与愿违**"，形势危急，不能顺着自己的意思。"**朱颜无自勉之方**"，"朱颜"指女子。美丽的女子没有办法自我保护了，"**白刃岂甘心之地**"，"白刃"是指刀子。可能要面对生死了。"**然而一死之外，更无他图**。"危急的关头，找不到其他方法了。"**则舍生取义，亦足多矣**。"这样的例子也非常多。所以古人在生死关头，还是想到做人的义、做人的原则。孟子讲，"生，亦我所欲也，义，亦我所欲也；二者不可得兼，舍生而取义者也。"

这节课先跟大家谈到这里，谢谢大家！

第十四讲

尊敬的诸位长辈、诸位学长，大家好！

这一讲我们进入"廉"这个部分。我们看《廉篇》第一段"绪余"。

> 夫廉，德之节也。《说文》：廉，仄也。从广，兼声。仄，谓侧边也。堂之边曰廉。因堂廉之石，平正修洁，而又峻角峭利，故人有高行谓之廉。其引申之义，为廉直，为廉明，为廉能，为廉静，为廉洁，为廉平。总言之，不外乎气节清高，品行峻洁，而无利蔽之私。孟子曰：可以取，可以无取，取伤廉。又曰：闻伯夷之风者，顽夫廉。盖廉者，耻于贪冒而不为。故俗习专以不贪为廉，不贪，特廉之一隅也。谓廉为德之节，须如劲节之不可屈耳。

"**夫廉，德之节也。**"德行的节操、操守。"**节**"也有节度的意思，也是一个很重要的标准。"**《说文》：廉，仄也。从广，兼声。**"仄，是什么意思？"**谓侧边也。堂之边曰廉。**"我们堂屋的边上称为廉。"**因堂廉之石，平正修洁，而又峻角峭利，故人有高行谓之廉。**"堂屋的边墙上选的石头，都非常平正，这样比较稳，方方正正的。非常洁净，而且又峻角分明。我们常常讲做人要讲原则，这个棱棱角角其实就是做人方正不可以曲、不可以歪。面对世间很多的诱惑，都是不为所动、不起贪恋。大家看悬崖峭壁，"**壁立千仞，无欲则刚。**"壁立千仞也表廉洁的精神，任何东西都不贪着，不会随顺任何的私心私情。"**故人有高行谓之廉**"，很高的品行称为"**廉**"。我们看很多清廉的官员，面对权势、面对贪官污吏，都是非常耿直，毫无畏惧地为民做主。

"**其引申义，为廉直**"，廉跟什么可以合在一起彰显它的意义？我们先看"**廉直**"，"**直**"是刚直，就是无欲则刚。廉洁的人没有贪念。所以古人又讲"俭以养廉"。人首先要节俭，太奢侈，太好享受了，要廉洁很困难，很容易被物欲所诱惑。**"为廉明"**，"明"是光明正大。第一，廉洁的人，没有做亏心事，所以他心地光明。再来，廉洁的人看事情看得清楚。有一句格言说道："公生明，廉生明，诚生明，从容生明。"我们有时候面对一些人事问题，怎么都看不清楚，这句话就很能提醒我们。什么时候可以看事明明白白？第一，大公无私，公则不蔽于私，不会被私心好恶给障碍住，看事才会明。如果在家里面，妈妈听信孩子的花言巧语，她看得清楚孩子的问题吗？现在很多孩子在学校里表现不是很好，结果回来还说都是同学错，都是老师怎样怎样，妈妈还不会判断，还袒护她的孩子，就麻烦了，甚至还在先生面前袒护孩子。这都是私情私爱太重了，障蔽了自己的智慧。这种私爱只能害了对方，利益不了对方。所以对孩子、对下属、对学生，都要大公无私，才能真正把家治理好，把团体治理好，把学生教好。

"诚生明"，真诚，不虚伪，就容易把事情看明白。你很真诚，就感应别人真诚；你都是应付应付，人家也给你应付应付。所以人与人相处都是互相交感。你言语诚恳，人家一听很感动，就跟你推心置腹；不真诚，讲话绕半天，人家皱着眉头，你到底要说什么？其实人不真诚，还跟没有大公无私有关。如果不为自己，有什么话要绕半天？有所求了，才会讲话这么不直率。坦白讲，人生有什么好求的？什么也带不走，瞎忙半天，而且把处世待人搞得太复杂。简单一点，真诚无私，心里亮堂。再来，"从容生明"，人有时候看不明白，是因为浮躁、急躁，忘东忘西、慌慌张张。所以从容心才定，才看得明白事情。

我们几千年的教育，从小就教孩子稳重，有板有眼，做事情不慌不忙。"事勿忙，忙多错。""宽转弯，勿触棱。""执虚器，如执盈。""宽为限，紧用功。"你看，做什么事情都是很从容，不急躁。所以我们现在学中华文化，为学第一功夫，要降得浮躁之气，定，不能再急、再浮了。首先从讲话开始，"凡道字，重且舒，勿急疾，勿模糊。"讲话一字一句讲清楚，讲的时候心里不急不躁，很真诚，不要愈讲愈快，不要劈里啪啦的，讲得如入无人之境，对方已经听不明白、皱着眉头了，你还愈讲愈快。其实人讲话快，是心的反射，是心里太急了，所以从练讲话开始。你也不要一下子突然讲话非常慢，讲了三句人家都睡着了。凡事要适中，尽量提醒自己，要慢慢缓过来。

我小的时候很急，动不动牙齿摔断了。我记得有一次回外婆家，跑得快，浴室是水泥地，又有水，很滑，"砰"，前面牙齿都磕掉了。还有一次跟姐姐、表哥去海边玩，结果慌慌张张下水，一踩下去，脚被贝壳划了三厘米，现在这个痕迹都还烙在脚上。所以那个疤痕会讲经说法，代表你性格浮躁，撞东撞西的。很奇妙，学了中华文化之后，这个情况就愈来愈少了。所以人的灾祸从哪里来的？自己的心招感来的，"祸福无门，惟人自召。"心慢慢调柔、调平稳，不急躁，很多灾祸就避免了。

尤其我以前讲话很快，现在看不出来了。说实在的，什么习惯都不要把它当真，你愈把它当真，"我这个人就是这样。"你就愈改不过来。"我这个人就是容易担心、害怕、退缩。"你都把你的习气当真的了，叫认烦恼贼当父亲。大家愿不愿意认贼作父？不愿意。举个例子，我还没教书以前，我拿筷子是错的，拿了二十几年。后来师长常说行为世范，你一举一动都要给人家做示范。在小学教书，小孩子你要教对，但你连拿筷子都拿错，不行，要改。第一天拿得是正确的，结果菜夹不上来，夹得都有点发慌，有点沉不住气了。前一两天很难过，因为二十几年的都拿错了，不过有个声音告诉我，为孩子好，要下工夫。一个礼拜过去了，可以拿了。再过几天，突然有个念头，我以前是怎么拿错的？想不起来了。你说那二十几年的习惯，真的还是假的？假的，你一放下不就没了？所以所有的坏习惯都是假的，别把它当真。正念现前，邪念就污染不上；正气够了，邪气就被你逼走了。

我讲话慢，主要得力于师长，因为老人家讲话很平稳，一个字一个字很清楚。我们又非常仰慕老人家的道德，很欢喜跟老人家学习，所以每天听师长讲课，听着听着，很熟悉这样的速度，每天耳中听的都是这些教诲，无形当中以前自己怎么讲话也忘了，就变成现在这个语速。其实很重要的一点，讲话快慢反映的是有没有为人着想。讲话是干什么的？要跟人沟通，要让人理解，听得懂，不是自己喜欢怎么讲就怎么讲。所以讲的时候要看着对方的眼神，他看起来完全明白、可以领会，那是适中的。你讲得很快，他都听不清楚了，你还继续讲，那都没有体恤对方，这也是自私的表现。念念为人着想，才是仁慈的落实。当然，假如我讲着讲着，大家在那里梦见周公了，这个时候我就会"从前有一个故事……"大家一听到故事，眼睛又大起来。所以讲话要随时感受对方的状况，做出调整。所以"从容生明"也很重要，时时不要浮躁，从容不迫，很稳重地去应对事情。"君子不重则不威。"浮浮躁躁的，人家很难信任我们。"屈志老成，急则可相依。"天要塌下来了，他都稳若泰山，先别急，坐下，慢慢说。

晋朝时，苻坚几十万大军压境，当时的宰相谢安在那里下棋，很稳，以静制动，以缓制急。旁边的人都急得像热锅上的蚂蚁了，他如如不动，最后谢安的侄子谢玄以几万对几十万的悬殊兵力，击败苻坚的军队。所以稳最重要！稳才能应对很多的变化。有一句教诲，叫"定其心，应天下之变"。所以心的稳重、心的平和非常重要。人一急躁、一情绪化，铁定把事搞得更糟。"平其心，论天下之事；大其心，容天下之物。"没有不能包容的；"虚其心，受天下之善。"每天都能见贤思齐。善学的人，面对每个人，甚至贩夫走卒，都能从他的行为当中学到优点，然后见不贤而内自省，善学。面对一个人，他的优点你能完全效法，他的缺点你能反观自省，这是善。有这样的态度，这样的德行、修养，好的你跟他学，不好的你不批评，还反省自己，慢慢地德风就感染身边的人了。所以"虚其心，受天下之善"。

诸位学长，今天你遇到那些人事物，你学到他们的好了没有？刚刚讲的那个故事的好，你领纳在心上没有？所以学习要用真心，去跟这些圣贤交感。文天祥先生的《正气歌》里说："哲人日已远，典型在夙昔。风檐展书读，古道照颜色。"古人的这些精神真的是"是气所磅礴，凛烈万古存。当其贯日月，生死安足论。"他们都不怕死。这个精神传了几千年，后人还在仰慕、效法。"潜其心，观天下之理。"万事万物的这些道理，我们都要潜心修学，韬光养晦，厚积薄发，才能够贯通。不能学点记问之学，就常常议论东议论西的，看人家长短。要潜心修学，上善若水，水往低处流。

我们接着看，"**为廉能**"，廉洁的人为什么有才能？无私的人，德能没有障碍，一个人大公无私，他学什么都很快，学得好。因为他肯学，肯为公尽忠。所以大家可以去观察，欲望愈低的人，学东西愈容易契入。"**为廉静**"，"静"，没有这些私欲，自然谦逊沉静。"**为廉洁**"，"洁"，心地洁白、纯净。"**为廉平。**""平"是平正、公正。有一段中国历史上著名的官箴讲，"吏不畏吾严，而畏吾廉；民不服吾能，而服吾公。"下属官员不会服我的严格，而是服我的清廉；老百姓不佩服我有多高的才能，而是佩服我的公正无私。"公则民不敢慢，廉则吏不敢欺。"廉洁的人有一种正气，底下的人不敢欺瞒、怠慢。所以"公生明，廉生威"，人的威严不是说硬装得很凶，都是来自于大公无私、廉洁的这种风范。"果仁者，人多畏，言不讳，色不媚。"他都是公正无私的。

"**总言之，不外乎气节清高，品行峻洁**"，"峻"是高山，让人仰望。"洁"是无染着，洁白一生。"**而无利蔽之私。**"不会被私心所障蔽。"**孟子曰：可以取，可以无取，取伤廉。**"古人面对事情都是考虑符不符合道德标准，还要考虑长远的影响。所谓"不论现行，而论流弊；不论一时，而论久远；不论一身，而论天下。"不只看眼前，还看后面有没有副作用。比方说，在《了凡四训》当中讲，子贡在其他国家看到鲁国的人被卖去当奴隶，把人赎回来。鲁国法律规定，把自己国人赎回来，代表你时时都想着自己国家的人民，国家会把赎金还给你。结果子贡把人赎回来之后，国家给他的赎金他不拿，世间人都觉得子贡不贪财，很廉洁。子路有一天走在路上，看到一个人溺水了，他马上跳下去把那个人给救起来。那个人太感激他了，就把自己的牛送给了子路，子路接受了。

以一般世间人来看，子贡之不受金为优，子路之受牛为劣，但孔子不这么看，孔子肯定子路，指责子贡。所以古代有见识的人考虑事情不是看一个点，是看整个面，甚至时间空间都要考虑。子贡虽然不拿赎金，但有没有考虑到鲁国穷困的人比较多？他本来就没有钱，遇到自己国家的人在外面当奴隶，本来想把他赎回来，可是又想到人家子贡都不拿赎金，我还拿，有顾忌、有担忧了。就在那里犹豫的时候，可能有很多人就没有救回来，无形当中可能害了很多人。这是从整个社会的情况去分析。我们平常会不会这样考虑事情？我高兴就好了，只要我喜欢就好。这都不对。读圣贤书的人格局要大，视野要深远。子路受了那头牛，全社会都在传，"救人一命，会有好报！"善有善报的风气不就传递开来了吗？所以我们遇到一些境界，拿好像可以，不拿也可以，就得要冷静，看适不适合拿，符不符合伦理道德，接着还要考虑什么？

除了刚刚讲的这些角度，还有一点，避嫌。你没有那个心，可是有可能你做的时候，一般的人误会了。《常礼举要》里面有一句话，叫"瓜田不纳履，李下不整冠"。在瓜田，你不要蹲下来绑鞋带，人家主人远远一看，那个人要偷我的瓜。李树底下你整你的帽子，他远远一看，你在偷我的李子。这就是"嫌"。延伸出去，君子立身处世，都要考虑众人的眼光，要避嫌。所以"可以取，可以无取"的时候，取假如伤了廉洁，就不能取；或者让人误会不廉洁，也不能取。

"**又曰：闻伯夷之风者，顽夫廉。**"伯夷、叔齐都很有操守。武王要讨伐商纣王，他们两个人站在大军前面阻止，"你们不可以这样做。"这是以下犯上。士兵听了很不高兴，可能都要动气了，姜太公看到这个情景说，"这些都是仁德之人，不可无礼。"后来武王伐纣成功了，他们两个觉得自己是商朝的臣子，不愿吃周朝的粮食，就在首阳山饿死了。他们为了气节，饿死都在所不辞。"贫贱不能移，威武不能屈"。所以像一般顽贪的人，贪心很重的人，听到伯夷、叔齐的风范都感动。

"**盖廉者，耻于贪冒而不为。**"廉洁的人觉得占有人家的东西是很羞耻的，绝不做这样的事情。"**故俗习专以不贪为廉**"，一般世俗都觉得不贪就是廉。"**不贪，特廉之一隅也。**"其实只是廉洁的一个部分。我们刚刚讲的廉直、廉明、廉能、廉静、廉洁、廉平，所以廉还有其他不同道德的展现。"**谓廉为德之节**"，廉为德行的操守节度，"**须如劲节之不可屈耳。**""劲节"就是不可屈服的气节，很坚韧，不为所屈、不为所动。古代很强调俭以养廉。范纯仁先生，范文正公的二儿子，最后当了宰相，他曾经也讲道："惟俭可以助廉，惟恕可以成德。"这都是他人生智慧的总结，肯听一句，受用无穷，可不是抄一抄回去就不管了，抄也要抄在心上。这个"恕"，设身处地、宽容，是"己所不欲，勿施于人"的态度。恕是落实仁爱的基础，孔子强调仁爱，"夫子之道，忠恕而已矣。"孟子继续诠释孔子的教诲，"强恕而行，求仁莫近焉。""强恕"就是我们自私自利的念头没有完全放下，就要勉强、时时期许自己念念为人着想，这就是最近的求仁之路了。其实人最难的就是能真正推己及人，完全站在对方的角度看事情。不是设身处地，讲出来的话都有失厚道。所以人能时时勉强自己念念宽恕，念念设身处地为对方着想，这样的心态慢慢地就跟仁慈的境界相近了，最后就可以契入了。

"惟俭可以助廉"，孟子也讲，"恭者不侮人，俭者不夺人。"有恭敬心的人，不侮辱人；节俭的人没有贪念，不会去跟人抢夺权利、财物，不会跟人斗争。"人君恭俭"，为人领导者恭敬、节俭，"率下遗风"，他是团体的表率，能转变整个团体的风气。"人臣恭俭"，我们臣子或者下属有恭敬节俭的处世态度，"明其廉忠"，明眼人一看，这个人一定廉洁、忠诚。所以廉洁、节俭，对于成就道德非常重要。

"夫君子之行，静以修身，俭以养德。非淡泊无以明志，非宁静无以致远。"这是诸葛亮在《诫子书》中讲的。包括"历览前贤国与家，成由勤俭败由奢"，不管是家族还是朝代，成都是因为勤奋、节俭，败都是因为奢侈，都彰显了勤俭才能持国、持家。所以勤俭为持家之本，这是亘古不变的真理。所以古人对"俭"特别重视，了解它对心性有深远的影响。

　　而且看一个人有没有勤俭，就可以断他这一生的命运。商纣王，有一次拿着象牙的筷子吃饭。以前的圣贤人见微知著，看到一个细微的地方，就可以判断以后会是什么结果。箕子很有学问，他一看商纣王拿双象牙筷子，就说商朝必亡。诸位学长，你现在看自己的小孩，能不能看到他以后的成就？你们要有这个判断能力，现在要深植他们什么习惯、德行，以后才大有作为？我们刚刚讲的要稳重，包括信义为立业之本，他的道义、诚信有没有扎下根？古人很敏锐，他们能够很细腻地推断出事情的发展轨迹。我们现在人粗心大意，很多事情体会不到，看不清楚，先做再说吧，最后问题一大堆，不能防微杜渐。大家想一想，拿一双象牙筷子，请问配什么碗？拿什么酒杯？拿个犀牛角杯来盛酒。拿什么盘子来装菜？会不会拿免洗碗筷？不会，那配不上，可能都是金盘。请问，金盘装什么菜？青菜豆腐吗？山珍海味！吃山珍海味，穿什么衣服？大家感受到那个情境了没有？绫罗绸缎。再来，穿着绫罗绸缎吃山珍海味，在哪里吃？小木屋吗？雕梁画栋，甚至还管弦歌舞，全部都要钱。谁的钱？民脂民膏，难怪老百姓说，"我跟你拼了。"亡国之君，从一双筷子，人家箕子就看到了。所以廉明、廉洁的人，寡欲的人，推断这些事很有智慧。

　　在我们儒释道当中，儒家治世，佛家治心，心地功夫，佛家讲得透。佛陀一生以身作则，绝欲去忧，日中一食，树下一宿。以前人身体很好，可以在树下睡。我们睡一晚，可能隔天就要进加护病房，身体受不了。人家那个时候一身正气，体质很好。佛陀规定他的学生，不能连续两天在同一棵树下睡觉，为什么？今天在这棵树下，好爱这棵树，明天也来，后天也来，产生贪心。一个人的贪心、习性上来很快，要改不容易！所以防微杜渐这么细微。包括这些修行人托钵，老百姓供养他们东西吃，规定不能连续两天去同一家。一来，昨天的很好吃，今天还去，贪心又起来了。再来，这也是对他人体恤备至，你今天去，明天又去，后天又去，人家见你就烦了。所以有学生问佛陀，为什么不能连续去那家人？佛陀没有直接回他的话，佛陀说，"你看那一条狗，人家给他饭吃，你现在过去，把它的饭挖一点过来吃。"那个学生过去了，把那个狗的食物挖一点出来，那条狗哼哼两声。第二天，又去挖一点，那条狗就汪汪直叫，不高兴了。第三天，他还没走过去，那条狗就开始汪汪一直叫。所以佛陀在人情上体恤得很细微。这些都是学问，我们要善学就体会得到。

"历览前贤"，都是从历史当中得到教训。俭有三个好处。第一，安分守己，不求于人。所需很有限，就不会去巴结、谄媚人，所以可以养廉。第二，减我身心之俸，少吃少用一点没有关系，把积累下来的东西去帮助穷困的人，可以养仁爱之心，可以广德。第三，现在少花点，以后就更宽裕，这叫福后。人的福气要在什么时候享？晚年。人生要倒吃甘蔗，苦尽甘来，福在老年享好。假如到老年了歹命，又病又苦又贫，那就麻烦了。所以我们的人生规划都是少年、中年培福、造福，晚年享福。享什么福？享清福。晚年不贪，什么都好，知足常乐，清心寡欲，又能够学习圣贤，修身养性，这一生善终。

好，这节课就跟大家谈到这里，谢谢大家！

礼义廉耻，国之四维

第十五讲

尊敬的诸位长辈、诸位学长，大家好！

上一次我们讲到《廉篇》的绪余，了解到清廉是做人很重要的操守、标准。假如人不清廉，人格就丧失了。而且，有廉才能正直。我们看，廉直、廉明、廉能、廉静、廉洁、廉平。因为廉洁有守，才能够正直、光明正大，才能够平等公平地处事。假如没有廉洁，坦白讲，什么事也看不明白。欲令智迷，只看得到眼前利，看不到对团体的危害，甚至于看不到对整个社会风气的危害。人被欲望冲昏了头，顾不了那么多。所以糊里糊涂不是个明白人，心也不可能清净、冷静、平静。人一贪婪，贪污了，这一辈子都没有平静的日子，生怕什么时候东窗事发，时时都怕别人揭发，都得用很多方法去掩饰、去辩解，其实只是一错再错而已。

我们看现在社会的各行各业，这个"廉"字是太重要了。首先政界，政治搞得好，各个行业都兴盛。假如当官的贪婪，各行各业发展都很困难，很多基层老百姓生活都不容易，而且贫富差距又很大，社会都很不稳定。当官的贪污，人心是很不平的。请问这些政治人物从哪里来的？第一，家庭教出来的；第二，学校教出来的。我们在学校教学的时候，有没有教孩子不贪、要廉洁？再来，选民选出来的。我们有没有办法选出清廉的人？有没有办法判断有德之人？所以这个时代学《群书治要》很重要！这是唐太宗命魏征丞相编的一套治国宝典。唐太宗以及当时的这些大臣都向这一套圣典学习，大家都懂得怎么为君、怎么为臣、怎么爱民，所以当时的政治就清明。其实人都是需要教导的，没有教育，人这些好的品德很难充分建立。

我们再看医生。假如医生贪污，对患者来讲确实是灾难。到医院去，可能要开刀，对家庭来讲都是很不幸，家人都很恐慌，这个时候还增加患者家庭的负担！医生本是救死扶伤，人饥己饥，这个时候没看到患者的病痛，没看到他家庭的困难，反而只想着多收钱，人格是尽丧了。太可惜了，在这么高贵的行业，却干出这么恶劣的行为出来。而且医生受到家庭、学校、社会、国家多大的栽培，怎么可以干这样的事情！很多行业，现在贪污的现象都比较严重，因为功利主义太强了。假如从小就让孩子去追求欲望跟享受，他小时候就这么贪吃、贪玩、贪这些珍宝，等到他成年，这个贪心还掌控得了吗？他到各行各业又受到一些诱惑污染，就容易沉沦下去。所以根本上，是我们整个社会的思想价值观有没有偏颇。假如追求欲望享受，欲是深渊，它没有底，最后就控制不了。请问大家，哪一个人贪婪时，他会说贪婪是对的？每个人都知道这是错误的行为，为什么控制不了自己？不过现在好像情况更严重了，贪污被抓到了，他还很大声地说："我才贪那么一点，他们贪那么多。"你看，一点羞耻心都没有，都跟坏人比，不跟圣贤比。所以以前当父母的人特别慎重，不让孩子起贪念，不随顺他的欲望。

当官的、当医生的，大家冷静去看，只要他贪污，迟早出事，而且后代子孙会很不好。人只看眼前利，都不知道会殃及子孙。大家注意去观察，官员、医生、老师，哪一个收受贿赂之后，后半生会很好，或者他的子孙很发达？请问大家，你们有没有遇过？你们这几十年有没有遇过这样的家庭？真的没有！天网恢恢，疏而不漏。

我认识一位长辈，他的父亲已经九十五岁了。他父亲曾经是官员，在某一个情境之下大家都想贪公帑，拿老百姓的钱。这么一拿，小孩子十年的学费都没问题了，但他父亲如如不动。后来他父亲把这个事对他太太讲，他太太当下说："做得对，这种钱怎么可以拿？"这是正气！他们家三个孩子，在三个行业当中统统是顶尖的，所以"积善之家，必有余庆"。在滚滚洪流当中，我们学圣贤教育的人要如如不动，"富贵不能淫，贫贱不能移，威武不能屈。"

老师这个行业尊贵，"师严然后道尊，道尊然后民知敬学。"老师要有德行，要把无私、奉献做出来，自然而然赢得学生甚至家长的尊重。但是假如老师都染上了奢靡的风气，老师也要开很高级的车、住洋房，那钱从哪里来？老师假如贪婪，老师假如受贿了，断人的慧命。为什么？孩子从小就不信任老师，怎么成就他的道德学问？所以当老师的是整个社会品德的标杆。我曾听说，有一个孩子在幼儿园读书，他妈妈买了月饼，这个小孩跑过去说："妈，你把最大的一盒月饼留给我。"妈妈说："你要做什么？""送我们老师，这样老师才会比较爱我。"孩子很单纯，也很敏锐，他感受到什么？哪个同学家里送礼送得多，这个老师对他就好。

我小时候的老师不是这样，对待愈贫穷的家庭愈关怀，他成绩不好，下了课还留下来帮他，礼拜天的时候，还接到自己家去，吃老师的、用老师的。家长很感动，买了礼物送给老师，老师一看，统统不收，即使推辞不掉，拿了些水果，领了这个家长的心意，也是把水果拿进去分给所有的同学吃。这样的老师风范感动了多少学生！学生佩服老师的人格进而效法，那是为国家成就栋梁之材，这样的老师功德无量。所以这几个行业，当官员、当医生、当老师，都是可以积很厚的功德的行业；但是假如不秉持操守，那是造最深、最大罪孽的行业。

所以现在各个行业都应该强调清廉，包括商界。现在商界也有收受回扣的风气。收受回扣是不忠于自己的领导，不忠于自己的团体。自己的老板扛了这么重的责任，让我们有工作，生活有所依靠，结果我们却挖他的墙角，情何以堪！所以又忠又孝，知恩报恩，这是享大福。不忠不孝，忘恩负义，这是最折福的。坦白讲，现在各个行业情况如此，怪谁？这个时代得要宽恕，没人教。我是教小学的，所以应该怪我。在古圣先贤的教诲当中，我们可以看到他们的慈悲，也看到他们的智慧。他们面对任何的境界，面对任何的现象，都是君子务本，一定找到根本才能解决问题。所以曾子的一句话很值得我们深思，叫"上失其道，民散久矣"。上位的人不守道义、不守道德了，底下民心离散，作奸犯科的现象就可能出来。所以上位者要反思，自己有没有尽君亲师的责任，亲是爱护，师是教导。曾经有一位企业家说了这样一段话，让我非常感动，他说："我们做企业的人，难道每年交了这些税给国家，就觉得对国家有贡献了吗？假如我们底下的员工生活不检点，德行都丧失了，其实我们在给国家社会添麻烦，而不是作贡献。"我之前在乡下的时候，有一些孩子的父亲到城里打工，结果钱没有拿回来多少，染上了一大堆恶习。这给在乡间的父母妻儿造成多大的痛苦！所以当企业主的、当领导者的，要有责任教育底下的员工，这就是抓到根本。

"如得其情"，这些贪赃枉法的人、犯罪的人，假如我们去了解他的成长过程，他的家庭情况，他在学校的情况，"哀矜勿喜"，真正了解以后，才知道可恶之人必有可怜之处，要替他们感到悲伤，没受过好的德行教育。坦白讲，现在的社会诱惑很大，古人这么有德行，都有一些抵御不了诱惑，现在我们德行不比古人，诱惑又比古人多很多倍，我们得要好好把孩子德行的根扎稳。

所以回到根源，还是教育问题。现在面对社会的风气，我们也不要去抱怨、批评，中国梦从我心做起，从我家做起。每一个人都是从家庭、学校出来的，我们希望我们自己也好，我们的孩子、学生也好，不管在哪个行业，都成为那个行业的中流砥柱，我们先从家庭做起，有贤母而后有贤子。古代这些清廉之士、国家的栋梁之臣都是很好的家教教出来的。

这节课我们来看宋朝的欧阳修先生写的一篇文章，是为他父亲写的一篇碑文《泷冈阡表》，追慕父亲的德行，尽他一份孝思。泷冈在现在的江西永丰县。欧阳修，字永叔，号醉翁，晚年又自号六一居士。在古代儒、道、释是一家，佛门高僧未出家前都有学儒、学道，儒生也学道、学佛，也常常亲近佛门高僧，向他们请教、求学问。所以有一句俗话叫"无事不登三宝殿"，因为三宝殿都盖在山上，要上去来回得要好几天。真正有解不开的问题，赶紧去请教这些高僧，因为他们清心寡欲，具足智慧。

"六一居士"是什么意思？就是藏书一万卷；墨宝、篆刻，一千卷；琴一把。古人都很懂得移风易俗，莫善于乐，弹弹古琴也能调剂自己的身心，弹一弹心情就平静多了。古代像孔明，他要出去效忠刘备，配剑，带上古琴，都是文武双全。再来，棋一局；置酒一壶；还有一个老翁，他自己。所以叫"六一居士"。

欧阳修先生是吉州庐陵人，庐陵在现在的江西吉安县。四岁时父亲就去世了，母亲很不容易把他教养成人。他的母亲很刻苦，常在大冬天还用芦草当笔教他写字、读书。后来欧阳修当了谏官，一生对后世的影响非常大。他强调文章要明道，而且要致用，要用在建设国家社会上，"文以载道，文以贯道"，承传了韩愈、柳宗元的精神，而且他还提拔成就了很多优秀的读书人。唐宋八大家中的三苏跟曾巩，还有王安石，都是他提拔的。

欧阳修先生的母亲去世，他回到自己的故乡，那个时候就曾经写了一篇《先君墓表》，但没有立碑，等到父亲去世六十年，才修改文章成为《泷冈阡表》。我们来看欧阳修先生的《泷冈阡表》：

170

呜呼！惟我皇考崇公，卜吉于泷冈之六十年，其子修始克表于其阡，非敢缓也，盖有待也。

修不幸，生四岁而孤。太夫人守节自誓；居穷，自力于衣食，以长以教，俾至于成人。太夫人告之曰："汝父为吏廉，而好施与，喜宾客；其俸禄虽薄，常不使有余。曰：'毋以是为我累。'故其亡也，无一瓦之覆，一垄之植，以庇而为生，吾何恃而能自守邪？吾于汝父，知其一二，以有待于汝也。自吾为汝家妇，不及事吾姑，然知汝父之能养也。汝孤而幼，吾不能知汝之必有立，然知汝父之必将有后也。吾之始归也，汝父免于母丧方逾年，岁时祭祀，则必涕泣曰：'祭而丰，不如养之薄也！'间御酒食，则又涕泣曰：'昔常不足，而今有余，其何及也！'吾始一二见之，以为新免于丧适然耳。既而其后常然，至其终身，未尝不然。吾虽不及事姑，而以此知汝父之能养也。

汝父为吏，尝夜烛治官书，屡废而叹。吾问之，则曰：'此死狱也，我求其生不得尔。'吾曰：'生可求乎？'曰：'求其生而不得，则死者与我皆无恨也，矧（shěn）求而有得邪？以其有得，则知不求而死者有恨也。夫常求其生，犹失之死，而世常求其死也！'回顾乳者剑（xié，通"挟"）汝而立于旁，因指而叹曰：'术者谓我岁行在戌将死，使其言然，吾不及见儿之立也，后当以我语告之。'其平居教他子弟，常用此语，吾耳熟焉，故能详也。其施于外事，吾不能知；其居于家，无所矜饰，而所为如此，是真发于中者邪！呜呼！其心厚于仁者邪！此吾知汝父之必将有后也。汝其勉之！夫养不必丰，要（yāo）于孝；利虽不得博于物，要其心之厚于仁。吾不能教汝，此汝父之志也。"修泣而志之，不敢忘。

先公少孤力学，咸平三年进士及第。为道州判官，泗、绵二州推官；又为泰州判官。享年五十有九，葬沙溪之泷冈。太夫人姓郑氏，考讳德仪，世为江南名族。太夫人恭俭仁爱而有礼，初封福昌县太君，进封乐安、安康、彭城三郡太君。自其家少微时，治其家以俭约，其后常不使过之。曰："吾儿不能苟合于世，俭薄所以居患难也。"其后修贬夷陵，太夫人言笑自若，曰："汝家故贫贱也，吾处之有素矣。汝能安之，吾亦安矣。"

自先公之亡二十年，修始得禄而养。又十有二年，列官于朝，始得赠封其亲。又十年，修为龙图阁直学士、尚书吏部郎中，留守南京，太夫人以疾终于官舍，享年七十有二。又八年，修以非才入副枢密，遂参政事，又七年而罢。自登二府，天子推恩，褒其三世。盖自嘉祐以来，逢国大庆，必加宠锡。皇曾祖府君，累赠金紫光禄大夫、太师、中书令；曾祖妣累封楚国太夫人。皇祖府君累赠金紫光禄大夫、太师、中书令兼尚书令；祖妣累封吴国太夫人。皇考崇公，累赠金紫光禄大夫、太师、中书令兼尚书令，皇妣累封越国太夫人。今上初郊，皇考赐爵为崇国公，太夫人进号魏国。

于是小子修泣而言曰："呜呼！为善无不报，而迟速有时，此理之常也。惟我祖考，积善成德，宜享其隆，虽不克有于其躬，而赐爵受封，显荣褒大，实有三朝之锡命，是足以表见于后世，而庇赖其子孙矣。"乃列其世谱，具刻于碑，既又载我皇考崇公之遗训，太夫人之所以教，而有待于修者，并揭于阡。俾知夫小子修之德薄能鲜，遭时窃位，而幸全大节，不辱其先者，其来有自。

熙宁三年，岁次庚戌、四月辛酉朔十有五日乙亥，男推诚保德崇仁翊（yì）戴功臣、观文殿学士、特进、行兵部尚书、知青州军州事、兼管内劝农使、充京东东路安抚使、上柱国、乐安郡开国公，食邑四千三百户、食实封一千二百户，修表。

"呜呼！惟我皇考崇公，卜吉于泷冈之六十年，其子修始克表于其阡，非敢缓也，盖有待也。""呜呼"是感叹词，"惟"是发语词。"我皇考"，"考"是指先人，指他的父亲；"皇考"就是先考、显考，同样的意思，都是指自己去世的父亲。"崇公"，因为欧阳修做到了宰相，对国家贡献非常大，他父亲欧阳观最后被追封为崇国公，所以这里称他父亲"崇公"。其实古人这个做法是非常有道理的，因为孩子是父母教出来的，要饮水思源。这是中华文化非常重要的精神。在《中庸》里面提到"父为士，子为大夫"，父亲是一般读书人，但儿子是国家的大夫；"葬以士"，父亲去世的时候，以一般读书人的礼葬他，"祭以大夫"，但是每年祭祀用大夫礼。一个人成就了，国家感谢他的父母先人，没有父母哪有下一代的成就？

"卜吉于泷冈之六十年"，"卜吉"是指下葬。下葬一般都要卜日子，还要卜地点。为什么？其实这都是很细腻的，先人已经走了，但是那份孝思没有丝毫的减少。风水要好，下雨不会淹到。所以这份孝顺没有因父母离去而减少，"事死者，如事生。"以前的人看风水，是希望墓地不被水淹，或者不出现其他状况。现在的人说，找个好风水，以后我发达。这个心态差很多。所以"卜吉"也是一种孝顺心境的表现。刚好满六十年了，"其子修始克表于其阡"，"始"就是才，"克"是能，"表"是立碑文，"阡"是指墓道。立阡表在墓道上。"非敢缓也"，并不是拖延，"盖有待也"，而是有所等待。到底等待什么？我们看后面的文章就知道。

"修不幸，生四岁而孤。"欧阳修自称不幸，因为四岁父亲就去世了，依靠叔叔生活。"太夫人守节自誓"，"太夫人"指他的母亲，"自誓"就是发誓，立定志向一生不改嫁，尽力教育她的孩子。"居穷"，家居生活很穷困，"自力于衣食，以长以教"，全靠自己维持衣食的温饱，而且母亲刻苦辛劳，养我教我。"俾至于成人。""俾"就是使得，使得我能够长大成人。"太夫人告知曰"，他的母亲告诉他说，"汝父为吏廉"，你父亲为官清廉。古代为官第一箴言：清、慎、勤。为官要清廉，要谨慎、慎重，要勤政爱民。其实，每个行业都应该这样。"而好施与"，"施与"就是救助贫穷的人，很有爱心。"喜宾客"，很好客，尤其来的都是读书人，他们常常切磋学问，以友辅仁，以文会友。"其俸禄虽薄，常不使有余。"俸禄虽然微薄，却经常不让自己的俸禄有太多的剩余。"曰：毋以是为我累。""毋"是不要，不要让钱财成为我的负担。确实，人钱一多，每天想着要存在哪里，或者买哪一支股票，其实就挺累的了。再来，一个人常常积财，想着留多一点给子孙，有可能以财祸害了子孙。子孙本来素质不错，给他留很多，他就没了志气，反正我爸爸给我的就够吃了，我还努力干什么？假如后代素质不好，还留钱给他，他就骄奢淫逸了。

　　"故其亡也"，父亲去世的时候，"无一瓦之覆"，"瓦"是瓦片，没有属于自己的房子。"一垄之植"，一行农作物叫"一垄"，指的就是没有留下田产。"以庇而为生"，没有留下这些财物庇荫我们后来的生活。"吾何恃而能自守邪？""恃"是依靠。我是依靠了什么而能够坚持下来？"吾于汝父，知其一二"，我对于你的父亲，知道他一些事情，"以有待于汝也。""待"是期待，所以对你是很有期待的。"自吾为汝家妇"，自从嫁到你们欧阳家，"不及事吾姑"，没能来得及侍奉自己的婆婆，"然知汝父之能养也。"但是却明白你父亲是很能够尽孝道的。"汝孤而幼"，你从小失去父亲，"吾不能知汝之必有立"，我并不知道你必定能够成功立业。"然知汝父之必将有后也。"然而我却知道你的父亲一定会有好的后代。

　　"吾之始归也"，"归"就是出嫁，"始归"，就是刚嫁过来。"汝父免于母丧方逾年"，你的父亲服完三年母丧刚刚超过一年的时间。"**岁时祭祀**"，逢年过节祭祀的时候，"**则必涕泣曰**"，都会留着眼泪说道，"**祭而丰，不如养之薄也！**"祭祀得很丰盛，都不如生前微薄的奉养更有意义，心里觉得很遗憾。"**间御酒食**"，"间"是指偶尔，"御"是进用。偶尔太太准备了比较好的酒菜，"**则又涕泣曰**"，就又流下眼泪，"**昔常不足**"，之前常常生活用度不够，"**而今有余**"，现在比较宽裕一点，"**其何及也！**"可是哪里还来得及？"**吾始一二见之**"，一开始看了一两次，"**以为新免于丧适然耳。**"服完丧才刚一年左右，还那么悲伤很正常。"适"就是才，"然"是如此。"**既而其后常然**"，"既"就是过后。过后长期观察丈夫，"**至其终身**"，到丈夫去世，统统都是这样的态度、孝思，"**未尝不然。**"所以这个孝是发自真心，丝毫没有改变过。"**吾虽不及事姑，而以此知汝父之能养也**"，我虽然来不及侍奉婆婆，但从这些事情观察，你的父亲是非常尽心尽力奉养他的母亲的。

"**汝父为吏**"，你父亲做官，"**尝夜烛治官书**"，刚刚是讲他父亲在家里孝顺，现在讲他父亲在外当官的情况。你父亲曾经在夜里点着蜡烛，批阅公文。"**屡废而叹。**"就是停笔叹息。"**吾问之，则曰：此死狱也**"，这是死刑案件。一般小的案件叫做讼，大的案件叫做狱，"死狱"算是很大的案件。"**我求其生不得尔。**"我想给他寻条生路，但尽力了还是没办法。"**吾曰：生可求乎。**"太太说，他的生命真的可以求得吗？"**曰：求其生而不得**"，我尽力给他一条生路，最后实在没办法，"**则死者与我皆无恨也**"，我跟这个死刑犯都没有遗憾。"**矧求而有得邪？**""矧"是况且，况且求生路有时候是求得到的。"**以其有得，则知不求而死者有恨也。**"假如都不求，很可能有活路的机会就没有掌握，那这个死刑犯就有遗憾了。这真的都是感同身受、人饥己饥的心境。因为一个人判了死刑，可能他整个家庭、所有亲人一生都是很大的悲痛。"**夫常求其生，犹失之死！**"我常常用合法的方法帮他们求生路，还不免误判了他们死刑。"**而世常求其死也！**"这个世间有一些判案的人还比较倾向于判人死罪。我们刚刚讲到曾子说的，"上失其道，民散久矣。"上位者没有好好教，是有责任的，老百姓犯罪，你不能要判刑的时候，还这么苛刻、残忍。这是欧阳修的父亲当官时候，夜里审阅案卷讲的一段话。

"回顾乳者剑汝而立于旁"，父亲讲这个话的时候，回头看着。"乳者"是保姆，"剑"通"挟"，你那时还很小，保姆抱着你站在那里，"因指而叹曰"，对着你叹息道，"术者谓我岁行在戌将死"，算命的算我在庚戌年寿命到了。那一年他父亲五十九岁。"使其言然"，假如他讲的话是真的，"吾不及见儿之立也"，我就来不及看到我的儿子长大成人、成功立业了。"后当以我语告之。"你们以后一定要把我这些话告诉我的儿子。"其平居教他子弟，常用此语"，平常教其他孩子，也常常说这些话，"吾耳熟焉，故能详也。"我听得多了，所以记得很清楚、很详细。

"其施于外事，吾不能知"，指先生在外面办公、做事情，她不是很了解。"其居于家，无所矜饰"，"矜"是矜持，"饰"是掩饰。在家里，自己的丈夫没有丝毫的造作，言语行为都非常自然。"而所为如此，是真发于中者邪！"丈夫的尽孝，丈夫的仁厚，当官一心一意为人民，甚至于为这些死刑犯着想，都是真正从内心发出来的一份德行。《大学》里面讲"诚于中，形于外"，太太可以感受到丈夫内在的德行修养。

"呜呼！其心厚于仁者邪！"哎呀，他真是居心仁厚的人。"此吾知汝父之必将有后也。"你父亲这些德行、风范，让我知道他必定有好的后代。我们看古代的人，女子可能读的书不是很多，但是很多人生的道理，她们都很清楚，而且坚定不移。"积善之家，必有余庆"，她们很清楚因果规律，积善必定有好的后代。"汝其勉之！"你应该努力，"勉"就是自立自强。相信母亲每一次跟儿子这么讲，儿子心中都会受到很大的感动跟鼓舞，一定要为他们欧阳家争口气。所以一个人从小就很有责任心、很有使命感，把光宗耀祖放在心上，这跟母亲的教育很有关系。我们可以感受到，母亲跟孩子讲父亲的德行，都是发自肺腑，至诚感通，这对孩子的人格有很深远的影响。

好，这节课先跟大家谈到这里，谢谢大家！

礼义廉耻，国之四维

第十六讲

尊敬的诸位长辈、诸位学长，大家好！

我们接着看《泷冈阡表》。他母亲接着给他勉励，**"夫养不必丰"**，奉养父母不一定是衣食很丰厚，**"要于孝"**，**"要"** 念 yāo，祈求、期望，最重要是那份孝心，这是实质的孝。**"利虽不得博于物"**，**"博"** 是普及，利益、恩泽虽然不能普及万物万民，**"要其心之厚于仁。"** 期望孩子心地要时时淳厚，念念为人着想。所以从这一段勉励我们看得出来，欧阳家是仁孝传家、忠孝传家。**"吾不能教汝"**，他母亲说，我没有能力教你，**"此汝父之志也。"** 这是你父亲的心愿。他的父亲一生非常仁慈、孝顺，母亲讲了父亲一生的风范、德行，也期许孩子效法并且圆满他父亲的心愿。**"修泣而志之，不敢忘。"** 欧阳修听到母亲这些话，都是流着眼泪，把它记下来。**"志"** 通 **"记"**。这一段主要是讲他母亲能看到自己先生的孝行、仁慈，而且也以这些德行来期勉孩子。而他的母亲也坚信，丈夫这么有德，孩子以后一定会有出息，会有很贤德的后人。

接着我们看下一段。**"先公少孤力学"**，**"先公"** 是欧阳修称自己已过世的父亲。也是年少的时候，父亲就去世了，非常刻苦地学习。**"咸平三年进士及第。"** **"咸平"** 是宋真宗的年号。欧阳修也是系出名门，他的父亲也是很有学问的读书人，也是进士及第。**"为道州判官"**，曾经当过道州的判官，道州就是湖南道县。**"泗、绵二州推官"**，泗州、绵州两地的推官。**"泗、绵"** 在安徽省。**"又为泰州判官。"** **"泰州"** 在江苏泰县。以前当官的人很不容易，按照朝廷的指派，有的一生可能走过好几个省，都是以国家社稷为重。而更可贵的，他们的家人也都是陪伴着他们为国、为民付出。**"享年五十有九"**，他父亲享年五十九岁。**"葬沙溪之泷冈。"** 就葬在沙溪泷冈这个地方。**"太夫人姓郑氏"**，他的先母郑氏，**"考讳德仪"**，称死去的尊长的名字用 **"讳"**。**"讳德仪"**，他母亲的父亲名讳是德仪。**"世为江**

礼义廉耻，国之四维

南名族。"他母亲郑氏的家族，也是江南世代的望族。这个"望"不是有钱，是指很有学问，得到社会大众的尊重。他的母亲很有家教，所以能教育出这么优秀的儿子，也不是偶然的。"**太夫人恭俭仁爱而有礼**"，他的母亲对人很恭敬，而且很节俭，又有仁爱之心，对人又很有礼貌，时时都以爱敬的心对待他人。我们常讲"俭以养廉"，节俭就不会贪求物欲的享受，就能守节操。所以欧阳修是一位非常清廉的大臣，也跟他母亲的德行，尤其重视节俭有关系。所以我们整个中华民族对于人生的规划，是先从德行下手，"德者，事业之基；未有基不固而栋宇坚久者。"要盖一幢大房子，地基要扎牢；地基不牢，房子不稳，迟早会倒下来。所以德行是事业之基，应该从小培植孩子的善心。你看，欧阳修的母亲教他孝、教他仁厚，福田靠心耕，从小对爷爷奶奶，对父母就懂得孝顺、爱敬，他的心地时时都在积福。这样的孩子读书会很认真，长学问和能力，因为他有责任感。

　　我们看这篇文章，欧阳修先生时时想着光宗耀祖。你看他一开始说"有待矣"，他在等什么？等到建功立业了，彰显他的祖德，彰显他父亲的教育，他等这个时机。我们从这里看到，古人一生的动力真的都是要报父母恩、要光宗耀祖。我们现在的孩子，从小没有这样的教育，没有责任感，做什么事不主动，读书都要人家催，还要谈条件。谈的条件是什么？他的动力在哪？欲望。不能满足，不读了。这样孩子的心地，父母操一辈子心都操不完。我父亲那一代的人，孝道、责任就是他们一生的动力，读书不用家人操心，做事业、组织家庭，不让父母操心，有孝心。诸位学长，现在要找到一个读书、组织家庭、工作，不让父母操一点心的年轻人，容不容易？问题不在这些年轻人，在什么？在我们的教育不知不觉偏了。以前是德的教育，读书志在圣贤；现在是利的教育，读书志在赚钱。所以生涯规划都要从根本的心地着手。心地善良，积福。一出校门，为家为国都有责任，不管在哪一个行业，都会尽心尽力，尽忠职守，造福。一生积了很厚的福德，所以晚年享福。而且从小重德，不是增长他的欲望，老了享清福。一个人老了能享清福，才是真正的福。假如人老了之后很多钱，然后又很贪这些钱财，那也享不了福，每天烦恼这些钱的事情。

所以孔老夫子讲，"君子有三戒。少之时，血气未定，戒之在色。"告诉大家，现在的下一代，很多都被财狼跟色狼给控制住了，几乎快全军覆没了。这都是整个教育的主轴偏了。教育是德、是义、是责任，现在变成从小就是享受。享受就纵欲，财他也抵制不了，色他也抵制不了，一点定力都没有。你看以前的人有责任感，没有大学毕业或硕士毕业、没有稳定工作，不考虑谈婚论嫁的事，他很有定力。现在是幼儿园就有孩子说，没有男朋友很丢脸。这么小的年龄就被情所困，你说他的心性还能有定力吗？所以我觉得十万火急，国家要制礼作乐，播放好的音乐、好的电视节目，从小孩子要学礼、学节度、学分寸。

我第一年教书，是一个偶然的机会，到了一个偏远的乡村。那一年有条文规定，大学毕业才可以去小学代课，结果都找不到大学生。那时我从高雄跑到台东，开车要五个小时，他们当地找不到大学生，我跑那么远居然撞上了。所以你看人生的缘分很有意思，这么远跑来还遇上了代两个月小学一年级的课。而且，我这一辈子都没有想过要当老师，跑这么远，居然还得了个代课的机会。所以我从中悟到了一点，人生该你干的事，跑都跑不掉，不如老老实实赶紧干，不要逃避，要面对，要承担。

代课的过程中我有个体会，孩子的仁慈之心是很好培养的。我去了没几天，有一天看到地上一堆蚂蚁，不知道什么原因都死了。我就挖个小洞，把这些蚂蚁的尸体都埋掉。小朋友看我蹲在那里，就问："老师，你在做什么？"我说："蚂蚁死了，很可怜，我把它们埋了，入土为安。"隔天我看到三个孩子蹲在那里，不知道在干什么，看他们的背影很认真。我走过去说，你们在干什么？孩子那个表情，我一辈子都不会忘，他们很认真地看着我说："我们在埋蚂蚁。"你看那个仁慈之心，七岁的孩子，隔天他们就做了。

我当下很高兴！高兴什么？找到一个真正对社会有贡献的行业了。我之前好几年都是在商业界，很多都是"为人家好"，讲的口号都很好，进去以后都是为了money。那个根本的动机很坚固，都还是为了自己的利益，都是为自己的业绩。其实这也是行业偏离了信义，"义"就是服务，为他好、为他着想。所以那两个月下来，我是很欢喜的，因为我已经确定，我这一辈子就干这一行，可以尽力把正确的思想观念、价值观，从小深植在孩子的心田里面。我觉得这些孩子都是来成就我的。

包括我最后一年教书，那是全校最难带的一个班，我带了他们四个多月。我带十班，有一个女老师带十一班，这两个班是最皮的。那个女老师年龄比我小，刚刚开始代课，身高一百五十公分，六年级的学生都比她高一个头，所以她带得很吃力。我们两个互相开玩笑说，我们两个叫双响炮，我骂人骂完了，换她骂，她休息了，换我骂。那些学生真皮，但是再怎么皮，还是很可爱，很单纯，心地污染还不重，就是行为有时候会让你很生气。有时候你教训完他，刚好也下课了，然后他拎着书包，"老师，拜拜。"我气还没完，他已经没事了。所以"放下"的功夫，他比我们高。

那一年他们六年级毕业了，我亲自把他们送出校门，然后走回教室，突然看到桌上有一本笔记本。我把它打开来，看到的是什么？"富贵不能淫，贫贱不能移"，"先天下之忧而忧，后天下之乐而乐"。我非常震惊，我课堂当中讲的课本没有的东西，这个学生全记下来了。我之前在那里想，讲那么多，他们愿意听吗？听得懂吗？你看，这个小朋友老天爷派来增加我的信心，坚定我的意志！你看，真有学生这么认真。我期许自己，有一个就够了，有一个就应该尽心尽力做。所以教书那两三年，很多因缘都感觉是孩子来成就我这份事业的。

所以我带那两个月的课，一个体会就是孩子的仁爱之心很好培养，另一个体会就是，社会污染太快了。我一进校园，七岁的孩子都会唱，"对面的女孩看过来。"我说这种歌曲，小孩子唱啊唱啊，每天走路就看有没有人在看我，心性都不定，心思就愈来愈复杂。又看到一些综艺节目让五六岁的孩子唱情歌，然后还要模仿唱歌的大人，表情苦得不得了。你说他五六岁，懂那是什么吗？你让他唱到十二三岁，情窦初开，他会怎么样？从这里都看到他们未来的路很辛苦。孔子两千五百多年前就提醒我们，血气未定，要戒之在色。

"及其壮也，血气方刚，戒之在斗。"嫉妒心，见不得人好，傲慢，压制别人，这都不好。从小让他"见人善，即思齐"，知道"行高者，名自高，人所重，非貌高。才大者，望自大，人所服，非言大。"不要嫉妒人家，"人所能，勿轻訾。"人不调伏嫉妒心，时时都是在痛苦当中。看到人家工作好，不高兴；看到人家长得比自己漂亮，不高兴。每天都是一张臭脸，嘴角都是往下的。没嫉妒心了，时时都看别人的好，效法别人，每天"德日进"，能力日进，"过日少"。"唯德学，唯才艺，不如人，当自砺。"每天知足常乐，知恩报恩，"恩欲报，怨欲忘"，每天念着别人的恩，这是真幸福的人。所以人幸不幸福，不是有多少外在条件跟物质享受，在心理素质。

"及其老也，血气既衰，戒之在得。"年龄大了，患得患失，那就麻烦了。一有得失心，回顾自己一生的遭遇，哀声叹气，或者拿自己儿子跟人家比，拿媳妇跟人家比，拿孙子跟别人比。年纪大了这么患得患失，没有清福可以享，而且晚辈一看到你，就赶紧跑了。所以人老了要成为家里的喜星，人家一见你就欢喜，给人信心，给人鼓励，不要攀比，更不要给人压力。从小念念为人想，没有贪心，人老了就能享清福，一生都活在道义的人生目标、态度上。

而现在社会的功利，误导了人的心灵跟人生目标，它让人觉得人生是先享福。所以有个说法，小时候是天堂，享福。孩子的人生都还没积福，就开始享福，很快就享完了，他享完了福，又已经养成很多的欲望了。接着一入社会，战场。为什么？欲望多，还没有赚钱，就花了很多钱。现在的年轻人有一个说法叫卡奴，信用卡的奴隶。每个月赚了钱，还完信用卡的钱就没了，怎么可能积累财富？一个女士假如是卡奴，她能当妈妈吗？所以诸位男学长，你们假如要娶妻，先调查一下，她是不是卡奴。不然娶了一个很奢侈的太太，你这一辈子真的没有安宁日子了。现在的年轻人，从小心灵跟价值观被误导，重视欲望、享乐，所以很多新的"贵族"都产生了，有的叫月光族，每个月都花光光；还有的叫白领一族，白白领父母的薪水，这叫啃老族。这都是我们这些长者没有深谋远虑、没有勤俭持家造成的后果。

现在的孩子怎么变成这样？确实，现在很多年轻人做出来的行为，应该叫妖魔鬼怪。为什么？"弃常则妖兴"，我们教育他们的方法偏离了常道。刚刚那一段，少之时，壮之时，老之时，我们现在的小孩子，三样都有，你看习气增长得多快。小小年纪好色；嫉妒心也很重，很容易跟人冲突；还有，得失心很重，现在的中学生考试考不好，受不了，就寻短见。你看，教育没有长孩子的善心，没有健康的思想，孩子的人生很难走。

中年是战场，都忙着赚钱，根本没有时间提升自己的心灵、德行，所以人的道德学问一直在往后退。然后还要当爸、还要当妈，又教不好下一代，就忙着追名逐利，忽略了自己的德行跟孩子的教育。老了，孩子又不孝顺，那就变坟墓了。不重视孩子的孝道，人老了统统到养老院去。那个日子不好熬，每天谁又走了、谁又走了，那个心灵是非常恐惧的，不是活在天伦之乐当中。所以人老了，最大的福就是享天伦之乐，享清福。诸位学长，你的人生是往哪一条路走？你的孩子现在走在哪里？对的，要坚定走下去；不对的，赶紧回头，苦海无涯，回头是岸。

所以从这里我们可以感受到，欧阳修的母亲是很有智慧的，她能勤俭持家，成就孩子好的德行。文章提到欧阳修父母的美德，这都是很好的承传。皇帝也封了他母亲官职，"**初封福昌县太君，进封乐安、安康、彭城三郡太君。**""郡太君"都是比较大的官才能封的。"**自其家少微时，治其家以俭约**"，他的母亲在他们家贫寒的时候，治家非常地俭约。"**其后常不使过之。**"纵使欧阳修当官了，比较富裕了，他的母亲持家也不让生活超过本来贫穷的样子。有没有道理？"由俭入奢易，由奢入俭难。"一奢侈，欲望愈来愈重，真的遇到没钱的时候，就受不了了。"**曰：吾儿不能**

苟合于世”，这个母亲非常了解他的儿子，知道他的儿子很正直，刚正不阿，不能勉强迎合世人，所以免不了会得罪人，很可能要被贬官。“**俭薄所以居患难也。**”能够节俭，花销少一点，用来应付患难中的日子。这是“居安思危，戒奢以俭”，总能考虑到以后人生的情况，先做准备。一个母亲这么理解儿子，一定是儿子心灵上最大的支柱。所以欧阳修的母亲讲这一段话，也是让他的儿子宽心，不用担忧我，尽忠职守就对了。

　　“**其后修贬夷陵**”，他母亲看得很准，欧阳修被贬官到夷陵。那个时候他三十岁。为什么被贬官？范仲淹先生被贬到饶州，欧阳修先生看不过去了，范仲淹这样的大贤之人遭贬，这是凉了天下读书人的心。当时范公得罪了宰相吕夷简，而那时候的司谏高若讷，这么大的事都不谏。欧阳修觉得高若讷实在是太不像话，所以文章当中写了一句话叫“不知人间有羞耻事”，仗义执言，你这个当司谏的人，国家这么大的事都不敢谏，这么羞耻的事你也做得出来！这个高若讷，这么正直的言语，不只不接受，还奏了欧阳修一本，连欧阳修也被贬官。当然一个人被贬官，要走这么远的路，一定心里不好受，觉得拖累了母亲。“**太夫人言笑自若**”，一言一笑跟贬官以前一样，没受任何影响，这都是在宽慰儿子的心。“**曰：汝家故贫贱也**”，你们欧阳家本来就穷，“**吾处之有素矣。**”“处”是居家，我过这样的日子都过惯了。“**汝能安之**”，你过得安心自在，“**吾亦安矣。**”那我也过得安心自在。这一段主要扬他父母之德。而父母有德，虽然已经离开世间，也被皇帝赠封，所谓“大德者，必得其名，必得其禄。”

　　“**自先公之亡二十年**”，他父亲去世二十年后，“**修始得禄而养。**”欧阳修才得以用官禄来奉养母亲。那个时候他二十四岁。“**又十有二年**”，又过了十二年。“有”跟“又”是相通的。“**列官于朝，始得赠封其亲。**”他当了中央的官员，国家开始封他的先人。“**又十年**”，又过了十年，欧阳修四十六岁，“**修为龙图阁直学士、尚书吏部郎中，留守南京**”，官职更大了，“龙图阁直学士”，学问道德很受肯定，“郎中”算司长，或者是副部长这样的级别。“**太夫人以疾终于官舍**”，他的母亲因病在他的官舍里去世

礼义廉耻，国之四维

184

了，"**享年七十有二。**"欧阳修也很欣慰，终养他的母亲。

"**又八年**"，又过了八年，欧阳修五十四岁，"**修以非才入副枢密**"，"非才"就是平庸的才能，这是欧阳修谦虚。枢密院是当时最高军事单位。"副"是指辅佐，他是副枢密使，也是很重要的官职。"**遂参政事**"，"遂"是指后来、终于，"参政事"是指他进了中书省。"**又七年而罢。**"当了七年，因为被诬陷，欧阳修就请辞了。"**自登二府**"，"二府"就是枢密院跟中书省这两个最高的单位。"**天子推恩**"，皇帝广施恩德。"**褒其三世。**"表扬我三代的先人。"**盖自嘉祐以来**"，嘉祐是宋仁宗的年号。"**逢国大庆**"，遇上重大国家庆典，"**必加宠锡。**"一定会封赠我的先人。"**皇曾祖府君**"，"府君"是尊称他的先人，"曾祖"就是爷爷的父亲。"**累赠金紫光禄大夫、太师、中书令**"，就是几位皇帝都有册封。"**曾祖妣**"，"妣"是指曾祖母，我们称女性先人为"妣"。"**累封楚国太夫人。**""**皇祖府君**"，他的爷爷，"**累赠金紫光禄大夫、太师、中书令兼尚书令**"。"**祖妣**"，他的奶奶，"**累封吴国太夫人。**""累封"就等于又加封。"**皇考崇公**"，就是他的先父，"**累赠金紫光禄大夫、太师、中书令兼尚书令。**"他的母亲，"**皇妣累封越国太夫人**"。"**今上初郊**"，神宗熙宁元年皇帝刚即位，农历十一月，冬至的时候，在南郊祭天。"郊"就是指南郊祭天，祭天大典。这么重要的庆典，会封赐大官还有他们的先人。"**皇考赐爵为崇国公，太夫人进号魏国。**"他的母亲再加封魏国太夫人。这一段很仔细叙述了三代先人所受到的封赠。

"**于是小子修泣而言曰**"，他自称"小子修"，流着眼泪说道。当然这个话是对他的父母、先人说，"**呜呼！为善无不报，而迟速有时**"，一个人积德行善，绝对会有善报，而每个人的善报来得早晚不同罢了，"**此理之常也。**"所以有一句话讲，"为善无近名，为恶无近刑。"为善并不是马上美名就彰显，福报就现前；一个人为恶，也不是很快地就受到恶报。他作恶了，那就是一个恶因，不一定恶果明天就出现。这一点搞明白了，对因果规律就不怀疑了。这个人造恶，现在还这么富贵，其祖上、自身必有余昌，昌尽，享完了，必殃；为善不昌，其自身及祖上必有余殃，殃尽必昌。所以因果规律，我们要很清楚、很明白。整篇文章都彰显了因果规律，人人都是非常坚信的。他的母亲看到自己的丈夫这样，非常坚信一定会出很有成就的后代。欧阳修自己也非常坚信，为善必有善报。

"**惟我祖考**"，我的祖先，"**积善成德**"，积累善行，成就美德。欧阳修当到宰相，一个人能当到宰相，不知道有几代的祖先积德。"**宜享其隆**"，"隆"就是盛大，指他的官位非常地荣显。"**虽不克有于其躬**"，"克"就是能，"躬"就是亲自，虽然这些先祖不能亲自领受这些封赏。"**而赐爵受封，显荣褒大**"，彰显他们的荣耀，发扬他们的德行。"**实有三朝之锡命**"，三代皇帝都给他的先祖追赠、追封。"**是足以表见于后世**"，"见"通"现"。让后世的人都能体会到，这些先祖有德，教育、庇荫了好的子孙，"**而庇赖其子孙矣。**"欧阳修先生讲这一段话，是感念祖先的德荫，也感念皇上的恩赐。"**乃列其世谱**"，于是罗列家世、家谱，"**具刻于碑**"，详细地刻在墓碑上。"**既又载我皇考崇公之遗训**"，又把我先父给我的教诲，"**太夫人之所以教**"，还有他母亲给他的教诲，"**而有待于修者，并揭于阡。**"一并都刻在墓碑上。母亲坚信欧阳家会出好子孙，而六十年之后，他也确实有很高的成就，光宗耀祖，也安了他母亲的心，告慰父母在天之灵。"**俾知夫小子修之德薄能鲜**"，"俾"是让，让大家知道我道德浅薄。"**遭时窃位**"，"遭"就是遇到了，只是恰逢时机，窃占高位。这都是很谦虚的态度，当然他们当官都是尽心尽力，鞠躬尽瘁。"**而幸全大节**"，却能侥幸保全操守，终其一生。"**不辱其先者**"，没有羞辱祖先。"**其来有自。**"因为我欧阳修的父母、祖先很有德行庇荫我。他把一生的成就都归功于父母、先祖。

"**熙宁三年**"，熙宁是宋神宗年号，"**岁次庚戌**"，那一年是庚戌年。"**四月辛酉朔**"，"朔"指初一，"**十有五日乙亥**"，"乙亥"，阴历十五，"**男推诚保德崇仁**"，这是朝廷褒奖他的头衔，"**翊戴功臣**"，"翊"是辅助，他对国家有很大的功劳。"**观文殿学士，特进、行兵部尚书**"，这都是封他的官职。"**知青州军州事、兼管内劝农使、充京东东路安抚使**"，"路"是当时的行政单位，宋朝把天下分成若干个路，路都设安抚使。"上柱国"，这个官职是正二品。"乐安郡开国公，食邑四千三百户、食实封一千二百户，修表。"这都是他的俸禄。最后把他的成就昭告他的父母，他的先人。

"立身行道，扬名于后世，以显父母，孝之终也。"我们这一生也要好好努力积德累功，光耀门楣，这也是孝道的落实。这些读书人都给我们做了很好的榜样，我们见贤思齐，"勿自暴，勿自弃，圣与贤，可驯致。"

这节课先跟大家交流到这里。谢谢大家！

礼义廉耻，国之四维

第十七讲

尊敬的诸位长辈、诸位学长，大家好！

我们接着看《廉篇》第二段"绪余"。

> 孔子曰：古之矜也廉，是言其持守太严。虽有不圆和之偏处，而其劲节不屈，犹不失为廉也。胡瑗原廉篇云：夫士子读书，所学何事？本欲出而致用，为国家作栋梁，为兆民谋幸福。急宜廉隅自饬，清操自励，以不贪为宝。学古圣贤之一介不以与人，一介不以取诸人。虽贫而不受赂金，虽渴而不饮盗泉。以天地为心，以万民为命，决不至失其节操，入琼林玉树中而迷其性，登仕图版籍而异其心。果能如此立心，以之治国，而国无不治。以之安民，而民无不安矣。

"孔子曰：古之矜也廉"，《论语》讲，古人有三个缺点，但这些缺点只是有点太过了，其本质还是有可取之处，"古之狂也肆，今之狂也荡。古之矜也廉，今之矜也忿戾。古之愚也直，今之愚也诈。"孔子那个时候称今，孔子以前称古。孔子讲，以前的古人，纵使性格上比较狂妄，讲话没有什么避讳，有时候可能冲了一点，但还是比较直率。一个人讲话有点狂，很直接，你会有什么感受？首先是考虑自己舒不舒服，还是考虑他讲得有没有道理？这是个重要的问题！因为在我们这个时代，两三代人传统文化的基础都不算牢固，所以要求一个人德行上方方面面都没有缺点，容不容易？你说先看看他有没有温良恭俭让，再考虑听不听他讲。这个时代很难，不可苛求于人，要要求自己，严以律己，宽以待人。纵使他态度不是很好，不以人废言，只要他讲得有道理，我们都应该反思、接纳。不能说这个人表情我不接受，这个人讲话的方式我难受，就不听他讲话了。这是我们度量太小、修养太差。假如人家态度不是很好，我们就懒得理他，请问我们的态度能服人吗？人家态度不好，讲对了我们还接受，我跟大家保证，两次、三次之后，这个人对你的态度一定愈来愈好。他态度不对，你还尊重、接纳他，慢慢他就被感化了。

所以人跟人相处不愉快、冲突，怪谁？行有不得，反求诸己。很多人讲这句话的时候，有点不大情愿，不过标准答案又是这样。讲出来要很欢喜地讲出来，很欢喜地照着做。坦白讲，真照着做，好不好受？每次还得深呼吸三次，有没有？做的时候，一开始是勉强的，"始而勉强，终则泰然"，做久了，你就自然、习惯了。所以一开始的苦，苦在哪？苦在面子拉不下来。这个面子把我们害得很惨，让我们的德行都不能突破。明明自己起情绪了、起对立了，嘴上还要唠叨，就是他不对，他态度不好。其实俗话讲，"一个巴掌拍不响"，能发生冲突，"半斤八两"。

经典讲，"苦口的是良药，逆耳的必是忠言；改过必生智慧，护短心内非贤。"改过了，烦恼轻，智慧才能长；袒护自己的错误、短处，内心就堕落了，跟圣贤教诲不相应。大家有没有经验，我们最亲的人对我们讲实话，我们很难接受，当下能控制得了脾气，已经算不错了。但事后想想，还是很有道理，所谓当局者迷，旁观者清。人生的德行要提升，《弟子规》有一句一定要扎实地去落实，叫"闻誉恐，闻过欣，直谅士，渐相亲"。要宽以待人，人家讲得对，有可取之处，我们学习，我们听劝，不要挑人家一大堆毛病，这就苛刻了。严以律己，对人要宽厚，这个XY轴，千万不能偏了，更不能倒了。

什么是X轴？无限延伸、宽广，要宽以待人，叫X轴。Y轴呢？Y轴是上下，往深处一直探，探到心地，不能自欺，那叫Y轴。我们有个习惯，比方犯错了，人家一看到，首先我们第一个反应，稍微解释一下，那就是习气。大家想一想，做错了还要解释半天，人家服不服？德就不能服人。可能我们解释两三句，人家就想睡觉了，听不下去了。当我们讲话讲到人家打哈欠的时候，就要稍微思考一下，可能自己讲的话不中听，人家有点不好意思说，硬撑一下，我们这么护着面子，也不好给我们戳破。

德行要能感人，首先改自己最严重的过，能改了，就会让人家刮目相看。本来我们很会解释的，现在一遇到事马上说："对不起，是我不对。"你们有没有经验，讲"对不起"的时候，亲朋好友突然眼睛瞪得很大："你没事吧？"所以中华文化重的是心地的功夫、心地的修养。心地功夫在哪里看到？在很多生活的细节当中。比方我们有事情麻烦别人，有没有加一个"请"字？或者走路、吃饭，"您先请"？这个"请"字，在一天当中出现过几次？还是现在当领导了，"哎，帮我那个拿一下"。还有个"帮"字，不错了。"赶快给我拿过来。"你看，当了官，看起来身份地位高了，德行呢？往下降，对人基本的恭敬没有了。

包括在学校教书，也很容易执着。比方在班级里面是孩子的国王，回到家里了还做国王，叫先生的时候跟叫小朋友差不多，"过来，过来。"其实人不知不觉，就有执着点，就有贪着，自己没有很冷静的话，看不到。跟孩子讲话和跟大人讲话一不一样？一样，也不一样。不一样是外在的言语，一样是内在的恭敬、真心，这是真诚心、恭敬心不变。因为你有真诚恭敬，不可能对大人的时候，用小朋友的话跟他讲，你也不可能对小朋友的时候，用大人的话跟他讲。我也曾经看到一个同仁，长期跟大人讲话，突然有一天派个特别任务，让他去教小朋友，他从头到尾讲话就跟对着大人讲一样，底下的小孩不知道怎么响应。你看，人随时随地都会有新的执着出现。

很多人都说，跟小孩讲话、沟通很容易，怎么跟大人这么难？不是风动，也不是幡动，是人的分别、执着动。你看孔子也好、佛陀也好，都是人类历史当中最成功的老师，有没有听过他们讲，跟小孩讲话比较容易，跟大人很麻烦？所以任何时候，不要把责任往境界上推，要回到根本，君子务本，要从自己的心地下手。因为跟小孩子讲，他执着比较少，然后他完全信任你，当然你跟他讲话比较容易。跟大人，他对你的信任还不够，到他完全信任你，那也跟一个小朋友信任他妈妈一样。信任为什么还不够？当然要反思我们的德行，还有我们的言语、善巧。至诚感通，真诚现前，任何年龄，任何行业，你都可以跟他很好地沟通。所以真正用心学传统文化，叫老少皆宜。

所以，问题检讨到最后原来还是我自己的问题。古人说得有道理，"行有不得，反求诸己。"这个道理，古人理解得很透彻。古代的圣王说道，"朕躬有罪，无以万方；万方有罪，罪在朕躬。"我的错，不可以推卸给任何人，而老百姓任何的错，都是我的错。真的，当错发生的时候，指责来指责去，对事没有任何帮助，甚至还会有更深的冲突、对立。当老百姓错了，君王马上反省："我没有教好。"所有的人感受到这份心，心都软化了。犯罪的人、犯错的人，马上惭愧心就起来了。所有当官的人，也不好去指责这个犯罪的人，连天子都这么说了，我们也应该尽这份心。所以人的修养从哪里看出来？人的成熟度从哪里看出来？从能时时反省，从能时时包容。

孔子说到，之前的古人，虽然有点狂妄，可是敢言。他直言也是为我们好，也是照着道理讲，我们要能接受。他讲十句，有一句对，九句错，我们听那一句。其实在听那不对的九句的时候，可能都快憋不住了。人被误解的时候，沉得住气，不急于解释，这也是成熟的标志。"人不知而不愠，不亦君子乎。"人家误会了，就难过好几天，我执太重。圣人都难免被误会，我们怎么可能不被误会？而且坦白讲，我们有很多做不好的地方，被人家讲也是应该的。

"今之狂也荡"，"荡"就是放荡。他狂妄，可是没有照着道理讲，一堆歪理，又很傲慢，缺点愈偏愈厉害了。所以学习圣贤教育的人讲话要谨慎，每一句话跟经典相不相应；跟经典不相应，这个话就不在道中，就要造口业，可能就误导他人。思想观念被误导了，假如刚好又是年轻人、小孩，不是毁了他一生吗？慎重的人勿使一句话空说，不要讲废话，要讲有意义的话，更不能讲误导别人的话。

"古之矜也廉"，"矜"是矜持。处世非常谨慎，但廉洁有守。"今之矜也忿戾"，现在看起来比较严谨、谨慎的人，反而很容易发脾气，严以律己，也严以对人，看别人做得不是很好，脾气就来了，就指责别人。这在心态上就偏了，变成也以高标准要求别人。严以律己，同时还是要宽以待人才好。

"古之愚也直"，古代比较愚笨的人，他还有直率、正直的态度。"今之愚也诈"，现在比较愚笨的人，却是无知妄作。"诈"就是无知妄作，然后还欺骗人。我们常讲一句话，叫"世风日下，人心不古"，在心性的修养上，好像随着时代一直在往下堕。

我们接着看"绪余"。"**是言其持守太严**。"这些很严谨的人，自我要求严格，处世也很讲规矩。"**虽有不圆和之偏处**"，可能有不圆融的地方，让人家不舒服，"**而其劲节不屈，犹不失为廉也**。"但是他能够守住这些原则、分寸，保留了廉洁的本色。"不屈"就是面对利诱、面对权势，他都不会偏离这些原理原则。我们身边假如有这样的亲朋好友，应该把他当宝贝看，现在还这么讲原则的人不多了，都是讲人情、随波逐流。

我的师长讲过，他有一位长辈周邦道老先生。抗战时他任中学校长，照顾学生真的就像自己的孩子一样，甚至于好东西都是先让给学生，自己的孩子排后面，公而忘私。也非常廉洁，单位给他一部电话，处理公事用的。只要是私人的事情，周先生就走出家门口，到外面电话亭打电话。诸位学长，现在假如真正有古人之风的人出现在我们身边，我们是会欣赏，还是觉得他古板？你看我们做人的标准，现在都不知道落到哪里去了。看到这样的人，真的是要鞠躬，太有德行！公家的东西，一丝一毫都不可能拿回家；公家给他车，公事才坐这个车，私事坐公交车。师长在讲这个例子的时候，这些为人师表者，有没有在他们的心中留下不可磨灭的记忆？有！这就是德，感化，廉洁，仁慈。

"**胡瑗《原廉》篇云**"，有很多文章，开篇都是"原廉"。"原"就是推究事物的本源意义，"廉"这个字，它根本的意义是什么。因为怕后人对这个道理愈理解愈偏颇了，所以写文章还原这个道理、精神。"**夫士子读书**"，"士子"是知识分子，读圣贤书的人，"**所学何事？**"诸位学长，我们读圣贤书，所学何事？我们读文言文，所学何事？人要随时不忘初心，不然会偏离自己的方向跟目标。学东西要用悟性，要还原本来的意义。人往往走到半路，就走到岔路上去了，走到情绪、义气用事去了。所以这个不忘初心是成熟度。人生的每一个阶段都应该常常这样去提醒自己，这样就能有决心、有毅力去达到自己本来的目标。不管是学业、婚姻、事业，还是弘扬文化，我们时时要回到本源，要对得起自己的决定。

读书人所学的是真正修齐治平的学问，不是学一些文章词藻，在那里炫耀、卖弄。所以读书明理，效法圣贤，"穷则独善其身，达则兼善天下"，有机会了，出来当官。"**本欲出而致用**"，出来可以造福一方，所学的终于可以派上用场。欧阳修先生提到，"廉耻，士君子之大节。"廉洁有羞耻心，这是读书人跟君子很重要的做人的节度。因为读书人以后有机会当官了，假如这两个字没有守好，不只不能利益一方，甚至可能身败名裂，遗臭万年，还让老百姓受苦了。为官者不廉洁，最苦的就是老百姓。比方贪污，不仅没有守节，当初读圣贤书的目的也忘了，陷在物欲里面。所以古代衙门里一般都有"戒石铭"，刻有警戒官员们的话："尔俸尔禄，民膏民脂"，一个官员，所有的俸禄都是老百姓纳的税，人民的血汗钱，你不好好爱他们，还剥削他们、凌虐他们、劳苦他们。"下民易虐，上天难欺。"老百姓处于低位，你可能欺负得到他，但是上天你欺骗不了。而且不清廉、贪污了，冤有头，债有主，有一句话叫"一世为官九世牛"。当了一辈子官，没当好，后面九世当牛，还债，该还的都得还。

我们时时要记得曾子的一句话，叫"出乎尔者，反乎尔者"。整个宇宙是一体，你丢出什么，就回来什么。《大学》里面讲，"货悖而入者，亦悖而出。"用不正当的方法把财货拉进来，很快就吐出去，那本来就不是你的。"言悖而出者"，你愤怒的话、挖苦人的话、毁谤人的话出去了，还会再回到自己身上，"亦悖而入"。

所以，"出乎尔者，反乎尔者"，这是定律。"积善之家，必有余庆；积不善之家，必有余殃。""恶有恶报，善有善报，不是不报，时候未到。"这些话我们信不信？真信了，还会骂人吗？还会瞪人吗？还会跟人过不去吗？懂了，还继续做错的，那是还没彻底地懂，习气还很重，顺着习气，没顺着真理。所以真明理的人不再造新的罪业，不再造新殃，而是跟人广结善缘。

这里我们来看一个故事，"定远狄令"。

定远狄令。有富翁死，而其妻掌家，所遗数万金，叔欲之。不与，告县。使人密嘱曰："追得若干，愿与中分。"狄立拘其嫂，严刑考讯，悉追出之，狄果得其半焉。其妇积恨而死。后狄罢归，一日昼寝，忽见前妇持一小团鱼，挂于床上，倏然不见。未几，遍身生疽（jū），如团鱼状。以手按之，头足俱动，痛彻骨髓。昼夜号呼，踰年而死。凡五子七孙，皆生此疽，相继而亡。止一孙仅免，无立锥之地矣。(《德育古鉴》)

"定远狄令。"定远这个地方有一个县令，姓狄。"有富翁死"，当地一个富翁去世了。"而其妻掌家，所遗数万金"，他的妻子接管他们家的财产，有数万金。"叔欲之。"小叔动了歹念想要侵夺。"不与，告县。"嫂子不给，这个小叔就告到县衙。"使人密嘱曰"，派人给这个县太爷带话，"追得若干，愿与中分。"要到的，我给你一半。"狄立拘其嫂"，这个县令立即把他嫂子抓起来，"严刑考讯"，严刑拷打，"悉追出之"，把她的财产全部侵夺了。"狄果得其半焉。"这个县令果然得到一半。"其妇积恨而死。""后狄罢归"，不当官，回家乡了，"一日昼寝"，白天睡觉的时候，"忽见前妇持一小团鱼，挂于床上"，梦中恍恍惚惚看到被他害死的这个妇女，拿着一只小甲鱼挂在他的床上，"倏然不见。"突然就不见了。"未几"，过了没多久，"遍身生疽"，他的身体开始长疽了，"如团鱼状。"就好像甲鱼一样。疽是恶性的脓疮。"以手按之"，按这个脓疮，"头足俱动"，就好像那个甲鱼会动一样，"痛彻骨髓。""昼夜号呼，踰年而死。"过了一年左右，他死了。"**凡五子七孙，皆生此疽**"，五个儿子、七个孙子全部都长这个疽，"**相继而亡。**"你看这个造的孽太重了。"**止一孙仅免**"，最后只剩下一个孙子没死，"**无立锥之地矣。**"很贫困，没有立锥之地。

我们再看一篇。父母官要真正像父母一样，才不造孽。

> 绍兴府一布政，巧于贪饕，积财至数十万。及败官归，买良田千顷，富甲一郡。其祖父屡见梦，言冥谴将及。弗信。有一子一孙，纵欲嫖赌，殀（通"夭"）死。布政公寻染瘫痪。子媳孙妇，颇著丑声。利其有者，趋之若骛，公犹目及见之。垂死，家已罄矣。临危，忽张目大呼曰："官至布政不小，田至十万不少，我手中置，我手中了。"说毕而死。（《德育古鉴》）

"**绍兴府一布政**"，布政是很大的官，"**巧于贪饕，积财至数十万。**"很贪心。"**及败官归**"，可能有一些问题被人家查出来，他就赶紧回家了。贪的人都以为贪到手就是他的，愚痴！横财、不义之财，拿到了是大祸。"货悖而入者，亦悖而出"，不是财货还给人家就好了，利息什么的统统都要算的，包括造成的对人家的身心伤害，甚至人命都要补回去的。他贪了不少钱，"**买良田千顷，富甲一郡。**"在这个郡算是最富的了。"**其祖父屡见梦，言冥谴将及。**"他的祖父好几次在梦中告诉他，你造了损阴德的事，要赶紧忏悔，改！"**弗信。**"不相信。

从这里看，我们的祖先很慈悲，念念都在护佑着后代。我们现在道德沦丧，可能他们比我们还着急。但是，只要有子孙真发心弘扬文化，冥冥当中都得祖先的庇荫。你做事，突然力量就出来了。有一句成语叫"如有神助"，真的不假。缺什么了，到最后一两天问题就解决了。我曾经举过例子，我在海口的时候天气很热，我们那个中心没冷气，我正在伤脑筋的时候，有一位老板请我吃饭。吃饭的时候，他很高兴地跟我聊《朱子治家格言》，因为他很喜欢那一篇教诲。后来他就把他饭店的一个会议室借给我们用了，那里冷气非常强，所有的椅子都是很好的木头做的。我们用了五天，场地不用钱，五天也吃了不少东西，最后要去付钱，老板太太统统付完了。他太太每天都去听课，听完说，我儿子都这么大了，假如他小时候，他们的小学老师都学这个，那不知道多好。她希望更多的幼儿园、小学老师学习，她就把账结了。真的，这个时代做这个事情，老祖宗福荫，老祖宗的福报在成就这些事。所以一个人能听祖先的话，有福；违背祖先教诲，灾就难免了。

"有一子一孙"，这个积财的布政有一个儿子一个孙子，"纵欲嫖赌，殀死。"去世了。纵欲嫖赌，福报早就折光了。"布政公寻染瘫痪。"他自己瘫痪了，不能动。"子媳孙妇"，儿媳跟孙媳，"颇著丑声"，不守妇道。"利其有者，趋之若鹜"，因为他有钱，亲戚朋友都开始动歪脑筋，要夺他的财产。"公犹目及见之。"他看着这些亲戚一个一个来夺他的财产，当下他一定是痛不欲生，但又不能动。"垂死，家已罄矣。""罄"就是空了，整个家产全部败光了。"临危"，临终的时候，"忽张目大呼曰"，张大眼睛大声说。"人之将死，其言也善"，不过人不要在最后一刻才有所感悟。"官至布政不小"，当官当到布政不是小官，"田至十万不少"，田地置办了不少，"我手中置，我手中了。"这些财富都是他手上拿到的，最后在他手中不到几十年全部都还完了；不只还完而已，子孙全部都毁了。"说毕而死。"讲完就死了。

其实我们冷静想想，当到布政使，乃至当个县令，都是有大福的人才做得到。这么大的福报，也是修来的，结果拿福去造这么大的孽，你说冤枉不冤枉，小人冤枉做小人。其实坦白讲，他能贪得到，都是他命中有的；命里没有，贪也拿不到。命里有的，怎么不走正规的途径？最后还得在监狱里面过一辈子。所以明理重要，弘扬圣贤教育重要，这样人才懂得人生的财富该是你的，跑都跑不掉，不是你的，强求不来。人一懂，就乐天知命。命运是靠自己去造的，不能触犯法网。"命由我作，福自己求。"大家假如能够尽力地把《了凡四训》介绍给亲朋好友，那也是功德无量，让他们了解命运的真相，命运都是可以靠自己去转变。

所以胡先生的《原廉》篇，就点出了读书人学圣贤学问是要利益国家人民。"**本欲出而致用，为国家作栋梁，为兆民谋幸福。**"这是本来的心愿。廉洁也是从这份使命，这份利益老百姓的心，很自然提起的态度。"**急宜廉隅自饬**"，最要紧的，就是要品德端正。"廉隅"就是品德很端正。"自饬"，谨慎严肃地对待自己的行为，其实就是洁身自爱。"**清操自励**"，清廉、守节操，自立自强。"**以不贪为宝。**"不起贪心、守住德行，这才是最宝贵的。"**学古圣贤之一介不以与人，一介不以取诸人。**""一介"，可以当一个讲，或者跟"芥"通，草芥，连这么细小的东西都要守住原则。"一介不以与人"，"与"是给人，就是再小的东西，也都要符合道义的东西才可以给人。包括我们今天奉养父母，假如我们赚的钱不干净，哪怕你拿再多的钱给父母，那也是不孝，是在羞辱自己的父母。"一介不以取诸人"，一点微小的东西，不符合道义的话，也不接受。这都是廉洁的表现。

"**虽贫而不受赂金**"，再怎么贫穷，也不收受贿赂的钱。"**虽渴而不饮盗泉。**"再怎么渴，都不喝盗泉里面的水。这个读书人，不只在行为当中戒贪，在心理上也提醒自己，不可以落下贪的念头。不过做法因人而异，最重要的是提醒自己，你可以不喝，你也可以喝。晋朝有一个读书人叫吴隐之，他到广州去当官，经过石门这个地方，当地有一条河叫贪泉，传说喝了之后，人就会起贪心，要不要喝？这个吴隐之喝了，喝完赋了一首诗，"古人云此水，一歃怀万金。"喝了一口以后，就会想要贪万金，"歃"就是喝、饮，"试使夷齐饮"，伯夷叔齐是非常清廉的圣者，"终当不易心"。你看看那种气概！伯夷叔齐是清廉的人，他们喝了，也不可能起贪念。你看古人的心目当中，时时都是效法古圣先贤。

这节课先跟大家谈到这里，谢谢大家！

第十八讲

尊敬的诸位长辈、诸位学长，大家好！

上节课我们讲到，古人"一介不以与人，一介不以取诸人"，不义之财绝不贪求。这里也有一个故事让我们很感动。

罗伦，永丰人。成化丙戌，赴试礼闱。仆于途中，拾一金钏。行已五日，伦偶忧路费不给。仆曰："向于山东某檐下，拾一金钏，可质为费。"伦大怒，欲亲赍（jī）付还。仆屈指曰："如此往返，会试无及矣！"伦曰："此物必婢仆失遗，万一主人考讯致死，是谁之咎？吾宁不会试，毋令人死非命也。"竟返至其家。果系一婢泼洗面水，钏在水中，误投于地。主母疑婢所匿，鞭笞流血，几次寻死。夫复疑妻私授，根求诤（suì）骂，忿欲投缳（huán）。伦出钏还之，遂全两命。当时见者，即咸以鼎元期之。急复趋京，已三月初四矣。仓皇投卷，竟得中式。廷试果状元及第。

此亦还遗耳，似无足为罗公异者，仰思罗公之心何心乎？舍己功名，忧人性命，岂尚区区钏上起见哉？且他之还遗，往往揆（kuí）之天命，多出于不敢；此之还遗，念念发之至诚，实出于不忍。不敢不忍之间，安勉之别？亦仁与义之分也。（《德育古鉴》）

"**罗伦，永丰人。成化丙戌，赴试礼闱。**"他在丙戌这一年到京城去赶考。"**仆于途中**"，他的仆人，"**拾一金钏。**"金钏是金镯子。"**行已五日，伦偶忧路费不给。**"怕路费不够。"**仆曰：向于山东某檐下，拾一金钏，可质为费。**"之前我在某一个地方的屋檐下捡到一个金镯子，可以换做路费。"**伦大怒，欲亲赍付还。**"罗伦非常愤怒，怎么捡到都没有讲，要亲自拿回去还给主人。"**仆屈指曰**"，仆人算算日子说，"**如此往返，会试无及**

矣！"考进士可能就赶不上了。"**伦曰：此物必婢仆失遗**"，这个东西一定是仆人或女婢搞丢的，"**万一主人考讯致死，是谁之咎？**"物皆有主，不可贪求，不然可能贻害于人。所以明理之人和不明理之人思考问题不是在一个点上，明理之人会想，这个结果出现了，原因是什么；这个事这么做了，后果会怎么样。事情的来龙去脉，原因、流弊都会考虑，尤其还可能害死他人。"**吾宁不会试，毋令人死非命也。**"宁可放弃这次机会，也不能让人因此而丧命。

"**竟返至其家。**"以很快的速度赶回这一户人家。"**果系一婢泼洗面水，钏在水中，误投于地。**"倒洗脸水的时候，没看清楚钏在水里面，一起把它泼掉了。"**主母疑婢所匿**"，女主人怀疑婢女把它藏起来了，"**鞭笞流血**"，把她打得皮开肉绽，"**几次寻死。**"婢女想以死了结。"**夫复疑妻私授**"，丈夫也怀疑妻子，是不是私下送给人家，"**根求诟骂**"，"诟"是言语很激烈，骂得太难听，妻子听了以后没法释怀，"**忿欲投缳。**"也很难过、气愤，想要上吊自杀。"**伦出钏还之，遂全两命。**"罗伦赶回来了，无形当中化掉了这两个人的灾祸。"**当时见者，即咸以鼎元期之。**"当地了解这个情况的人，都以他能考上鼎元，就是考上状元，来祝福他、期许他。"**急复趋京**"，以最快的速度进京赶考，"**已三月初四矣。**"可能当天就考试了。"**仓皇投卷**"，进考场就开始写，"**竟得中式。**"会试考过关，"**廷试果状元及第。**"果然考上状元。

"**此亦还遗耳**"，人家遗失的东西还给人家，"**似无足为罗公异者，仰思罗公之心何心乎？**"罗伦的存心是非常难能可贵的。"**舍己功名，忧人性命，岂尚区区钏上起见哉？**"重点其实不在这个钏有多珍贵，可以换多少钱，而是人命关天！"**且他之还遗，往往揆之天命，多出于不敢。**"一般人把这个东西还回去，可能他会想，天网恢恢，疏而不漏，贪人家东西总是不好，所以他是不敢这么做。而罗伦"**此之还遗，念念发之至诚，实出于不忍。**"仁慈、仁厚之心。"**不敢不忍之间，安勉之别？**""不敢"跟"不忍"还是有差别，福田心耕，不忍的心感得的福报更大。"**亦仁与义之**

分也。"不忍是仁慈之心，不敢是义，不义之财不可拿。所以这段点出罗伦最可贵的，除了廉洁、不贪，还有慈悲为怀的心。

我们再看"绪余"。"虽贫而不受赂金，虽渴而不饮盗泉"，代表读书人时时念着为国谋福，以不贪为宝，非常有风骨，清廉。**"以天地为心，以万民为命"**，以天地无私博爱的胸怀来期许自己的存心。"天无私覆，地无私载，日月无私照"，是大公无私的胸怀。"以万民为命"，以能造福万民为自己的使命。**"决不至失其节操"**，不会忘失节操，或者是毁了节操。有这么博大的胸怀，正气凛然，邪气也污染不上。**"入琼林玉树中而迷其性，登仕图版籍而异其心。"**真正"以天地为心，以万民为命"，这一股正气，能让人在很多境缘诱惑当中全身而退。"琼林玉树"就是珍宝荟萃，不会被这些东西诱惑，不会掉到这些利与欲当中。"登仕图版籍"，也不会因为高官厚禄而改变初心。

"果能如此立心"，这样来存心，这样来立志。**"以之治国，而国无不治。"**用这样的态度、胸怀，有爱心又廉洁，又有使命感，所到之处，一定可以教化一方。所以"为政之要"，政治最关键的，"曰公。"公正无私，还有清廉有守；"成家之道，曰俭与勤。""廉者，政之本也。"廉洁是政治办好的大根大本。**"以之安民，而民无不安矣。"**老百姓知道一心为他们好，就好像孩子得到父母的爱，子民得到父母官的照顾，哪有不安的道理？所以很多好官要离开那个地方，万人空巷，老百姓依依不舍。这些好官去世的时候，老百姓跟死了父母一样地伤心。而廉洁的人，诸位学长，你们觉得他的生活如何？"一箪食，一瓢饮，在陋巷，人不堪其忧，回也不改其乐。"你感觉如何？有没有心向往之？那样的生活不错，还是"很好，但别找我"？其实，立身行道很多障碍是自己想出来的，很多时候你做了，才知道个中的快乐。

诸位学长，从今天开始都不为自己想了好不好？日子能不能过？很多人一听，不为自己想，那怎么活？殊不知，不为自己想，烦恼就没了。烦恼都是从"我"要怎样怎样，谁对"我"怎样怎样而来，所有的烦恼，前面都有一个"我"。所以人要调伏习气，习气像毒树一样，尚方宝剑出鞘，要直断其根。人真的能把"我"放下，烦恼就去了一大半。一般人觉得不为我活不了，其实真不为我了，个中的味道只有放下的人才知道。

我当时在海口，一个人住。刚到海口人生地不熟，每天三餐自己料理，那样的生活现在想起来挺甜美的。我记得那个时候，常常两三天就要到市场买一次菜。有个卖水果的女士，我把《弟子规》送给她，让她拿回去教她孩子。送完以后，每一次我找她买水果，买完了她铁定还要再拿几个放到我的袋子里面。其实一个人生活很简单，也没时间想其他的，因为每天工作也挺多。有一次刚好有闲暇的时间，听师长的教诲，师长说起几十年的修学心得时讲道："你什么都不要了，你什么都得到了。"师父讲到这里笑得很开心，"你们不懂，如人饮水，冷暖自知。"当时师父笑的时候，我也笑了。师父是大笑，我是小笑，才嗅到这么一点味道。

我刚到海口开始上课的时候，大家不认识我。我赠送书籍给他们。一个月过后，有些朋友比较熟了，说怎么还没卖书？还没开始收钱？所以"路遥知马力"，很多事别急，"板荡识忠臣"，日久见人心，急啥？还解释半天，硬是要人家相信、了解，那叫强求，还有控制的欲望。后来了解我们没有任何目的、索求，一两个月过后，每一次上完课，这些朋友回去了，我到厨房一看，好几包菜跟水果都放在那里，谁拿来的都不知道。所以真的我为人人，人人为我；只为自己，那就孤家寡人。

而真正珍惜物品，想到这个是姐姐送的，那个是哪个好朋友送的，你很珍惜它、爱惜它，一件衣服可以穿二三十年，而且愈穿愈有感情，愈穿心里面愈温暖。一个东西用了几十年，然后愈看它愈舒服，有没有？真的，我现在看到五年前、十年前用的东西，都会觉得满心欢喜。而且更重要的，自己的贪念愈来愈淡。战胜别人一千次，不如战胜自己一次。功利思想之下，都觉得把别人打败了叫英雄。其实，把自己的快乐建筑在别人的痛苦上，那不叫英雄。大英雄是别人做不到的我们做得到，最难的是调伏自己的习气、欲望。而廉洁的人把贪念对治了，"廉者常乐无求"，人若无求品自高;"贪者常忧不足",贪恋的人纵使有很高的地位跟财富,内心也没有真正的自在快活。因为人比人气死人,比来比去,欲是深渊,他的人生其实就变成欲望的奴隶,常常在不足、患得患失当中痛苦。

我们接着看《廉篇》"绪余"第三段,主要是诠释女子之廉。

> 廉者,所以立志也。人各有志,孰不喜清高而恶污浊,惟或为环境所迫,或为衣食所累。利欲乘之,致有志不能自立耳。果能立志,则富贵不能淫,贫贱不能移,威武不能屈。比德于玉,不刿(guì)不嗛(qiàn)。廉至极处,可以道不拾遗,夜不闭户,成太古风矣。女子之廉,尤以勤俭为本。每见贪安逸,尚服饰者,卒流于贫困。而骄奢淫泆,亡国败家,莫非不廉所致。女子能廉,则可以养成其夫若子之清德,家道有不从此日隆乎。

"廉者,所以立志也。" 人廉洁有守,也是立定了远大的志向,这一生要保全自己的名节。人死有轻如鸿毛,有重于泰山。"粉身碎骨浑不怕,要留清白在人间。"你看圣贤人的风骨。**"人各有志"**,每个人都有志向,所立的志向有差异,但是,**"孰不喜清高而恶污浊"**,谁不喜欢清廉、高尚,而厌恶贪婪、染浊。**"惟或为环境所迫"**,可能是因为被环境所压迫。**"或为衣食所累。""衣食"**代表物质生活的牵累,日子过不下去了。这个时候,**"利欲乘之"**,利欲乘虚而入,污染了心地。**"致有志不能自立耳。"** 有清高的志向,但不能屹立不摇,动心了,根立得不够牢。所以我也常常跟教育界的同仁、跟家长交流,你有没有把握,你教的学生、你的孩子,在物欲横流的时代,能不随波逐流,能立得住脚跟,有没有这个信心?立得住,我们的孩子跟学生这一生才有幸福,才会不断提升他的灵性。假如守不住,他这一生是在造孽、在堕落。所以真有爱孩子的心,决定重视他德行的扎根。这是从他一生的幸福去考虑。

"果能立志",立定了高远的志向,而且矢志不渝。**"则富贵不能淫"**,

富贵不能让他迷惑沉溺，他不会陷在里面、贪着在里面。"**贫贱不能移**"，贫贱也不能变更他的气节。"**威武不能屈**。"所有武力的强势都不能让他屈服。"**比德于玉**"，他的德行就好像洁白的玉，玉代表清净无染。"**不刓不嗛**。""**刓**"是割，损伤，玉没有任何的损伤。"**不嗛**"，不多添加什么东西，任何贪求也没有。因为你洁白如玉，不贪，不会受损，也不会添加一些贪着来的东西，这都是在表洁白如玉的德行。

"**廉至极处，可以道不拾遗，夜不闭户**"，当地的人民被感化，路上不捡人家遗失的东西，这样失主回来还找得到。夜间不用关门户，没有人会去偷盗。"**成太古风矣**。"成就了如太古时期那样的社会风气。"人之初，性本善"，真正有这样的风范，确实能够感动身边的人。在元朝末年，有个读书人叫许衡。那时候兵荒马乱，很多人赶路逃难，经过一个地方，看到旁边有梨树，很多人口渴，马上就把水梨摘下来吃。正当大家吃得很痛快的时候，看到许衡坐在那里如如不动。人心很有意思，你摘下来在那吃，结果有个人动都不动，每个人心里都有思考了。其中有一个人对许衡讲："这一路赶路这么渴，你怎么不吃水梨？"他说："非其有而取之，不可也。"这不是我拥有的东西，我去拿，这不妥当。你看，读书人很厚道，点他们，没有直接很严厉地去指责。许衡有没有说，你们这是偷吃别人的？劝别人要带三分厚道。

这个人说："兵荒马乱，这梨树没主人的。"人有时候在做错事的时候，自己也想了好几个理由要说服别人。许衡怎么讲？"梨无主"，水梨可能没有主人，"吾心亦无主乎？"我的心怎么可以没有主人？在这样的境界当中，我也不可以去贪求。他没有去要求别人，他要求谁？自己。这叫格物的功夫，格物的功夫最后能感化别人。后来许衡在的地方，当地的小朋友都受到他的教化，果树掉下来的水果，小朋友连看都不会去看。大家都有那种不贪、不是自己的东西绝对没有任何想法的这个态度。"成太古风矣"，这是廉至极处。所以诸位学长，在你的单位，甚至你自己的家中，都能贯彻廉洁，一定能感动身边的人。说不定，单位的人想要浪费点什么，拿点什么公物，突然看到你，"算了，别拿了"，你就在感化别人。谁要做坏事，一看到你，马上歹念就没了，你身上就有正气了。

"**女子之廉**"，女子的廉洁，"**尤以勤俭为本**。"俭以养廉，廉，根本上要从勤俭下手。我们前面讲过，仁义礼智都含摄在勤俭里面。勤俭，拿省下来的去帮助别人，仁慈心增长。俭，不贪，义增长，义是不苟取。勤俭，多奉养父母，帮助家族的亲人，奉养父母是礼，尽自己为人子之礼。勤俭成为家风传给下一代，这是有智慧的父母，智。善用心的人，他的德行都因清廉而引发出来，所以古人讲"俭，德之共也"。但勤俭，如果最后变成吝啬了，就为了把财产多留给子孙，这是没有智慧。古人勤俭，是既有仁德，又有智慧。你看曾子，奉养父亲，尽心竭力，明明东西没有了，爸爸很喜欢吃，问还有没有。"有"，赶快去借。这是尽孝。只要父母欢喜，自己再出去借，就希望父母年老开心一些。

这些孝子的风范，我们看了很感动，也很惭愧。假如我们勤俭到最后是留一大堆财物，子孙没志气，拿去乱花，这就是智慧不足。有句话叫"勿以嗜欲杀身，勿以财货杀子孙"，都是金玉良言。不要染上坏习惯，什么是坏习惯？严重的吃喝嫖赌，沉溺在一些玩乐当中，这都属于嗜欲。再来，脾气大也是嗜欲，发脾气最伤身，身心要好几天才能慢慢缓过来。爱生气的人铁定不孝，德行上不去。"身体发肤，受之父母，不敢毁伤，孝之始也。"你能感觉到父母的心，哪有可能伤自己的身，让父母担忧？我们对自己的爱护，决定比不上父母对我们的爱护。所以我们生病了，父母比我们还要难过。我不知道听了多少当爸的当妈的，孩子病得很严重，他们让老天爷把孩子的病移到他们身上。所以"身有伤，贻亲忧；德有伤，贻亲羞"，我们做错事情，名誉有损，我们可能还满不在乎，但父母可能抱憾终生。

"勿以财货杀子孙"，留了一大堆财货，反而无形当中毁了自己的子孙，为什么？积财伤道。积了这么多财物，都没有帮助苦难，或者穷苦的亲朋好友，就有伤我们的仁厚之心。伤了我们的道义，子孙怎么会仁厚？

他也学到了吝啬跟苛刻，"出乎尔者，反乎尔者"，最后这个吝啬、苛刻就回到自己身上。所以有一句话叫"人算不如天算"，再怎么算，只要存心不正，最后就会回到自己身上来。

女子是一家之主妇，这一家的家道跟女子有很大的关系。这个"主"字用于妇女，妇女在家庭当中的地位跟重要性可见一斑。周朝几位圣王的母亲，太姜、太任、太姒，教出来的都是圣人。太太，是对女性的尊称，期许每一位妇女都效法三太的德行，我们的家庭、国家、社会就有贤德的后代。《孔子家语》里面说，"妻也者，亲之主也，敢不敬与。"怎么可以对妻子不恭敬？她是亲族很重要的角色，直接影响家道的承传。所以这里提到，假如妇女以勤俭为本，家道就传下去了。

"每见贪安逸"，贪图安逸的生活，"尚服饰者"，喜欢享受，又追求服饰的华美。现在人买衣服，不是考虑衣服穿起来暖不暖，考虑名牌。衣服是拿来遮体的，拿来御寒的，现在变什么？追求虚荣。很多人说，不穿流行的，还穿这么过时的衣服，笑死人了。你就这么怕人家笑，这个心就这么容易动，哪有快活日子可以过？每个人对你都有看法，你要为几个人活？每个人看法都不同，你应付得完吗？所以应该回到圣贤人立身处世的这些原理原则，身心就轻安了；跟人家攀比，哪有尽头！更何况，笑死是他死，又不是我们死，这么紧张干什么！而且风尚会转，三年、五年以后，又转回来了，那件衣服还是最流行的，叫复古。而且告诉大家，最重要的是气质，人气质好，五十块的衣服穿起来都像五千块。没有气质，再贵的东西一穿也像路边摊的。所以人要愈看让人家愈觉得舒服、有人缘，这是气质。

从人生的经验来看，贪图享受，又好华美服饰的，"卒流于贫困。"随波逐流之后，没几年就贫困下来了。为什么？你去攀比、奢侈，福报就花完了，最终一定是贫困的结果。所谓由奢入俭难，人不能总是享福，福总有折完的一天，应该是积福、造福才对。现在的下一代很多花钱花得很凶，都可以看到十年、二十年后，这个家会变成什么样子，父母却没有智慧看到这些问题。我接触一些年轻人，还在读书，一个月的电话费就要几百块。你说他以后怎么组织家庭？根本连当父母的能力都没有。他连照顾自己都不可能，还照顾别人？

"**而骄奢淫泆，亡国败家，莫非不廉所致**。"之前跟大家提到管仲说"国侈则用费，用费则民贫"，国家风气奢侈，大家花费都很凶，人民贫穷，"民贫则奸智生，奸智生则邪巧作"。你看古人都是防微杜渐，他从奢侈就看到接下来会发生什么事。"奸邪之所生，生于匮不足"，他不够花了，就动歪脑筋；"匮不足之所生，生于侈"，就是太奢侈；"侈之所生，生于毋度"，从小用钱就没有节度，挥霍无度。"审度量，节衣服，俭财用，禁侈泰，为国之急。"治国最急迫的事情，其实也是为家之急。

"**女子能廉，则可以养成其夫若子之清德**"，相夫教子，丈夫、孩子都有节操，有高贵的品德。"**家道有不从此日隆乎**。"家道一定因为太太、母亲的风范而兴旺起来。所以"福生于清俭"，一个人、一个家庭的福气从哪里来？清廉节俭。"道生于安静"，清净心生智慧，所以人时时要让自己的心定下来、静下来，修养才会提升。每天心浮气躁，修养提升不了。当然要训练，行住坐卧都要在定中。"行亦禅，坐亦禅"，行住坐卧都是禅，"语默动静体安然。"心不妄动，都是很安详的。"一切言动，都要安详；十差九错，只为慌张。"一急、一慌了，心就不定、不静了，就会做错事；做错事之后还会骂人、发脾气，就一发不可收拾。"道生于安静，德生于卑退。""谦受益，满招损。""福生于清俭，命生于和畅。"一个人身心和谐，一个家才能和谐，家和万事兴，在和谐顺畅的环境中才能身心安顿、长寿。

假如我们的家人要跨进家门的时候，脚提起来有千斤之重，又退回去了。那我们作为家庭的一分子就要反省，怎么给家里人压力这么大？孩子考试没考好，不敢回家，"妈妈又要骂了，爸爸又要打了。"这个压力就很大。我从小到大回家都挺愉快的，进门都有热腾腾的红豆汤、绿豆汤可以喝。我有没有过犯错的时候？有。做错了，心里也很自责，没跟我母亲讲，晚上睡不着觉。所以我犯错，都不是我妈给揪出来的，都是我直接招供的，讲完觉得良心比较过得去。所以你当父母，让孩子觉得做错事，他良心过不去，不忍欺骗你，不忍让你蒙羞，自觉性慢慢就起来了。承认错误，我母亲都会鼓励，下次不要再这样了，不会严厉指责。能承认错误，这就要给予孩子一些适当的肯定。一给肯定，他以后什么事都会主动跟你承认，什么都可以坦诚面对父母。他承认，你打他一顿，他以后不敢跟你讲，就麻烦了。所以我们的孩子不跟我们讲实话，"行有不得，反求诸己。"我们跟他互动的过程当中，是不是没有让他倾诉，话没有充分讲出来，你就把他切掉了；或者讲了之后，你就骂他，他有恐惧，就不敢跟你讲了。

"福生于清俭"，在历史当中最典型的是杨家的后代。杨震，汉朝的"关西夫子"，这是相当崇高的肯定，关西的孔老夫子。杨震曾经提拔的王密，有一天晚上拿了金子来送给他，结果杨震说，我了解你有才能才举荐你，你怎么这么不了解我，还拿钱来贿赂我？王密说，反正没有人看到。杨震说到，天知、神知、子知、我知，怎么会没人知道？若要人不知，除非己莫为。后来杨家连续四代，杨震、杨秉、杨赐、杨彪，四代三公，三公是皇帝的老师。一个家庭四代都做到皇帝的老师，富贵到什么程度！富贵从哪里来？清廉节俭。所以清廉的，你看他现在好像比较穷困，子孙往往骤发，后代很快就兴旺起来。所以忍得过诱惑的，必有后福。

我们接着看《廉篇》"绪余"第四段。

女子之廉，当其承欢膝下，深处闺中，惟父命之是从，无冶容之为悦。兰姿蕙质，何事铅华，玉洁冰清，不资锦绣。许字则听之天命，莫择富豪；于归祗尽于人伦，奚须妆饰。其为妇也，不在掌夫家之管钥，不计享舅姑之田园。先人若有所遗，尽归娣姒。母家或有所赠，尽献翁姑。井臼勤操，谋生自给。衣食俭约，日用有余。尤宜严闺阃之清操，杜良人之贪念。既生有子女，更须教导于幼稚，以为先入之基，一瓜一果之弗贪，一丝一毫之不苟。庶几达则甘受粗粝之养，不愿为牲鼎之烹。穷则不取非义之财，亦不为非分之事矣。

"**女子之廉，当其承欢膝下，深处闺中，惟父命之是从**"，女子的廉洁，从什么时候培养？"少成若天性"，从年少时在自己的家中就开始培养。"承欢膝下"，"膝下"是指父母。深处自己的闺房之中，很听从父母的话，"父母命，行勿懒。""惟父命之是从。""**无冶容之为悦**。""冶容"就是浓妆艳抹，不以浓妆艳抹而感到高兴。"**兰姿蕙质**"，"姿"是指容貌、姿态。"蕙"本来指香草，"质"是本质。"兰姿蕙质"就是指女子聪慧美丽。"**何事铅华**"，何必外在这些太多的装饰。"**玉洁冰清，不资锦绣。**"自然的气质很好，清淡典雅，何必要华美的外衣？"锦绣"就是指很昂贵的衣服。

在家中她能勤俭，侍奉父母，不增加父母的负担。"**许字则听之天命**"，"许字"是指嫁人。古代嫁娶，媒婆要对八字，看是不是门当户对。"天命"，一来有父母的智慧帮她找好的对象，再来，确实姻缘也是天注定。"百年修得同船渡，千年修得共枕眠。"所以懂得姻缘就会珍惜。"**莫择富豪**"，许配的时候不去想要攀求富贵豪门。"**于归祇尽于人伦**"，"于归"就是出嫁，期许自己尽人伦本分。"**奚须妆饰。**"嫁过去了，"之子于归，宜其家人"，就是成就这个家道、家风，而不是去享受虚华的，所以不用刻意装扮自己。"**其为妇也**"，她当太太的时候，"**不在掌夫家之管钥**"，不是去谋求夫家库房、财库的钥匙，不会去跟人争这个位置。"**不计享舅姑之田园。**"不会计较、攀求公公婆婆的家产。"**先人若有所遗**"，长辈、先人走了，留下遗产，"**尽归娣姒。**"全部归给大嫂、弟妹。"财物轻，怨何生"，完全跟亲人不计较，能让，没有贪，这个人厚德。"**母家或有所赠**"，娘家赠送一些东西，"**尽献翁姑。**"当媳妇的藏一堆东西，不让家里人看到，这种日子过起来也挺累的。我们能把公公婆婆当父母，也能感得公公婆婆把我们当女儿。

"井臼勤操"，做很多工作，舂米、挑水、劳动，很勤奋，"谋生自给。"自给自足。"衣食俭约"，很节俭花用，"日用有余。"反而都有剩余。"尤宜严闺阃之清操"，很重要的是严守女子节操，由女子来做榜样，带动下一代。"杜良人之贪念。"杜绝、防范丈夫的贪念，这也是护念丈夫跟孩子。他们也会遇到一些境界，我们能留心，都能化掉他们的灾祸。所谓"妻贤夫祸少"，妻子贤德，丈夫很多灾祸都在妻子的提醒当中化解。

"既生有子女，更须教导于幼稚，以为先入之基"，教育好子女，先入为主，深植子女的心中，不贪、廉洁有守、勤俭。"一瓜一果之弗贪，一丝一毫之不苟。"一瓜一果都不能起贪恋，物品一丝一毫都不苟且贪求。"勿以恶小而为之"，所以古人都从这些很细微的地方调伏、对治孩子的恶念、习性。当然也要"勿以善小而不为"，从生活细节当中长养孩子的善念，长善救失。"庶几达则甘受粗粝之养"，可能丈夫考上功名，家庭比较宽裕，但是生活的享用并不改变。我们看欧阳修的母亲就做得非常好，笑着对欧阳修讲，你现在被贬官了，我过这样的生活早已经很自在，我陪你上路。"不愿为牲鼎之烹。"就是很有钱的人吃一餐花费很多，钟鸣鼎食。现在吃一顿饭，几千上万的都有！你的亲朋好友有这么花钱的，一定要善巧方便地让他懂这些圣贤教育的道理。不然他这么花福报，很快就会出状况了。"穷则不取非义之财"，纵使困穷也不拿非义之财，"亦不为非分之事矣。"不做非分的事情，不做非分之想。

"廉"的部分，我们告一个段落。下一节课我们进入"耻"这个单元。谢谢大家！

第十九讲

尊敬的诸位长辈、诸位学长，大家好！

接下来要讲的是"耻"的部分。我们读圣贤书，首先要尽孝道，"立身行道，扬名于后世，以显父母，孝之终也。"这一生要以自己的德行让父母感到光荣，这才是有耻，才没有辜负父母的养育之恩。我们先看《耻篇》的"绪余"。耻是八德最后一个德目，但是非常重要。

> 夫耻，德之基也。《说文》：耻，辱也，从心，耳声，会意，取闻过自愧之义。凡人心惭，则耳热而赤，是其验也。乃教人知羞免愧，归乎天良也。盖人性本善，习而为恶，天能使人性有善而无恶，不能使人有习而不为恶。故赋以羞恶之心，俾起一恶念，则惊，行一恶事，则恐。既惊且恐，则必速止其恶，以返于善而性乃不为习所夺，故耻大有功于性。耻心发现，即是天良，即是明德基本。孟子曰：耻之于人大矣，不耻不若人，何若人有。

"**夫耻，德之基也。**"成就德行重要的基石，没有这个基础就成就不了德行。"**《说文》：耻，辱也**"，不能成就德行，觉得是耻辱；不能完美人格，觉得是耻辱。"**从心，耳声**"，耻是人心理的作用，是人性德里本有的。耳朵听到自己的过失，不好意思；或者听人家赞叹自己，过誉了，自己很难为情。"**会意**"，就是我们看到这个字，能理解它的意思。"**取闻过自愧之义。**"听到自己的过失，心生惭愧，这就是耻表的意思。

"**凡人心惭，则耳热而赤**"，心生惭愧了，耳朵会发热、发红，脸也会，"**是其验也。**"这是羞耻心呈现出来的效验。"**乃教人知羞免愧，归乎天良也。**"这个脸红是不好意思，不是怒发冲冠那个红，不是恼羞成怒那个红。所以这是自然现象，假如人家批评我们的不足，我们脸都红不起来，那就有点不正常。现在有一个说法，"脸皮太厚了"，厚得很难提起惭愧的心境。所以这个耻心让人知差耻，懂得收敛自己、改正自己的错误，回归，这叫"归乎天良"，回归天良本性。其实从小孩就可以看出这一点，小孩一做错事，他的神情就不一样。他第一次说谎，第一次犯错误，父母很容易就能察觉。那是不是他的耻心在起作用？做错事情浑身不自在。所以为什么要陪伴孩子成长？因为孩子只要一犯错，马上你就察觉，就可以修正他，让他记取教训，后不再犯。你陪他三年、五年，他整个德行的根就扎下去了。

现在的家长麻烦了，都没有陪伴孩子成长，什么时候孩子有了一个缺点，自己都没有察觉，等到很严重的时候，就比较难改了，积重难返。所以教育、陪伴孩子，这是父母的天职。父慈子孝，这个慈爱就在能重视孩子的教育，树立孩子健全的人格，因为这是他幸福一生的基础。拼命赚钱，孩子奢侈浪费，你的钱都不够他花，这就没有远见、没有智慧了。所以当父母的也要有轻重缓急的衡量，不能自己很忙就觉得很为孩子了，为孩子还是要把教育摆在第一位。现在学校也常常找父母沟通学生的情况，尤其初中生状况会比较多。其实初中生的状况，什么时候就开始埋下病根？可能三岁、五岁那个时候就开始了。有一位初中老师跟我们讲：有一个女孩，她行为很不好，你们都说孩子的行为跟父母有关系，可是她的父母什么都很好，就只是忙一点而已。有没有道理？什么都好，就只是忙一点而已。你看，"忙"变成了合理的借口。请问，一忙谁陪孩子成长，谁纠正她的错误？父母一忙，谁教孩子？大部分是保姆教。而保姆找谁教？保姆把孩子给电视教、给电脑教。电视、电脑是魔王，里面多少污染的东西误导了孩子。所以现在很多家庭面对初中的孩子，一个头两个大。早知今日，何必当初？冰冻三尺，非一日之寒。所以父母不重视孩子的教育，等到发现问题了，后半辈子就很麻烦，得要花更多倍的时间、精力，来导正孩子的行为。所以人的智慧在哪里展现？人生的取舍，人生的轻重缓急。少赚一点钱，多陪孩子成长。可能有人就要说："那我少赚的钱，蔡老师你要不要负责？"告诉大家，你假如真懂道理了，这一辈子该是你的福分，跑也跑不掉；不是你的福，纵使一天十六个小时工作，赚了钱之后也不见了。没有福，钱是留不住的。奢侈，更留不住钱。所以福田还是靠心来耕。

羞耻心对孩子的人格特别重要。《弟子规》里面讲，"德有伤，贻亲羞"。一个人的孝心是他羞耻心的根，他怕自己的行为羞辱了自己的家庭，他就有羞耻感。包括《弟子规》讲的"过能改，归于无"，他自己有过失了，养成习惯，勇于认错、勇于改过，这都是在长养他的羞耻心。

"盖人性本善"，人之初，性本善。"习而为恶"，但因为习染而形成一些坏习惯，行为不善，"苟不教，性乃迁。""天能使人性有善而无恶"，天，其实就是真理、真相。人性是纯净纯善而没有恶的。孔夫子非常好学，不断提升自己的德行，"吾十有五而志于学，三十而立，四十而不惑，五十而知天命，六十而耳顺，七十而从心所欲不逾矩。""不逾矩"，一言一行、起心动念都符合圣贤的教诲，符合自己的性德，那是回归到纯净纯善。《大学》开篇讲，"大学之道，在明明德。"明德是本有的善，"明"就是让我们恢复、彰显明德。我们可以通过修学恢复到性本善，但是得要自己肯努力。假如自己随顺习气，沾染上很多坏习惯，就很难不退步了。所以下一句提到，"不能使人有习而不为恶。"天助自助者，天救自救者，天弃自弃者，自我放弃了，老天爷也帮不上忙。天地万物所有善的力量对我们都是一种辅助，但是要我们肯接受帮助、肯受教，这些力量才使得上来。比方父母的话我们肯听，父母才帮得上忙；我们求学过程当中，老师的话我们记在心上依教奉行，我们就得很大的利益。我们今天打开《弟子规》、打开《论语》，以至诚的心来受持这些教诲，就像孔夫子在我们面前，夫子就帮得上我们的忙。可是人自甘堕落就很麻烦，"学如逆水行舟，不进则退"，要有很高度的警觉。而人的性德当中刚好就有这个耻心，"故赋以羞恶之心"，羞愧做恶事，人就会期许自己，要不断提升自己的善心、善行，就不会堕落。所以在《了凡四训》当中讲到，改造人生的命运要改过迁善。而改过要先发三个心，首先就是发耻心，羞耻心；再来，畏心，敬畏的心，举头三尺有神明。而且过能改，可以归于无；过不改，生命一结束，留臭名于世间，甚至亲人朋友都不敢提跟我们的关系。这个羞恶的心愈强烈，人的勇气、决心就愈能够出得来，"勿自暴，勿自弃，圣与贤，可驯致。""彼何以百世可师"，他们可以做整个民族世世代代的老师、榜样，"我何以一生瓦裂"，死了之后化为黄土也没有任何人记得。所以"人生自古谁无死，留取丹心照汗青"，应该让自己的精神、德行能够长存在自己的家族、民族。

《菜根谭》里面有一句话，"置身于千古圣贤之列，不屑为随波逐浪之人。"不愿随波逐流、同流合污，希望自己能跟圣贤人一样成就道德学问。大家有没有曾经听到哪一句教诲，结果晚上睡不着觉，在那里翻来覆去的？或者是看了哪一个圣贤人的传记，当天晚上觉得非常地振奋，然后心里想一定要效法、学习这个圣哲人，有没有这个经验？"天能使人性有善而无恶，不能使人有习而不为恶。"希圣希贤是人本有的，这种羞耻心、向善的心，怎么我们年纪愈来愈大，反而提不起这份振作、勇猛？记得有一次，我在课程当中讲到范仲淹先生的事迹，下课了，一个大学生，不到二十岁，把我请到旁边去，他说："蔡老师，我要做范仲淹。"我听了马上被他这股正气所震动。一个范仲淹对社会、民族的利益有多大！

"人之有志，如树之有根。"我们学习传统文化要有大志，有志就像树有根，它有生机，它不断吸收阳光、空气、水、养分。我们有志，就能跟所有圣贤的教诲相应；没有志，这些经典对我们来讲没生命，它只是几个字、几行字。它只是知识，它的精神没有办法入我们的内心，因为我们觉得圣贤是圣贤、我还是我。所以要先立志，要下决心不为随波逐浪之人。有了这种志向，就有了耻不如圣贤、耻不如至圣先师的态度，"德比于上则知耻。"所以这个羞恶之心有不同的标准！我们今天开始定哪个标准？跟孔夫子不一样就是恶。不如孔夫子了，马上觉得很丢脸、很惭愧，马上修正，这才是知耻。人家劝我们，我们还说"我比张三好多了，我比李四好多了。"那就很麻烦。所以德比于上，要向至圣先师学习。

一说到至圣先师，请问大家，你的脑海里浮现了夫子哪些形象？温良恭俭让。温和、柔软，不跟人起冲突，不跟人情绪化，不给人脸色看；善良、厚道，善良在哪里看到？处处替人着想，处处能看到别人的好，那是善良；恭敬，对人、对事、对物都是恭敬的态度；俭，省水、省电，节省资源给全天下的人用，时时胸怀天下的安危；让，时时能礼让、忍让、谦让。以这个为标准，羞恶之心就时时可以提得起来。

"俾起一恶念，则惊"，羞恶之心起作用，一起恶念就很警觉，我怎么可以起恶的念头？我怎么可以起对立的念头？甚至起伤害人的念头？"行一恶事，则恐。"做一件不好的事情，会觉得很惶恐。"既惊且恐，则必速止其恶"，这种惊恐的态度督促自己马上停止这个恶的行为，进而改正这个行为。"以返于善而性乃不为习所夺"，这个人就不会被习气污染、控制，沉沦下去。讲到这里，我们反观人的一生中，德行是在提升还是在下降？我曾经跟大学生分享，我请教他们，"你们觉得你们是小学的时候德行好，还是现在德行好？"大学生也很直率，他们连想也没有想，说："小学的时候德行好。"我们看，还没出社会，德行就一直降，再出社会，在大染缸里会怎么样？那就很严重了。所以这个耻的教育，在家庭、在学校当中都要摆到最重要的位置，不然人这一生真的都是沉沦，日沦于禽兽的行为。

"故耻大有功于性。"所以羞耻心对于保护自己的本善性德是有相当大的作用。"耻心发现"，这个耻心一起作用，"即是天良"，就是天性良知启动、警觉了，"即是明德基本。"是恢复明德、恢复本善最重要的基础。"孟子曰：耻之于人大矣"，羞耻对一个人的人生实在是太重要了，"不耻不若人"，"不若人"就是比不上人。不以赶不上人、赶不上古人为羞耻的话，"何若人有。"怎么会赶得上人？而我们这一代人的德行，比起五千年的圣者，甚至读书人，确确实实差得太远。我们在处世当中有没有想到，人家孔子是怎么做的，孟子是怎么做的，我怎么差这么远，然后哭半个小时的？这是耻起作用。我们现在羞耻用错方向了，那不是真正的耻。真正的耻是有恶念、恶行，警觉，改过；现在误会了，好面子以为是有羞耻心。人家长这么漂亮，我没她那么漂亮，很难过，还要去整容。请问大家，整容是不是有羞耻心？不是，那是好面子，爱虚荣。他不相信我，我好难过，是不是羞耻心？不是，那是得失心。我们觉得好丢脸，大部分都是因为虚荣心，把羞耻体会错了。

一次考试考不好，难过好几天，这是好面子，患得患失。我以前就是这样，有一次考英文，考了九十八分，哭了两个小时，最后打电话给我爸，"爸，我考九十八，差两分，很难过。"因为初中的时候要编特优班，我很在意，一定要编进去，所以少一分就很难过。这个患得患失的心起来，麻烦，污染人的性德。就像一滴墨汁滴到水里，很快，不到一秒钟；把墨汁从水里清出来，要比滴进去花几倍的时间。所以为什么叫童蒙养正？蒙以养正是最神圣的工作。不让孩子受这些习性污染，他从小根基就牢，有免疫力，这些邪的东西进不了他的身。进去了，再去掉这些习染，真难！幸好我父母没有这份得失的态度，常常我得失心起作用，都是父母安抚我。慢慢地我就觉得，怎么常常都是我在大惊小怪，父母都平常心对待？渐渐地也效法、学习父母处世的态度。所以耻不如尧舜，耻不能提升德行，这是羞耻。假如觉得才华、外在的享受比不上别人，那不是羞耻，那是虚荣心作祟，那是攀比心作祟。

我们接下来看一篇文章，可以让我们对耻有更好的领会。这篇文章是曾文正公写给他六弟的一篇家书。我们看文章。

六弟自怨数奇，余亦深以为然。然屈于小试，辄发牢骚，吾窃笑其志之小，而所忧之不大也！君子之立志也，有民胞物与之量，有内圣外王之业，而后不忝于父母之所生，不愧为天地之完人。故其为忧也，以不如舜不如周公为忧也，以德不修学不讲为忧也。是故顽民梗化则忧之，蛮夷猾夏则忧之，小人在位、贤才否闭则忧之，匹夫匹妇不被己泽则忧之。所谓悲天命而悯人穷，此君子之所忧也。若夫一身之屈伸，一家之饥饱，世俗之荣辱得失、贵贱毁誉，君子固不暇忧及此也。六弟屈于小试，自称数奇，余窃笑其所忧之不大也！（《曾国藩家书》）

"六弟自怨数奇"，他的六弟参加了县的考试，结果没考好，所以那阵子心情很不好，"怨"是埋怨，"数奇"就是运数乖舛，很不顺，与时运不合。"余亦深以为然。"他这个当哥的人，也深深感觉确实如此。当然，"深以为然"，也是安慰、同情他的弟弟，这叫情理法，先情绪上安抚一下。"然屈于小试，辄发牢骚"，"小试"就是县考，"屈"就是委屈。考不好了就发牢骚。"吾窃笑其志之小"，"窃"就是私下。我私下暗笑弟弟的志向不大，"而所忧之不大也！"所忧患的事情格局不大。

"君子之立志也"，君子的人生志向是怎么立的？大家有没有看过哪一个圣贤人立志是县考考得好，还是进士能考上？好像几千年来，没有听过留名青史的人是这样立志的，都是很远大的志向。我们对得失看得很重，那都是志向不大。哪件事没做好，哪句话没说好，哪节课没讲好，难过老半天，这都是志向不远大。"有民胞物与之量"，"量"是气量、胸襟。"民吾同胞，物吾与也。"这是北宋大儒张载先生的原话。民胞物与，就是从张载这句话来的。人民都是我的兄弟姐妹、同胞，万物都是我的好朋友。"与"就是朋友的意思。一开始强调心量，一个人一生多大的成就跟他的心量有关系。"有内圣外王之业"，然后要成就的是内圣外王的功业。内圣就是成就自己的德行，能契入圣贤的境界；外王，有了好的德行，给天下做好的榜样。假如一个国家的领导者让国家昌盛，自己整个治国的经验智慧又可以为其他国家民族学习，那就是王天下。当时唐朝唐太宗成就了"贞观之治"，全世界好多的国家都来朝贡、学习。那个时候，整个神州大地对世界的影响有多大！这是王天下。

现在全世界最急迫的就是弘扬中华文化，只要能在自己的家庭、社区、单位，甚至自己的国家落实中华伦理道德教育，这些经验很快也会传播到全世界去，因为现在媒体很发达。所以只要能真正做出榜样，可以利益全世界。现在王天下的事业谁能做？我们学习圣贤的经典，如果觉得经文里面从来没有一句是我的事，那就很不相应，很难得利。学问要成就，时时面对圣人教诲，都觉得是讲给我听的，都是我要落实的，我就是最重要的当机者，这样句句都会有收获。不能边学边分别、边执着，都不自我期许，那不行的。

现在要使中华伦理道德教育普遍让全世界接受，最重要的是自己先起信心，自己先做出来才能让人家有信心，"人能弘道，非道弘人"。我们四月份办了一次校长的课程，很难得，八十位华小，还有泰国的校长都来了。他们那里比我们这里难太多了，都不疲不厌、尽心尽力地办学，要把传统文化传下去。他们说在他人的国度当中，也要做一个堂堂正正的中国人，也要坚持把自己老祖宗的文化传承下去。课程上我们邀请到槟城钟灵独中的吴校长，来分享他们学校落实的状况。我看很多校长听完都很振奋。所以你看，一个好的榜样让人有信心，而且把人的羞耻心调动起来，人家做得到，我为什么做不到，我也能做。宁为成功找方法，不为失败找借口。吴校长他们的经验，台湾的东森电视台也来拍过了，通过媒体的传播，有很多地方到他们学校参观学习。所以只要真正做好了，都能利益天下。人能弘道，真正做出来就能弘道。包括跟大家提过的台湾三重耕心莲苑，一个社区落实伦理道德因果教育，做得非常好，台湾政府以他们社区的经验为借鉴，启动全台湾的社区学校。美国有一些州立大学的学生，都到台湾耕心莲苑学习。所以只要把伦理道德落实，都能够起到利益天下的作用。天下兴亡，匹夫有责，我们带头来做。"**而后不忝于父母之所生**"，人有这样的心量跟这样的功业，才不辱、才无愧于父母的养育之恩。"**不愧为天地之完人。**"可以成为天地之间完美的人。这样读起《三字经》才有底气，"三才者，天地人。"

"**故其为忧也，以不如舜不如周公为忧也**"，怕自己的德行不如舜王、周公这些古圣先贤。"**以德不修学不讲为忧也。**"这个可贵！以孔子为榜样。孔子反省自己，"德之不修，学之不讲，闻义不能徙，不善不能改，是吾忧也。"夫子时时勉励、督促自己，德行不断提升，学问不断深入。这个深入最重要的是知行合一，解行相应，体会了一定要把它做到，做了之后体会得更深。"闻义不能徙"，听到了恩义、情义、道义的道理，马上去做、去奉行。"不善不能改"，假如还有不善，夫子非常恐惧担忧，赶紧去对治、去改过来。所以他们忧虑的是自己的德行不够。

再来，还忧虑什么？"**是故顽民梗化则忧之**"，顽劣的人民不服从教化，他会担忧，以教化人民为自己的责任。因为古人为官期许自己是父母官，父母有责任教好人民，而且是代国家来教化人民，也要对得起国家的信任。所以从这里我们看到这些知识分子、读书人的气概，所忧虑的都是道义，而不是个人的利害。"**蛮夷猾夏则忧之**"，蛮夷是四方文化落后的民族，"猾夏"就是侵扰我们的国家，"夏"就是指中国。清朝中叶以后，很多民族、国家对我们有侵略，这是身为读书人应该忧虑的。"**小人在位、贤才否闭则忧之**"，小人在位，政治就不能清明。"否闭"就是阻隔不通，受到排斥、排挤。时刻想着怎么来导正政局、风气。"**匹夫匹妇不被己泽则忧之。**"匹夫匹妇是指一般老百姓，"被"就是得到。百姓得不到自己的恩泽而感到忧虑，时时想着怎么利益百姓。"**所谓悲天命而悯人穷，此君子之所忧也。**"哀怜当时的社会不幸，怜悯老百姓的困苦，这是君子之所忧。也就是说，假如面对所担忧的事情，不能够尽心尽力，君子是觉得很可耻的。没有尽到本分、尽到心力，对不起圣贤教诲、对不起国家的信任。这都是读书人的一种气节、一种处世态度。

我们读完这一段，反观自己每天忧虑的是什么事情，跟曾文正公所谈的读书人应该忧虑的方向、目标一不一样？《了凡四训》当中也有一段，也是读书人应该有的胸怀，"远思扬祖宗之德，近思盖父母之愆；上思报国之恩，下思造家之福；外思济人之急，内思闲己之邪。"现在整个社会大众最迫切需要的是什么，都能够关注、体恤到。"内思闲己之邪"，"闲"

是杜绝，学问从根本的起心动念下工夫，杜绝自己的邪思邪念。"思"是常常思维、检讨自己有没有努力做到。你看读书之人，时时都想着家庭、想着祖先、想着国家、想着人民。我们现在学历都很高，有没有这样的胸怀？有这样的胸怀才叫知识分子，知识分子是有使命感。所谓"不知命，无以为君子"，君子都知道这一生的使命在哪里。

"若夫一身之屈伸"，"若夫"就是至于，至于自己这一生命运的浮沉，"一家之饥饱"，自己家有没有吃得饱，"世俗之荣辱得失、贵贱毁誉"，荣辱得失、贵贱毁誉这些境界，"君子固不暇忧及此也。"没有那个闲工夫为了这些事情在那里患得患失。心量大，考虑深远，不会为了个人的得失荣辱在那里郁郁寡欢。"六弟屈于小试"，因为县考考得不是很理想，自己觉得很委屈，"自称数奇"，便称自己命运不好。"余窃笑其所忧之不大也！"我暗笑他所忧虑的格局还是不够大，太小了。格局大一点，福报更大，祖先冥冥当中都在护佑。

我们读这一篇文章，也可以感觉到曾文正公的胸怀就是这么样的宏大。曾文正公令后世佩服的地方是他学问很好，而且能把这些学问都用在他的政治生涯当中，他是活学活用，不是读死书的。所以他强调做学问有四个重点，有三个重点跟整个桐城派（桐城派是清代文坛最大散文流派，因其代表作家方苞、姚鼎等均系安徽桐城人，故名。）是相应的，因为文正公整个学问、文章也都是效法桐城派。他强调学问有义理之学；有考据之学，考据其实就是考证；有词章之学，词章就是代表文章；还有个重点是他额外提出来的，经济之学，而经济之学重要的就是经国济民。

经世济民就能够利益人心、社会，学问的目的在这里。所以有一句格言讲，"竭忠尽孝谓之人，治国经邦谓之学，安危定变谓之才。"一个人不能竭忠尽孝已经不算人了，做人的资格都没了。"治国经邦谓之学"，真正能利益天下人，这才是学问。研究老半天，拿个博士学位，谁也没利益到，连自己身边的家人都利益不到，那是搞研究，不是学以致用。"安危定变"，面对国家、社会，甚至自己家庭、家族的危机，突然来的一些考验，都沉得住气，用智慧把它化解，这才是真正的才能。表演一下，让人家鼓掌，那是小才能。真正的才能，要能够扭转乾坤，化险为夷。

这篇书信中的"君子之所忧"，文正公都做到了。其中提到的"小人在位、贤才否闭则忧之"，这个情况对国家来讲是非常危急的。孔子说的"五不祥"，其中之一是"释贤而任不肖，国之不祥"。他身为国家重臣，一定尽全力让贤才能为国家、社会服务。他大力倡导重视人才、培养人才，他觉得没有让国家有更多的人才，这是他的耻辱。所以我们下节课一起来看曾文正公《原才》这篇文章。这也是文正公大声疾呼，振兴朝纲的一篇文章。

我们这节课就讲到这里，谢谢大家！

礼义廉耻，国之四维

第二十讲

尊敬的诸位长辈、诸位学长，大家好！

我们这节课一起来看《原才》这篇古文，作者曾国藩。我们先介绍一下，曾国藩，湖南湘乡人，道光十八年进士，因平定太平天国，后被封为一等勇毅侯，是同治中兴的功臣。在清朝二百六十多年的历史当中，曾国藩先生在汉族人中的官位是最高的，他曾任两江总督，还有直隶总督。直隶是河北省，这几省的总督权力都非常大。去世之后，追谥他为文正公。文正公，几千年历史当中没有几个读书人能得到这样的尊崇。我们熟悉的北宋范仲淹先生也是追谥文正公，还有宋朝的名宰相王旦。

曾国藩先生的文章效法桐城派的方苞、姚鼐，还强调经济之学，经国济民的学问，学以致用。其实古圣先贤承传几千年的道统，都是修齐治平的学问，可以修身齐家治国平天下，这是真实的学问。"原才"，"原"，一般是要推究事物本源的意义。人才的重要性，在这篇文章中彰显出来，包括人才怎么培养。我们来看曾国藩先生的《原才》。

风俗之厚薄奚自乎？自乎一二人之心所向而已。民之生，庸弱者，戢（jí）戢皆是也。有一二贤且智者，则众人君之而受命焉；尤智者，所君尤众焉。此一二人者之心向义，则众人与之赴义；一二人者之心向利，则众人与之赴利。众人所趋，势之所归，虽有大力，莫之敢逆。故曰："挠万物者莫疾乎风。"风俗之于人之心，始乎微，而终乎不可御者也。

先王之治天下，使贤者皆当路在势，其风民也皆以义，故道一而俗同。世教既衰，所谓一二人者，不尽在位，彼其心之所向，势不能不腾为口说，而播为声气。而众人者，势不能不听命，而蒸为习尚。于是乎徒党蔚起，而一时之人才出焉。有以仁义倡者，其徒党亦死仁义而不顾；有以功利倡者，其徒党亦死功利而不返。"水流湿，火就燥。"无感不雠（chóu），所从来久矣。

今之君子之在势者，辄曰："天下无才。"彼自尸于高明之地，不克以己之所向，转移习俗，而陶铸一世之人，而翻谢曰："无才。"谓之不诬，可乎？否也！十室之邑，有好义之士，其智足以移十人者，必能拔十人之尤者而材之；其智足以移百人者，必能拔百人中之尤者而材之。然则转移习俗而陶铸一世之人，非特处高明之地者然也；凡一命以上，皆与有责焉者也。

有国家者，得吾说而存之，则将慎择与共天位之人；士大夫得吾说而存之，则将惴惴乎谨其心之所向，恐一不当，而坏风俗，而贼人才。循是为之，数十年之后，万有一收其效者乎！非所逆睹已。

"风俗之厚薄奚自乎？""厚"就是淳厚朴实，"薄"是轻薄、衰弱。社会的风俗是淳厚朴实，还是轻薄衰弱，从哪里产生的？"奚"就是从哪里，也有何至于此的意思，怎么会变成这个样子？"自乎"，"自"就是产生。"自乎一二人之心所向而已。"整个社会的风俗厚薄，主要是产生于一二个人的思想倾向而已。这在古代就很明显，有仁慈之人在一个地方当官教化，当地就受到他德风的影响。"民之生"，在这个世间，"庸弱者"，平庸懦弱者，"戢戢皆是也。""戢戢"就是众多的样子。"有一二贤且智者"，能有一二位贤德而且有智慧的人，"则众人君之而受命焉"，"君"是遵从他、拥戴他的意思。"受命"就是接受他的教诲，听从他的教导。"尤智者"，"尤"就是特别。假如又特别有德有智的话，"所君尤众焉。"拥戴他的人就更多。"此一二人者之心向义"，这一二个带动风气的人，他的心向着仁义，"则众人与之赴义"，则广大的老百姓跟他一起追求仁义。"一二人者之心向利"，这一二个带头的人，他的心向着名利，"则众人与之赴利。"众人也被他带到追名逐利去了。大家看，我们这个时代，大多数人每天在忙些什么？就为两个字，名跟利，忙碌一生。甚至有人说，

"贪婪是人类进步的动力"，你看思想都偏到什么程度了。更有甚者，有人说"人不为己，天诛地灭"，这样的思想观念居然还被认同，人们还被他误导！现在的人不为自己想，人家觉得不正常；可是在我们整个五千年文化当中，为自己想会被人家笑。"君子喻于义，小人喻于利。"老百姓不识字，做人的道理他懂，他知道人要尽道义。我们看三十年前的长者，他们的一生有没有为自己想？看我们自己的父母，他们自始至终都是为父母、为家庭尽道义，没有说我个人要享受什么。

我记得有一个曾经拿过诺贝尔奖的人，他的学说里面有一句话，"企业唯一目的是赚取利润"。这句话误导了多少人！多少企业界的人都觉得他存在的目的是什么？赚钱、捞利。这在中国古代社会，那会被鄙弃。应该是什么？"人生以服务为目的。"每一个行业都是为了服务他人生活上的需要、身心上的需要而存在，哪有说存在的目的就是赶紧把别人的钱拿过来。但这个人居然拿了诺贝尔奖，而且他的教科书还在大学里用了很长一段时间，所以，偏得太厉害了，大家都自私自利，整个大自然被破坏得体无完肤。

所以天下为什么不吉祥？孔子讲"圣人伏匿"，圣人的教诲没被重视，"愚者擅权"，这么愚痴的人、自私自利的人，居然带头，天下当然不祥。所以这一二个人向利，众人追名逐利，那个气势谁也拦不下来。怪谁？我们得务本，根源在哪？《三字经》讲，"养不教，父之过；教不严，师之惰。"父母、老师从小有没有帮每一个人扎下伦理、道德的基础？假如没有，他一有影响力，会把整个社会给误导。大家看现在的年轻人，他们的那些爱好、嗜好，谁带的？那些明星。那些人有没有福气？一唱歌三万人、五万人追捧，那不是一般的福气。但祸福相倚，他带动的是错误的思想，造的孽那不是一般的大。所以有福更要有德，不然会造大孽。所以那些错误思想的带动者，他的父母跟老师要负相当大的责任。所以我现在打开报纸都很注意，我以前教过的学生有没有这些情况，如果有，我就要好好忏悔。

包括那些写歌的人也要负责任。曾经有首歌叫"爸爸，我要钱"，你说这种歌他也写得出来，都没有去考虑整个社会。你看以前的读书人，读经典，"动而世为天下道，行而世为天下法，言而世为天下则。"一言一行、一举一动都要考虑给天下的影响，是这样的胸襟。现在变什么？只要我喜欢，有什么不可以。这种话是极度情绪化、不负责任的话。所以愈有福报的人，影响力愈大的人，愈应该给社会正面的影响。大家现在能来上古文课，坦白讲，都是弥足珍贵的。现在不去追名逐利、多赚点钱的，都是逆流而上的人，都是很有使命的人才做得到。

我们这一期古文学习告一段落后，接下来要学《群书治要》，这部书相当重要，因为这是"贞观之治"能够成就最重要的一个基础。唐太宗十六岁就上马作战，后来当了皇帝，因为读书的时间比较少，就命魏丞相编了这套《群书治要》。在所有的经典当中选出六十五部，汇集成《治要》，总共五十万余言，都是唐朝以前修齐治平最精辟的教诲。唐太宗看了以后，就知道怎么样国、怎么治家，所以没几年，唐朝就兴盛起来，甚至唐太宗还被其他国家、民族尊为天下的共主"天可汗"。韩国、日本大量的留学生到神州大地来学习文化，可见那时被尊崇的盛况。

现在为政者也很需要了解，几千年来这些治国的智慧。整个中华民族延续了几千年，到现在还是大一统的局面，怎么让国家大一统、社会安定，这些智慧，这些经验、方法，只有在经典中找得到。刚好这部书是最精辟的，可以给全世界的政治人物借鉴。"不知命，无以为君子"，面对时代的危难，知道了还不做，叫见死不救。告诉大家，尽心尽力就是圆满功德，做多做少不重要，有没有那颗心才重要。福是这颗心，祸也是这颗心，一切福田不离方寸。面对时代的危难，我们连个责任心都起不来，心性都堕落下去了。

我曾经在佛典当中看到一个故事，很有感触。有一只鸟叫欢喜首，森林发生火灾，火势比较凶猛。结果这只鸟以最快的速度，使出所有的力量，飞到河边把翅膀打湿，再以最快的速度回到火灾现场，然后把身上的水洒下去。它就这样来来回回飞了好几趟。天神对欢喜首说：你这么做，每次沾这么一点水，怎么救得了这数千里的森林火灾？结果欢喜首说：我坚定，我一定能把火给灭掉；假如我累死了，或者葬身火海，我下辈子再来灭这个火。上天被它至诚的精神感动，马上就降下大雨把火给扑灭了。所以"万类相感"，"以诚以忠"，能至诚、能尽忠，天地都感应、动容，都来帮助。所以每一个人不要小看自己的力量，那份至诚说不定感动身边许许多多的人，甚至感动有影响力的人来一起参与文化复兴的工作。

有人拍了一个片子，讲的是白方礼老先生一生帮助贫寒学生，助学的道义、行谊。大家有机会可以看这个片子。白老先生当时七十几岁，已经退休了。他踩三轮车的，自己积攒了五千块钱，孩子没钱读书，他一生积蓄马上都捐了。然后又重操旧业，踩了十几年的三轮车，捐助了三十几万人民币。有人估算了一下他踩的公里数，可以绕赤道十八圈。你看那十几年的岁月，风里、雪里、雨里都有这个七八十岁老人的身影。所以他那份为下一代的道义，也成了民族的精神。而我们看一看，老人家有没有学历？有没有强健的体魄？有没有金钱？他的条件比我们任何一个人都差，可是他却唤醒了千千万万个人对下一代的使命感。其实人这一生不是要有多少条件，而是这份至诚的心要能够提起来，就能感动有缘的人。

接着文章讲道："众人所趋"，众人被带动了之后，"势之所归"，大势所归，"虽有大力"，虽然有巨大的力量，"莫之敢逆。"也没有谁敢违逆。尤其上位者提倡正确的方向，造成的社会良性影响非常大。"故曰：挠万物者莫疾乎风。""挠"就是摇撼。摇撼万物没有比风来得迅速、强劲的。"疾"是迅速。我们看刮大风的时候，很大的树都被连根拔起来。"风俗之于人之心"，社会风尚对于人的心理、思想，"始乎微"，起初影响很微弱，不明显。"而终乎不可御者也"，可是最后将不可抗拒。在孔子的教诲当中也提到，"君子之德风，小人之德草，草上之风必偃。"风加在草上，草就会低下身来。有君子的带动，老百姓也会响应、跟随，所以带动风气的人就相当重要。

我们接着看第二段。"**先王之治天下**","先王"指古代的明王、圣王,他们治理天下,"**使贤者皆当路在势**","当路"就是让他们在重要的职位,"在势"就是掌握权势。这些贤德的人有职位、有权势,他才好办事、好教化人民。名正言顺,给他正名,给他位置,他才好施展抱负。所以为政在得人。《资治通鉴》里面讲,"治本在得人,得人在慎举,慎举在核真。"谨慎推举人才。因为人才影响一方的人民,不能不谨慎考核他的德行。发现贤德之人,赶紧安排他造福一方。"**其风民也皆以义**","风民"就是教育、感化人民。统统是用义,仁义道德,用道义来教化人民。其实我们看所有社会、家庭,以至于世界的冲突,没有别的,都是为利。假如人心都把义摆在前面,这些问题慢慢就都化解了。所以人心是问题的根本所在。

我们先不说整个社会情况,我们现在跟身边的亲朋好友有没有不愉快?有没有冲突?有没有纷争?有。好不好解决?怎么解决?没有"我"的自私自利了,就没有对立,就好化解了。为他着想,念念为他,就不冲突了。念念为自己,孔子讲"放于利而行,多怨"。我们处世待人,都是先考虑自己的利益,哪有可能人家不怨你?不要讲利,要讲义。很多人又说,这样的话,我眼前这些利不就没了吗?求学问,要先学吃亏,斤斤计较、自私自利的念头放不下,很难入道。浩然正气养不起来,会变得小鼻子小眼睛,然后眉头愈来愈深锁,就很难跟圣贤人相应。 用古圣先贤的智慧,当前人生所面对的事情,没有一件事是坏事,都是好事。人人是好人,事事是好事。要了解一句话叫"祸福相倚",亲戚对我这么恶劣,这么可恶,用德行去面对,后福无穷!舜王遇到父母这样对他,请问大家有没有遇到比他更恶劣的情况?那有障碍他的德行吗?有障碍他的福分吗?人生的真相,是没有任何人、事、物能障碍我们。看起来是障碍,其实是修大福报的时候,是长大智慧的机会。关键看人能不能用经典,而不随顺习气。所以舜王列在二十四孝之首,给我们一个很好的效法榜样。

依教奉行容不容易?人欠你,天会还你,量大福大,该是你的跑都跑不掉,不是你的强求不来。要把每个人都当作贵人、老师,他们是来给我们考试的，看我们内心还有哪些习气要放下。真的能放下了，智慧福分都会恢复，无量智慧、德能、福分可以现前。师长老人家给我们表演得很好！师长本来寿命四十五岁，可是现在老人家八十多岁还这么健康；本来命中福也不是很厚，你看老人家现在福报这么大。"圣与贤，可驯致。"不跟人冲突，生活在感恩的世界里，大家愿不愿意这样生活？转个念，你就可以过这样的日子。把每一个人都当老师，他们是来给我们考试的、发考卷的，看看我们功夫到哪里。我们一不高兴就骂人，这叫颠倒。祸福都在一念之间。

　　"**故道一而俗同。**""道一"就是社会的规范一致，教化产生很好的效果。不用看很远，我们父母那一代，孝顺父母天经地义。可是缺乏教化，时隔三十年之后，孝顺父母下一句是什么？"你怎么这么傻，钱不自己多花一点、多享受一点。"有没有这个倾向？要教！"苟不教，性乃迁。"所以我们看到这个"道一"觉得很怀念，"道一"，那个社会都很纯朴、很有人情味。小的时候爷爷奶奶辈的，常常煮一大锅开水放在路边，认不认识的人过去了，都可以喝一杯爱心茶。包括小时候爬山，很多长者扛着水爬上去，在山上请大家喝茶，人情味很浓！那时候的社会价值观就是助人为乐，为善最乐，"道一而俗同"。

　　"**世教既衰**"，世道的教化比较衰微，"**所谓一二人者**"，这一二个带头、带风气的人，"**不尽在位**"，"不尽"就是不全，不全在重要的职位。虽然他不在重要的职位，"**彼其心之所向，势不能不腾为口说**"，他的志向主张，势必从他口中极力宣扬出来。"腾"就是传播。因为他有使命感，纵使他不在位，他也会大力弘扬。孔子是好榜样，孔子当时没有当官，但是他大力弘扬古圣先王的教诲，把重要的经典都做了整理，承先启后。没有官位，最后成为素王，成为至圣先师。所以我们看胸怀天下的人，谁能障碍得了他？只要是真心的，只要是不执着的，好的理念一定可以慢慢传扬开来。"上善若水"，水给我们人生很多启示，它没有执着，你拿个大箱子，挡得了吗？它从左右两边就过来了，挡不了的。山不转水转，水不转人自己转。"**而播为声气。**"广为传播，造成声势，造成风气。"**而众人者，势不能不听命**"，我们看孔子那个时候，跟随老人家的有七十二贤，三千弟子。他们的使命、动力都被调动起来。"**而蒸为习尚。**"蒸气是往上，这个"蒸"字表的就是兴起。他们的号召兴起，渐渐成为习俗风尚。"**于是乎徒党蔚起**"，"徒"是弟子，"党"，同道。志同道合的跟随者聚集起来。"**而一时之人才出焉。**"人才就会慢慢地从这里产生出来。七十二贤，都是相当有德行才华的人。

"**有以仁义倡者**"，以仁义来倡导的，"**其徒党亦死仁义而不顾**"，这些跟随者能为仁义而死，而不顾性命，杀身成仁，舍身取义。"**有以功利倡者**"，假如带头的一二个人以功利来倡导，"**其徒党亦死功利而不返。**"为追求功利而死都不后悔。"**水流湿，火就燥。**"这里引了《易经》里面的一句话。水会向着潮湿低洼的地方流，火会接近干燥的东西来燃烧。其实这就是每个东西的属性，"**方以类聚，物以群分**"。"**无感不雠**"，"雠"是响应、应答。没有什么感召是得不到响应的，只要有感召都会有响应。"**所从来久矣。**"这种情况由来已经很久了。应该是说，每个朝代都有这样的现象。"**有以功利倡者，其徒党亦死功利而不返。**"这个带头的人假如带错方向，对整个社会的影响很大。所以我们假如推荐人，要推荐那些思想观念正确的，不然会偏。我们会不会判断怎么样才是有德行的人？《群书治要》里面强调，知人才能善任，看不清楚人，很难用对人。《论语》里面有很多君子跟小人的判断，那就是判断力。比方"巧言令色，鲜矣仁。""刚毅木讷近于仁。"这也是判断。

"**今之君子之在势者**"，现今掌握权势有地位的君子，就是这些高官或者贵族。"**辄曰：天下无才。**"他们却说天下没有人才。"**彼自尸于高明之地**"，"彼"是指他们。他们身居高位显贵。"**不克以己之所向，转移习俗，而陶铸一世之人**"，不能以自己的正确思想来转变风俗习惯，进一步陶铸人才。"**一世**"，就是这个时代。"**陶铸**"就是培养造就。有一个成语叫"尸位素餐"，居重要的官位，却不认真做事，混日子、混饭吃。不转移风俗陶铸人才，这样的官员都叫尸位素餐。古代从汉武帝时期就强调人才的两个审核标准，孝和廉。孝，有德行，这是做人的基础；廉，清廉，不贪污，这是做事的基础。廉洁了，整个政治风气就好。朝廷审核一个官员，尤其地方官的政绩好不好，第一个考核标准就是举了多少孝廉，多少人才。这个考核标准太重要，让所有为官者都知道，他最重要的工作是选拔人才，为国举才。

"而翻谢曰：无才。"这样有权力的人，不能做这些事情，"翻"就是反而，"谢"就是推辞，反而推辞说天下没有人才。"谓之不诬，可乎？"这不是捏造、欺骗人吗？"否也！"这样说是行不通的，骗不了人的。"十室之邑，有好义之士"，夫子讲，"十室之邑，必有忠信如丘者焉。"在一个十户人家的小村，一定能找到忠义的人生态度跟夫子差不多的。这里引了这个典故。"其智足以移十人者，必能拔十人中之尤者而材之"，他的智慧德能足以改变十个人，那必能选拔这十个人中优异的人。"尤者"就是特殊、优秀的人。"而材之"，找出这些优异的人，再把他栽培成材。"其智足以移百人者"，他的智慧德能可以改变百人，"必能拔百人中之尤者而材之。"必能选拔这一百个人当中优异的人来栽培成材。其实就是尽心尽力，有缘了就做到圆满。不能自己预设立场，或者觉得难就不做。社会愈难愈应该要站出来，没有难不难做的事，只有该不该做的事。大家读这一段不要想，这是讲给在势者、官员听的。"天下兴亡，匹夫有责。"我们身边一定有好义之士，把圣贤教育介绍给他，再组成一个团体，如切如磋，如琢如磨，大家的智慧德能都不断提升，都能在各行各业变成一股清流！岂能尽如人意，但求无愧我心。

"然则转移习俗而陶铸一世之人"，转移风俗栽培造就一世的人才，"非特处高明之地者然也"，并非仅仅是身居显贵之人的事。"凡一命以上，皆与有责焉者也。""一命"，是周朝任用官员的制度，共有九命。"一命"就是刚受朝廷的官职，就是最基层的公务员。最基层的公务员也都有责任来做。其实只要能够在各行各业当中都做出榜样来，就能够挽回这个劣势。为什么？"人之初，性本善。"而且做出榜样的人、团体，他们过的日子一定幸福。那些随波逐流的，每天其实苦哈哈的，看到真榜样出来了，没有人不愿意效法的。所以"皆与有责焉者也"，我们既受圣贤的教导，有缘遇到了，就有责任把圣贤教诲尽心尽力介绍给身边所有的人，这是道义。怎么介绍效果最好？首先自己要好好做，不要自己还没做，就去要求很多人，最后人家说，我看你也没好到哪里去，干吗叫我学这个？正己化人，首先要自己好好地去做。

"有国家者，得吾说而存之"，主宰国家权力的人，采纳我的主张，真的放在心上，念念不忘。"则将慎择与共天位之人"，"天位"就是天子掌了政权，古代都认为天子之位是上天授予的，所以会非常谨慎地去选维护这个地位的人才。"士大夫得吾说而存之，则将惴惴乎谨其心之所向，恐一不当，而坏风俗，而贼人才。"这些士大夫、官员采纳了我的主张，很重视这个主张，他们就会戒慎恐惧。"心之所向"，就是他自己的志向，他自己的思想观念。因为他是官员，他懂了改善风气的道理，铸造人才的责任，那他自己就不能偏掉，他自己要时时给这些人好的榜样。"恐一不当"，担心自己做得不当，"而坏风俗"，败坏了风俗风尚，"而贼人才"，甚至摧残了人才。所以他不敢也不愿这样做人。

"循是为之"，高位的人，一般的官员，都能重视、带动好的社会风气，塑造人才。"循"是遵照，"为之"就是去做。"数十年之后"，经过数十年，"万有一收其效者乎！非所逆睹已。""万有一"，可能有收到成效的一天。"万有"，就是可能有。"非所逆睹已"，"逆"就是预先。"已"是语末助词，跟"了"一样的意思。这就不是我所能预见的了。可能数十年之后，文正公已经离开这个世间了，但是他也期许、坚信，只要能形成这样的风气，一定能够造就很多人才。所以最后这两段，是提起大家的责任，坚定信心去做。他身为一个国家的官员、大臣，心系着国家的兴衰，国家没有人才，也觉得是他的责任、是他的耻辱。所以从这篇文章，我们也可以看到文正公的用心非常良苦。当然我们读完，也期许自己为天下举才。

假如你有家庭了，你的孩子就要成为天下的英才。假如你在学校教书，所接触到的学生这么多，只要用心，一定可以出很多人才。包括其他行业当中，你能真正落实古圣先贤的教诲，你的单位也会出很多栋梁之材，最后都可以为人演说，给全世界、给社会坚定的信心。

　　这节课就跟大家先交流到这里，谢谢大家！

第二十一讲

礼义廉耻，国之四维

尊敬的诸位长辈、诸位学长，大家好！

我们前面谈到曾国藩先生写给他弟弟的一封家书，当中提到，读书人不应该因为一次考试不顺利就牢骚满腹，这不是值得羞耻的地方。羞耻的地方是德行不如尧舜，是心胸不能有民胞物与之量，不能有建立内圣外王功业的志向，这才是耻。时时能够忧天下、忧百姓、忧民族的安危，忧虑一般匹夫匹妇不能够受到自己的爱护、恩泽，这才叫知识分子。为官者如此，才叫父母官。信上还提到小人在位，贤者不能够为人民服务，这也是一个读书人应该忧虑的。我们选的这篇《原才》，就流露了曾国藩先生忧国忧民的胸怀。

文章一开始就讲到，整个社会的风俗是仁厚还是轻薄，决定于一二人的带动。所以开宗明义，开篇就点出来，人才对于整个社会趋势、社会发展以至社会安定的影响力。曾国藩先生从政三十多年，他的阅历，不是一般人达得到的。从曾文正公这篇文章，我们看教育界，当初马来西亚全国校长职工会总会长彭忠良校长，为了马来西亚华人下一代中华文化的承传跟道德的提升，主动在全国校长职工会宣扬落实《弟子规》德行教育的理念，今年已经是第五年了。现在已经有超过一千所华小，在推展中华文化和落实《弟子规》的教育了。我们感觉彭校长的父亲有先见之明，取这个名字太好了，"忠良"，所做的都是为国家民族的事业。这几位校长成就了这一件事情，各地的校长、老师起而响应。这样的壮举，在华人界，马来西亚是第一个做到的。我们也相信这件事情会记录在中华民族的史册当中。

还有吉林省吉林市松花江中学的吕校长、王琦老师，他们的分享，也感动了无数教育界的同道。到松花江中学参观学习的学校，好像有四十多所了。西到新疆，南到海南，都不远千里，来学习他们的经验。

我们看，这都是一二个人的愿力，把一个领域的风气带动起来。所以曾国藩先生很有远见，能看到这些人才的力量。不只是小学、中学，高等学府还有钟茂森博士，中央党校刘余莉教授，他们都是学术界很有成就的教授，特别是中央党校任登第老教授，他们夫妻贤伉俪刚出来讲的时候七十多，现在两位老人都八十几岁了，不遗余力在祖国大地的各个角落，作为学术界的代表大力弘扬中华文化。看到八十几岁的老人身先士卒，我们年轻人哪有不感动的道理！包括医学界，彭鑫博士、陈松鹤博士，很多地方都看到他们的身影。他们本身要出诊、教学，还在各地奔走，都有着中华儿女的赤子之心。包括企业界，胡小林董事长、刘芳总裁。刘总也是女性代表，落实女德带动得很好，很多女性听了都生惭愧心。包括东北的陈静瑜总经理，也在宣扬女德。还有政界，李宝库部长的讲话听了令人流泪，他怀着忧国忧民之心，大力把孝道弘扬到各个角落，大力弘扬敬老、爱老的精神！老部长年龄可以算我们的爷爷辈了，都能这样为国家、为民族，我们这些年轻辈的，当然更要不落人后。

还有海南省司法厅前副厅长张发先生，他在整个海南省监狱系统推展《弟子规》、推展中华文化，让很多浪子回头，让很多的家庭真正看到希望，孩子回头了，他们才能见到光明。包括银行界，赵树栋行长。第一次听赵行长讲课，他提到假如他手下的人触犯法律了，他觉得是他的过失。这有古圣先王的精神，"万方有罪，罪在朕躬。""这些同仁的父母，信任我们银行，把孩子交给我们，最后我们没把他带好，他还犯罪，还进牢狱，也是我们的责任。"这都是有君亲师的精神。还有刘有生先生，大陆捐血女状元刘苏老师，他们的演讲都感动了千千万万的人。他们都以身作则，快速带动整个中华文化、社会道德的复兴。所以整个社会风气"自乎一二人"，这些带头的人确实可以把人的本善唤醒。

师长常提到，有两种人可以救这个世界：传媒从业者，还有国家领导者。媒体界也有真正为民族的英豪。内地的一些导演，他们做的宣扬伦理道德的节目、影视剧，确实是媒体界的一股清流。现在这个时代强调科学精神，有一些知识分子通过不断试验，想办法治理水污染、土壤污染，还无私地分享给别人，是真正救世界、真正让整个环境问题得到缓解，不要继续恶化下去。所以现在各个行业都有人在大力弘扬中华文化。当然，《弟子规》最后一句话强调，"圣与贤，可驯致"，我们不只受他们的鼓舞，更重要的见贤思齐、见善就能够效法！见善不效法，那就是自暴自弃。整个传统文化的复兴，不能少我们自己。

《原才》强调了人才的重要性，而人才的重要性，在经典当中处处都有体现。比方在《资治通鉴》当中讲道，"治本在得人，得人在慎举，慎举在核真。"整个政治要办得好，根本在有好的人才，好的人才要谨慎地来推举，而且还要考核。真正有德有能的人才，把他放在重要的位置上为国效力。《中庸》当中也讲道，"为政在人。"要把政治办好一定要有人才。"其人存，则其政举。"也是《中庸》的教诲。"其人亡，则其政息。"人不在了，不能用德行来感召大家，纵使有最好的制度也没有用，人亡政息。我们看《周礼》这么好的宪法，也要有英明的人把它的教诲、精神去落实，才能够利益人民。孟子讲，"徒善不足以为政，徒法不能以自行。"光有善心，能不能把政治办好？有了善心，还要有完整的制度，才能政通人和，才能把国家很多事情办好。但"徒法"，只有善的方法制度，没有人去推展、执行，甚至这些好的方法制度被人利用去谋私利，政治也不可能清明。

所以，人才的重要性，从经典当中可以看到。整个历史当中，也彰显得很清楚。我们之前学的《出师表》里面有一句很重要的话，"亲贤臣，远小人，此先汉所以兴隆也；亲小人，远贤臣，此后汉所以倾颓也。"可见，人才是一个朝代兴衰的关键所在。不只汉朝如此，其他朝代也如是。唐玄宗开创了"开元之治"，是盛世，这是早期；后期却造成了"安史之乱"。大家可能想，那是因为近女色的关系。其实，还有另外一个很重要的因素，就是没有真正大忠、大贤的臣子。开元时期，有韩休、张九龄这样的贤德之才，那个时候唐玄宗常常听他们的劝。后来唐玄宗罢免韩休、张九龄宰相之位，起用李林甫为相十几年，这些贤臣大都被排挤，逐渐就

礼义廉耻，国之四维

242

没有劝谏的奏折了。没有人提醒，人就容易玩物丧志。所以整个朝代的兴衰，跟人才有绝对的关系。

人才这么重要，一个朝代、一个团体要如何感召贤才？《大学》告诉我们，"有德此有人，有人此有土，有土此有财，有财此有用。"一个领导者必须先有德行，才能感召志士仁人来共襄盛举，来为国家、为民族、为有意义的事业一起努力。所以"方以类聚，物以群分"，要感召好人才，还是要回到修身的根本上，有德才能感召志士仁人。所以《大学》整篇最核心的一句话，"自天子以至于庶人，壹是皆以修身为本。""君子务本，本立而道生。"根本巩固了，枝叶自然能茁壮，能开花结果。今天不固本，纵使再好看，就像鲜花没根、没本，几天就凋谢了。今天我们很有钱，可以用钱找到人才，但真正有德之人，不是因为钱才来的，你没有真正利益社会的理念，人才纵使来了，迟早都会离开，钱留不住人才，钱只能招感贪财之人。所以人才来了，还要能够恭敬对待他们，有德行来对待他们，他们才有可能留下来。

所以得人才最根本的，还是要从自己的修养、德行下手。尤其这个时代，想靠一个人的力量做起多大的事业，不可能，要团队合作。所以"德不广不能使人来，量不宏不能使人安"，德行好，人才能招感来。人世间所有的事情都是招感来的，善招感善报，恶招感恶报，善心招感善人，恶念招感恶人，必然之理。"量不宏"，你的气量要恢宏，度量要大，你斤斤计较，处处挑人家毛病，人家跟我们相处很难过、不安心，那人家很快就离开了。所以有度量，还有恭敬心、包容心对待他人，才能让人家安心。老祖宗提醒我们，"无求备于一人。"不要求全责备于一个人，哪有人可能是十全十美的，一个人有长处，很难没有短处。你要留住人才，应该欣赏、善用他的长处，包容他的短处，进而协助他改正他的短处。这也是作之亲、作之师的精神，也是一个领导者应该去做的。教导、劝导，还有引导，这样领导才做得比较全面。

感召人才来了，所谓"知人善任"，你要了解这个人的德行，了解他的才性、才能、专长在哪里，要用其长。当然，首先用人要"德才兼备"，德摆在前面，德在先。《才德论》讲，"德胜才谓之君子，才胜德谓之小人。"用了小人，一个家族，以至于一个国家都有可能会颠覆，所以用人不可不慎。"聪察强毅之谓才"，聪明、观察力很强，做什么事情很果决、很勇猛，而且很有毅力。但问题是他是非善恶清不清楚？假如他是非善恶不清楚，他一冲冲到底，你拉都拉不回来。所以"聪察强毅"属于才华，"正直中和"才是德行。公正、直率，处世中庸，强调和为贵，处处不跟人对立、不跟人计较，以大局为重，这是有德之人。所以从德才来看人、来知人很重要。

企业界有句话叫"有德有才，破格录用；无德有才，限制录用"。无德有才，但上位者的智慧、能力足以驾驭这个人，那没问题。"有德无才，培养使用"，有德行基础，好好培养他。尤其有德行，又立了志，学习会认真。所以培养人得有耐心，下工夫，三五年会是一个大才。"无德无才，坚持不用"，用了对整个事业有害无益。这是企业界用才的一个标准。对我们老师来讲，一个学生无德无才，那就慢慢培养。我们要抱着一个精神：不能放弃任何一个学生，自始至终要坚信"人之初，性本善"，教育是成就人，不是淘汰人。你看孔夫子至圣先师，教育学子不疲不厌。

古人知人从两个标准，孝廉。这太正确了，现在各行各业，举人才都应该回到孝廉。一个人才举错了，影响太大了，对国家、对团体的损失都太严重了。我们看那些贪官，真是搜刮人民的财物到肆无忌惮的程度，你看还有多少人民在饥饿当中、在困苦当中。所以曾国藩先生在《原才》当中说到，哪怕是最低级别的官员，都有责任为国家举荐人才。为国举才是每一个人的责任。每个行业都有人才，都出来学为人师，行为世范，带动整个社会良善的风气，那对社会的利益相当大。商界有商道，医学界有医道，教育界有师道，都要靠人才。上位者有君道，下位者有臣道，都要靠人振兴，"人能弘道"。当然，推举人才也要有智慧。学生问孔子，什么是智？孔子讲知人。老子也讲，"知人者智，自知者明。"不随顺习气，烦恼轻，智慧才能长，才能看清楚人事物；心有好乐，喜欢这个，讨厌那个，就不得其正。偏了就看不准，跟某个亲朋好友关系好了，就看不到他的问题、缺点。看不到还袒护，"爱之不以道，适所以害之也。"他错了，你不劝，还袒护他，那害了他。你讨厌这个人，可是他真有能力，你还排斥他、嫉妒他，你造的孽大了。"进贤受上赏，蔽贤蒙显戮。"你嫉妒团体里面的同仁，子孙要遭殃！你不尽忠，还障碍整个团体发展，嫉妒心造的孽相当大。所以自知者明，先对治自己这些贪嗔痴慢的习气，看人才看得清楚。

我们之后要一起来学习《群书治要》，这是非常精辟的宝典。"学问为济世之本。"我们得有非常正确的修身、齐家、治国、平天下的学问，才能利益人、利益家、利益社会团体。《群书治要》句句都很精辟，愈学愈欢喜，愈学愈佩服老祖宗的智慧。其中在知人方面就有一句，"居视其所亲。"平常处世待人看他跟什么样的人亲近，都是跟有德行的人在一起，那他德行也不会差到哪里。一个人都是找比他年长的、比他有学问的去亲近，这个人就是好道德、好学问，主动亲近贤人。"富视其所与。"他很有钱，看他有没有布施给贫穷的人，有，才有仁慈心。他很有钱，送的都是那些高官、有地位的人，谄媚巴结，那就不是仁慈的人。"达视其所举。"他有地位，这个时候观察他所推举的是怎么样的人。他有自己的偏心、好恶心，要巩固自己的势力，推荐的都是一些跟自己有关系的人，这个人就不廉洁。他推荐的都是有德的人，但是了解这个人确实有德行，这时候才推举，这才是公正。再来，"贫视其所不取，穷视其所不为。"他穷困，遇到很大的阻碍，但是很有气节，不巴结逢迎，不该做的绝对不做。他也不会去给人家讲好听的话，或者去走关系，不取不义的东西。从这五个角度来知人，不至于偏差太大。

在《论语》当中，对于知人有一句很重要的教诲，"视其所以，观其所由，察其所安，人焉廋哉，人焉廋哉。"从三个层次观察人、判断人。"视其所以"，就近观察他的情况。"观其所由"，不只是看他现前这个情况，"由"是经由，整个经过。比方我们要录用一个人，首先要了解他的家庭背景，他的工作经历。这个人三年换了十个工作，那他可能搞不清楚自己要什么，要不他忠诚度不够。从他的过去来判断，就更深一层。当然，我们也要有人生的阅历，见多识广，才更容易判断。再来，"察其所安"，"察"又更深一层，要洞察，要审查。"安"，他的心安在哪里？比方说他行善非常高兴，助人为乐比被他帮助的人还要快乐，你就可以判断这个人善根深厚。假如他作恶还很得意，都不觉得自己有错，还很安心，甚至做坏事觉得自己有本事：偷了公家的东西，他觉得我有小聪明；少报税，他觉得自己有能耐；欺骗别人的感情，他觉得是他的本事，那这样的人就不能用。

这是知人，知了要选，还要用，知人善任，"任"就是任用他。《群书治要》里面也有一句，"选不可以不精。"选人才一定要判断正确，不然请神容易送神难。"任不可以不信。"你任用他，你要信任他，他才好做事情。就像古代这些大臣，皇帝信任，他鞠躬尽瘁，死而后已；不信任，时时心都悬在半空中，怎么发挥才干？晏子劝诫齐景公的时候，提到一段话。"有贤而不知，一不祥；知而不用，二不祥；用而不任，三不祥。"同样在齐国，管仲也曾经对齐桓公谈过。所以，你看古人特别重视历史。历史上的圣王，以及圣哲人留下来的教诲，他们都很用心地去学习、领受。而管仲对齐桓公讲的是五不祥：有贤不知，一不祥；知而不能用，二不祥；用而不能任，用了他，没有用在他最能胜任、最适合他的位置，三不祥；任而不能信，放他在很适合的位置，但是又不够信任他，四不祥；信而又使小人参之，信任他还派一些小人掣肘，让他不好办事，五不祥。

"进不可以不礼。"进用人才，要礼敬。孔子讲，"君使臣以礼，臣事君以忠。"你礼敬有贤德的臣子，甚至于肯定、感佩他对国家的贡献，那他对君王、对国家更加效忠。孟子也讲，"君之视臣如手足，则臣视君如腹心。"你要礼敬他。"退之不可以权辱。"你免了他的官职，不能够羞辱他。尤其读书人，他有尊严，你当众羞辱他，甚至还打他，这样会寒了天下读书人的心。明太祖就开了一个不好的先例——庭杖，当众打臣子，很多有气节的读书人就不愿意当官。所以明朝有很多皇帝都没有学识，感召不来有学问的人教他的后代，所以恶因最后呈现恶果。宋朝尊重读书人，你看宋朝出了这么多的名相、大臣，这是结果！都来自于"君使臣以礼"，恭敬读书人。所以这四句很精辟，"选不可以不精，任不可以不信，进不可以不礼，退之不可以权辱。"

"任不可以不信。"一个干部，可能为团体、为国家效命几十年，所以这个信不只是说任用他之后那几天相信他而已，在几十年的过程当中这个信任不能变，变了可能就让这个干部寒心。"量不宏不能使人安。"要有度量，不能求全责备，不能因为一个小的缺点就不信任他。所谓"不以小短掩大美，不以小过黜大功"，小的过失你就把他大的功劳都忽略、忘记了，这太不近人情了。"不以小怨"，小小的不愉快，就"弃大德"，心眼太小了，一点小小的过节，你就舍弃他这么好的德行，这是国家、社会很大的损失。所以很多佞臣、奸臣都是抓住这些把柄，在那里煽风点火，最后忠臣受害。但是假如这个领导者公正严明，度量又大，就不会受到影响。

《大学》里面也讲到一段话，"若有一个臣，断断兮无他技，其心休休焉，其如有容焉。人之有技，若己有之。人之彦圣，其心好之。不啻若自其口出，实能容之。"这一段教诲就告诉我们，好善好德，尤其一点嫉妒心都没有，成人之美，这是好的人才。很有才干，嫉妒心重，完了，他会陷害很多忠良。所以选才有一点，一定要成人之美，不能对人有嫉妒心。

以上是跟大家交流人才的重要性，要用德行感召人才，还要了解、观察人才，能知人，还要善任，信任他、重用他、栽培他。曾国藩先生为家为国，都是竭尽全力地栽培人才。而且他留给世人非常丰富的家书，他整个修身、求学、齐家、治国的这些德行、智慧、方法都在其中。从我们上次一起学习的文章看，曾国藩先生的内心，时时都是忧国忧民、为国为民。而对家庭，他在家书当中讲到，"修之于身，式之于家"，就是修身，当整个家族的好榜样，行为世范，"必将有流风余韵传之子孙。""流风余韵"就是他德行的风范，垂范后世。诸位学长，你们身为爸爸妈妈，甚至是爷爷奶奶，有没有曾国藩先生这样的胸怀？接着还讲道，"化行乡里"，不只影响整个家族，还影响整个地方的风气，这个"化"才是读书人的气概，要能移风易俗。《礼记·学记》里面讲，"九年知类通达，强立而不反。""近者悦服，远者怀之。"这不都是移风易俗吗？读圣贤书，要把改善社会风俗当作自己的责任，正己化人，这是本分。

当然，"好学近乎智"。曾国藩先生好学，才能有智慧去利益家庭、利益国家。他很用功，手不释卷。我们有时候看到古人的行持，真的是无地自容，觉得差太远了。我曾经拜读了陈弘谋先生编的《五种遗规》，他经历了十几个省，光是云南就建了几百所学校。他这么忙碌，居然可以搜集整个神州大地好的教诲，编成这一套宝典。我们心里想，他的时间是从哪里来的？真正有利民之心，如有神助。可是我们也想，他可能一天睡不到两三个小时。所以"仁者必有勇"，仁慈的力量太强了，能把人的潜力都激发出来。曾国藩先生所处的那个时代，社会比较乱，他还受朝廷派任负责整个湘军，要练兵、作战。在这样的动荡当中，居然能够这么好学，还写了这么多家书，传给后世。曾国藩先生临终前一天，还在看《理学宗传·张子篇》。所以古人的恒心，自始至终保持。

曾国藩先生讲到，读书为学要有志、有识、有恒。要立定远大的志向；要有见识，不能知少为足；还要有恒心，贯彻始终下工夫。有志、有识、有恒这个精神，其实跟《大学》里面讲的"苟日新，日日新，又日新"很相应。有志，不愿再随波逐流，期许自己要成圣成贤，这是"苟日新"。"日日新"，每一天都不断地积累进步，滴水穿石，就有见识。有了见识，引导别人、劝导别人，人家佩服、接受。"又日新"，不断地突破，愈挫愈勇，百折不挠。这就体现出不能半途而废，哪有求学、做人一帆风顺的！曾国藩先生还强调一个"耐"。这一句看不懂、不突破，不看下一句；今天没搞懂，明天再看这一段；今年没搞懂，明年再看。不会见异思迁，不会坐这山又望那山，功夫都下得很深。学问要突破，处世也要突破，不可以退缩。

所以，文正公又讲道，"凡事都有极困难的时候，打得通的，便是好汉。"这个话很鼓舞人，以后大家遇到不能突破的，要想到文正公这句话。我们可不能做小人，或者退缩的人，要做好汉。当然，假如学问很难突破，其实可以看古人的批注，古人的批注很精辟。孔子讲，"吾尝终日不食，终夜不寝，以思"，一直想，"无益，不如学也"，那就是学古圣先贤的见地，一有古人引导，可能就搞清楚了。这是一个方法。另外一个方法，假如这样做了还是搞不通，那就先放下，把脑筋放空。放空的方法因人而异，都放空了，不杂念纷飞，心都定下来、静下来，静极光通达，智慧之光现出来，有可能问题就想通了。我们也曾经有些事情想不通，愈想愈烦，不想了，稍微歇一下，睡个二十分钟，突然，睁开眼睛，想通了，那就是清净心可以生智慧。

有了学问，进而要懂得如何修身。修身中，曾文正公很强调克己的功夫，调伏习气，反省自己。他的书房叫"求缺斋"，"缺"就是时时觉得自己很不足。他教诫他的子弟时，也强调谦虚，还要勤劳、廉洁。所谓"仕宦芳规清慎勤"，清就是廉洁、清廉；慎就是谨慎。文正公讲，一个人时时谦虚，处世就谨慎，不敢造次、太张扬，他懂得谦退，谨慎就彰显出来。勤，勤奋、勤劳。所以英雄所见都是相同的，尤其他们为官者，"谨慎为保家之本"。在哪些地方谨慎？慎独。内不欺己，外不欺人，上不欺天，在起心动念当中下工夫。还要慎微，小地方都要谨慎。尤其孩子的一些习性上来，要洞察得到，那个小小的习性最后可能会毁了他的一生。

曾国藩先生家训里面谈到齐家这个部分的很多，其实我们之前也都跟大家谈到过。比如看一个家能不能兴旺，看子孙几点起床，有没有早睡早起的习惯。早睡早起，人才有精神，才不懈怠。再看有没有做家事的习惯，勤劳，才能体恤别人的劳动。所以睡到几点，有没有自己做家事，有没有看圣贤书，从这几个角度去判断一个家是要兴还是衰。从商的人家，能谨守勤俭，可以传三四代。耕读之家，能守住谨慎、朴实，家道可以传五六代。要传八代十代，一定要有孝悌传家。孝悌是德之本，积善之家，必有余庆。曾文正公还提到"三致祥"，三点可以致家里的吉祥。"孝致祥"，孝道致祥；"勤劳致祥"；"宽恕致祥"，要宽恕，整个家才能和谐，所谓"和顺为齐家之本"。

最后，他还谈到"八本"。"读古书以训诂为本"，要搞清楚整个古书、经典的真正义理，领受了就得大利益；"作诗文以声调为本"；"养亲以得欢心为本"；"养生以少恼怒为本"，"不惜元气，服药无益"，这是林则徐先生的教诲；"立身以不妄语为本"，成就德行以不妄语为根本；"治家以不晏起为本"；"居官以不要钱为本"；"行军以不扰民为本"，要爱护人们。这里我们简略地把曾国藩先生治学、修身、齐家的一些好的教诲跟大家分享。

这一节课我们先上到这里，谢谢大家！

礼义廉耻，国之四维

第二十二讲

尊敬的诸位长辈，诸位学长，大家好！

我们上一节课谈到人才的重要性，还有怎么招感人才，知人善任。也谈到曾国藩先生治学、修身、齐家的修养，还有他留下来的很好的教诲。曾国藩先生在清朝中叶扮演了很重要的一个角色，对于读书人的气节影响也很大。像曾国藩先生这样有志之士的呼吁，当时的清朝政府假如给予高度重视，对整个政局的稳定，会很有帮助。所以福在受谏，不管是一个人，还是一个朝代，能够接受劝言，尤其能够接受古圣先贤经典的教诲，能反省改过，这个人是有福的，这个时代是有福的。

《论语》当中讲，"上失其道，民散久矣；如得其情，则哀矜而勿喜。"人民犯罪，种种非礼、越轨的行为出现，在位者不能一味指责，甚至对老百姓用刑罚，更重要的是反思，有没有好好教育老百姓，有没有好好给人民做榜样。假如在位者本身都没有以身作则，那整个社会风气会是愈来愈差的。所谓"上有所好，下必甚焉"，掌握权力的人骄奢淫逸，整个社会风气一定会快速下滑。道光之后，吸鸦片的情况很严重，连高官都是这样，他们中有人甚至因为利益跟烟商勾结，对整个社会、人民都是非常大的损害。上位者必须对整个社会风气负比较大的责任，所以古圣先王留下的教诲都是提醒，"万方有罪，罪在朕躬；朕躬有罪，无以万方。"我是国家领导者，自己有错不推卸责任给他人；但是老百姓有过失，一定是我有做得不好的地方。就像尧帝看到有一人饥了、有一人寒了，都会觉得是自己没有照顾好老百姓，看到犯罪的人，都会觉得自己没有把他教好。所以"先恕而后教"，这是先王传给我们的风范，要宽恕、包容、体恤老百姓，进一步教导他们。教导要先身教，以身作则，然后言教，循循善诱，进而形成整个社会的风气，这就是境教。

我们这个单元讲的是耻，耻在八德之末，但它非常重要。前面的德行能不能成就，关键在有没有羞耻的心。羞耻是一个人努力改过的动力所在，改过，他才能德日进。八德在几千年的历史当中，是所有人行为的准绳，纵使不识字，也懂得用八德来立身处世、来要求自己。不识字怎么会懂八德的道理？从小在重视八德的环境当中成长，自然潜移默化。而且社会上的艺术形式，都以弘扬道德为精神、为目标，比方说戏剧都是教忠孝节义，所以不识字的人，从小看这些艺术表演，他也知道应该怎么做人。你看在古代一谈到关公，哪有不认识的！岳飞、文天祥，历代这些英豪，可能在古人很小的时候，就深入他们的心灵，就成为他们人生的榜样。所以古人重视道德。

中国社会当中有一个骂人的词，事实上它的根源跟八德有关，叫"忘八"。以前"忘八"是提醒人，含义很深。现在变成骂人，"王八"。本来的意思是什么？忘了八德。你看，古人连骂人都很含蓄，你别忘了八德，忘了八德就完了，要招感人生的祸患来了。所以从这里，我们就可以感觉到，八德在我们中华民族是非常重要的准则，没有照这个准则做人，那就不像人了。就像《孟子》里面提到的，仁义礼智就像人的四只手脚，你没有仁义礼智，就不是完整的人。所以八德的教育非常关键。"建国君民，教学为先。"所有家庭、社会的冲突动乱，都是因为没有了八德的精神。八德的精神提起来、恢复了，所有问题自然迎刃而解。

有孝悌，哪有这么多家庭的纷争？有忠信，哪有这么多跳槽、损害团体利益的事？讲诚信，哪有这么多欺诈？讲礼，哪有这么多冲突、傲慢？讲义，哪有见利忘义的情况？讲廉耻，人就不会做出违背良心的事情。而在内地，也特别重视耻的教育。这么多年都一直强调"八荣八耻"荣辱观，什么才是真正有意义、光荣的人生，什么是值得羞耻、反省的行为？"以辛勤劳作为荣，以好逸恶劳为耻；以艰苦奋斗为荣，以骄奢淫逸为耻。"这都是在导正社会思想的价值观。"以团结互助为荣，以损人利己为耻。"现在风气就是玩乐，就是自私自利，不以为羞耻，一定要赶紧导正。包括很多人为了个人利益，制造一些黑心的食品，没有把老百姓，把广大人民摆在第一位。所以应该是"以服务人民为荣",每一个行业以服务为目的。每一个行业的快乐在哪?快乐在你服务了人,让人受益,你感到有价值、感到快乐,这才是每一个行业存在的意义。假如为了利益不择手段,背离人民,甚至伤害人民,这就是最耻辱的事情。

所以荣辱观、知耻的教育,是刻不容缓的。而且要从小教起,养成了坏习惯,要改就很辛苦。所以八德的教育,从娃娃抓起,甚至从胎教就开始熏习,这对我们民族以后出圣贤非常重要。十年树木,百年树人,我们这两三代疏忽了,我们也吃了不少苦头。从小疏忽伦理道德教育,染上很多坏习惯,在格物、修身的路上很辛苦,进进退退,甚至做了一些伤害身边至亲的行为,自己都觉得是一生的遗憾,失教了。我们希望下一代顺着自己本善、本性去处世待人,从小就能一言一行都有责任感,不放纵习气。栽培下一代的栋梁人材,是每个家庭、每一个人应该尽的本分。

接下来这一篇文章《病梅馆记》,作者龚自珍先生,他是借梅花来阐述重视人才的重要性,也影射当时的现实不重视人才,甚至于限制、桎梏人才的发展,扼杀了很多的英雄豪杰。清朝中叶之后,尤其是清朝末年,八股取士方式上变得比较死板。还因为腐败,买官卖官,造成为国举才的障碍,引起很多读书人的不平,这都埋下了清朝最后动荡的恶因。我们一起来看龚自珍先生的《病梅馆记》。

江宁之龙蟠,苏州之邓尉,杭州之西溪,皆产梅。或曰:梅以曲为美,直则无姿;以攲为美,正则无景;梅以疏为美,密则无态。固也。此文人画士,心知其意,未可明诏大号,以绳天下之梅也;又不可以使天下之民,斫直、删密、锄正,以夭梅、病梅为业以求钱也。梅之攲、之疏、之曲,又非蠢蠢求钱之民,能以其智力为也。有以文人画士孤癖之隐,明告鬻梅者,斫其正,养其旁条;删其密,夭其稚枝;锄其直,遏其生气,以求重价,而江、浙之梅皆病。文人画士之祸之烈至此哉!

予购三百盆，皆病者，无一完者。既泣之三日，乃誓疗之。纵之，顺之，毁其盆，悉埋于地，解其棕缚，以五年为期，必复之全之。予本非文人画士，甘受诟厉。辟病梅之馆以贮之。

乌乎！安得使予多暇日，又多闲田，以广贮江宁、杭州、苏州之病梅，穷予生之光阴以疗梅也哉？

"**江宁之龙蟠**"，"**江宁**"是指南京的龙蟠里。"**苏州之邓尉**"，苏州的邓尉山，以东汉的太尉邓禹而得名。"**杭州之西溪**"，杭州西溪这个地方。"**皆产梅。**"都是有名的产梅之地。

"**或曰：梅以曲为美**"，当时对梅的看法，觉得枝干弯曲才美，"**直则无姿**"，枝干长得直，好像就没有风姿了。"**以欹为美**"，"**欹**"是横斜。"**正则无景**"，枝干端正，觉得不成景观。"**梅以疏为美**"，枝干要长得很稀疏才美，"**密则无态**"，长得太繁密好像就没有韵味了。"**固也。**"历来都是如此。

"**此文人画士，心知其意**"，这些文人画士，心里都是这么觉得，"**未可明诏大号**"，"**明**"是公开，"**诏**"是宣布，并没有公开宣布，"**以绳天下之梅**"，"**绳**"就是衡量，拿着要疏、要欹、要曲才是美的这个标准，来衡量天下的梅。"**又不可以使天下之民，斫直、删密、锄正，以夭梅、病梅为业以求钱也。**"这些文人画士又不好要求天下这些种梅的人来"斫直"，砍掉笔直的树枝，"删密"，删除繁密的树枝，"锄正"，去掉端正的枝干。因为这么做了以后，有一些梅树会被折磨死。他们也不好明着说，要求种梅的人一定要以这样的做法来赚钱。

"**梅之欹、之疏、之曲，又非蠢蠢求钱之民，能以其智力为也。**"而这个梅树要求它横斜、稀疏、弯曲，这样的效果，也非愚昧又很想要钱的种梅的人家能达到的。"**有以文人画士孤癖之隐，明告鬻梅者**"，也有人直接告诉种梅的人这些文人画士的嗜好。"**孤癖之隐**"就是隐藏在心中的独特难言的嗜好、偏好。"**斫其正**"，砍掉端正的树干，"**养其旁条**"，养育旁斜的枝条。"**删其密**"，修剪密枝，"**夭其稚枝**"，使这些嫩枝很早就死了。"**锄其直**"，除掉直的枝干，"**遏其生气**"，压抑这些梅树的生机。"**以求重价**"，为了满足这些文人画士孤癖之瘾，他们干脆就这么做了，来求得重价。"**而江浙之梅皆病。**"江苏、浙江一带的梅树统统生病了，有的可能都活不了了。"**文人画士之祸之烈至此哉！**"这些文人画士所形成的祸害，竟然严重到这样的地步。

其实梅树就是比喻人才。对于人才，要让他顺其自然，不可以压抑他，要顺着他的天性去培养他。不能用填鸭、急功近利、揠苗助长的方式，不能舍本逐末。我们一直说以德、智、体、美、劳养育孩子，口号都讲得很好，实际上都是不均衡，偏向智育方面，偏向成绩方面。其实智育，智是智慧，通过读书明理，这才叫智。但是现在偏了，就是分数，就是学历，失衡了，他怎么会长得健康？成绩好的孩子傲慢，他觉得他了不得，但其他方面可能低能。所以我们现在假如不均衡发展，不顺着长善救失去发展，孩子几乎没有不生病的。现在的青少年，几个人格健康？谁养出来的？《三字经》讲得很清楚，"养不教，父之过；教不严，师之惰。"都有责任，尤其为人父母、为人老师的。这个"父"也包括父母官，管教育的官员，是拿旗帜的，是指引方向的，指挥棒错了，底下就偏了。所以公门好修行，当官的人走对了，利益后世、当代；教育方向走错了，两三代人都受到损害，可能心性、人格上都不是很健康。

我们几千年来教育孩子都是德为本，现在多半将德摆在末了，本末倒置怎么教得出好人才？《孝经·开宗明义章》就讲到，"夫孝，德之本也。"得先把孩子的根扎稳，从孝道教起。孝道要从思想上去引导，既要老师做榜样，也要引导学生去落实。一直在赶课程进度，怎么培养德行？我们不也是这么过来的？读了十几年，被填了一大堆知识，现在心里还装了多少？都忘光了。所以东方的教育注重悟性、智慧、德行的启发，智慧、德行启发了，一辈子都不会忘记。

我们近两三代人，教育不是依照老祖宗的教诲，而是依照功利社会，依照欧美那些做法。我们有五千年经验，居然没信心，还去学他们，结果现在我们的下一代乱七八糟。现在大学生好像接受的知识很多，但非常浮躁，愈学能力愈差。所以这个时代值得我们省思，不能再错下去了，要回归到古圣先贤的教诲来。

"士先器识，而后文艺。""器"是度量。培养一个读书人、知识分子，首先心量要大。曾国藩先生提醒他的弟弟，要有民胞物与之量，要创造的是内圣外王的事业。你看心量格局差多少！现在的孩子眼睛只盯着这一次考试得几分，短视近利，怎么出得了人才？甚至于考不好了，活不下去的都有，得失心很重。现在的孩子心量多大？连家里他都不关心，只有自己。怎么成才？走在小区里面，看到小区有纸屑，也不干我的事，甚至还破坏，自己也乱扔。以后长大了，到哪一个地方都是给人添麻烦的，怎么去扛大任？"物有本末，事有终始，知所先后，则近道矣。"你看古人都抓得很清楚。有度量才有仁爱，有见识才有智慧。我们看周公制礼作乐教化人民向善，影响我们整个民族到现在，非常有远见。现在人思考问题就不深远，就看眼前，反正现在能满足欲望就好了。从朝代来讲，周朝享国八百年，最长，秦朝最短，十五年。秦就只看眼前，它用武力威赫，甚至用刑罚高压，统一了天下，可是很快又失掉。

我们的孩子有没有这样的度量跟见识？先培养这个，而后才是培养文艺才华，没有德行基础，稍有才华能力，就容易傲慢。"傲不可长，欲不可纵。"现在孩子有才华，傲慢了，家长还高兴，满足孩子很多欲望，骄奢淫逸统统滋长。这些习气一起来，"发然后禁，则扞格而不胜。"事情发生后再去导正他，相当困难。所以现在很多青少年都跟父母对着干，《礼记·学记》不都讲到了吗？要禁于未发，从小让他行为符合规范，习惯成自然。你看《礼记·学记》，真正的教育哲学，我们现在都不懂，反而顺着西方那些思想，要平等，孩子叫我名字就好了，不用叫爸，不用叫妈，那都违背常道，伦常都没了。"称尊长，勿呼名。"直接叫爸爸的名字，他的恭敬心从哪里长？他对父母都不恭敬，他以后对谁恭敬？把他的人格整个都毁了。所以我们这个时代吃这么大的亏，主要还是忘了老祖宗的教诲，不听老人言，丧失民族自信心。现在要振兴中华文化，找回信心，进一步把中华文化带到全世界去，给这个时代的人走一条活路出来。

我们看这两三年很多严重的社会问题、生态问题，在我们中华文化当中都有解决的方法。"人弃常则妖兴"，《左传》上面讲的，偏离做人的仁义礼智信，奇奇怪怪的事情就出来了。"作不善降之百殃"，《尚书》上面讲的，人不善，灾祸就来了。其实这么多问题一句话就讲透了，是我们肯不肯受教、改过。"作善降之百祥，作不善降之百殃"，人心才是所有问题的根源所在，人心一转，问题就解决了。现在人不知道在想什么，可能只想着每天能吃什么，钱可不可以多赚一点，明摆着的真理都不会观察。我们看，哪个争名夺利的人生会幸福？哪个跟自己最亲的人闹上法庭之后，家里愈来愈兴旺？哪一个国家穷兵黩武，最后赢得人家的尊重？不是招感来更多的灾祸、更多的对立冲突吗？

孔子讲："始作俑者，其无后乎。""始作俑者"是个典故，有人做假人当陪葬品，结果做得太像了，孔子讲，可能以后就会有人拿真人陪葬。他做的是假人，可是影响很严重，他要负责任。他如果造成活人陪葬，自己可能断子绝孙。圣人看事情洞察得很深远，都看每一个行为对往后会不会形成不好的影响。

我们看现在很多节目，杀盗淫妄，而最先把杀盗淫妄摆上荧幕的，这一些国家、地区所招感来的灾难可能也最多，因为其祸害的人在时间、空间上最多。但他们清楚吗？他们还沾沾自喜，这些潮流都是他们带起来的。所以人可悲，做错了还自以为伟大。所以七十年代汤恩比教授感叹，要解决二十一世纪的社会问题，靠五千年的中华文化，不是没有道理。其他的民族时间短，老祖宗教诲没有这么完备、透彻。所以这个时代，我们学了中华文化，应该随分随力劝导身边的人。你说我力量很有限，不要小看自己，每一个人都有这份使命、都尽心尽力，都是圆满功德。我们这份尽心尽力的诚心，也会招感更多的人来承担起这个时代的使命。

所以这篇文章第一段给我们反思，教育人才要回到真理、回到经典的教诲，才能培育出栋梁之材。万法由心生，你看我们的急功近利，不只是体现在教育孩子上，连生产农作物都是这个心态。揠苗助长，喷一大堆农药，用太多化肥，长出来的好看但没营养，甚至还有毒。那不是跟我们教出来的孩子一样？农作物是这么催大的，我们培养下一代，是不是也这么催大的？英语数学、数学英语。应该德智体美劳，怎么就只有数学英语这几科？失衡！所以从现在方方面面的社会现象，都可以洞察到人心偏颇的地方，急功近利，只做表面。

我们再看下一段。**予购三百盆，皆病者**"，龚先生买了三百盆梅树盆栽，统统都是病残的，"**无一完者。**"没有一株完好的。"**既泣之三日，乃誓疗之。**"他看到这三百盆都是病残的，内心很难受，哭了三天，发誓要把它们治好。其实这段文字的背后，我们可以理解到龚先生忧国忧民之心，这是读书人的胸怀，代代都是如此。"君子不耻身之贱，愧道之不行；不忧命之短，忧百姓之穷。"担忧的是这个时代的危机，这是忠心；进的也是忠言，忠言逆耳。所以我们这个民族，忠孝节义代代相传。我们一想到忠，就想到三闾大夫屈原留下来的，"长太息以掩涕兮，哀民生之多艰。""路漫漫其修远兮，吾将上下而求索。"都是鞠躬尽瘁的精神。

"**纵之，顺之，毁其盆，悉埋于地，解其棕缚，以五年为期，必复之全之。**""纵之"就是放开束缚，让它顺着天性去发展。用在教育，就是不要再填鸭，不要再制式化，应该有教无类，因材施教，行行出状元。把所有的人统统养在盆里面，都成为考试机器，那不是都病残了吗？考试机器会生活吗？考试机器有人情味吗？考试机器有仁义礼智信吗？放开束缚，"顺之"，顺它的天性。老祖宗的教育为什么伟大？都是顺着天性。"因严以教敬，因亲以教爱。"本来他对父母就是爱敬，由这个天性推衍到对一切人，中华文化教育就完成了。这么顺着天性很简单，我们把它搞得那么复杂！"其教不肃而成，其政不严而治"，顺着自然最省力。

"**毁其盆**"，毁掉花盆。现在的花盆就是错误的思想观念、教育方法，甚至是错误的社会价值观，都是功利主义。功利主义都引向小人，当然都是生病的人，人格都不健康。把这个花盆打破，"悉埋于地"，都种在泥土里，让梅树回到大地。我们教育的话，回到心地，回到长善，回到父子有亲的孝道，回到德为本。"解其棕缚"，解开捆绑它们的棕绳。"以五年为期"，冰冻三尺非一日之寒，梅树生病，得要花一段时间调过来。现在很多人学中华文化，教育孩子也是很急，虽然在学中华文化、教中华文化，本质还是功利主义，还是急于求成。换汤不换药，还是不妥当。自己的行为、精神要跟中华文化相应。教育要以身作则，自己先做好，教育者首先受教育，这才是自然的。还要有耐性，不能急，不能控制，不能急于求成。所以这个"五年为期"也强调要有耐性，要沉得住气，要耐心陪伴，照顾这个树，让它恢复正常。"必复之全之"，务必恢复本性，健全地生长。这段话也令我们家庭、学校深思，我们不希望孩子大学毕业是不健康的状态，现在最重要就是补伦理道德的课，这样才能善用他所学到的知识技能。

"**予本非文人画士**"，我本来就不是文人画士。"**甘受诟厉。**"我甘愿忍受辱骂。这也提醒我们，要拨乱反正，可能会受到很多人的质疑，甚至批判，这个时候我们不要觉得难过，"人不知而不愠，不亦君子乎。"内心要很笃定、很有信心，所有的人都不干了，我还照干。"**辟病梅之馆以贮之。**"开设病梅馆来收藏它们、养育它们、照顾它们。"**乌乎！安得使予多暇日**"，"安得"就是怎样，"使予多暇日"，让我有更多空闲的时间。"**又多闲田**"，又有很多闲置的土地。有时间、有土地他才能够照顾这些树。"**以广贮江宁、杭州、苏州之病梅**"，大量地收纳这几个地方的病梅。"**穷予生之光阴以疗梅也哉。**""穷"就是尽，尽我一生来治疗这些病梅。其实龚自珍先生也是尽他一生的力量，挽救错误的社会风气，致力培养一些正人君子，为国多举一些贤才。这是他一生的目标，他无怨无悔任重道远在做。这些圣哲人的精神，我们也期许自己去效法。

杜甫说："安得广厦千万间，大庇天下寒士俱欢颜。"现在在内地，政府带头弘扬中华传统文化，共建中华民族共有的精神家园。这么一带头，我们的下一代就有福气了。老百姓学完，对个人身心，以至于家庭的幸福都有直接的利益。"广厦千万间"，各地的父母官都在造这样好的修学环境，来培养中华文化的人才，这是非常可喜的现象。我们每一个人随缘随分随力来做，就对了。不这么做我们就有愧于祖先，这就是耻辱了。

我们再回到《耻篇》"绪余"第二段。

> 孔子曰：知耻近乎勇。王曾曰：知耻者，可以行人之所不能行，任人之所不能任，万不至冒贡非几，为奸盗诈伪，自取亡身辱亲，败家亡国者也。夫八德而以耻字终之，是耻居八德之终，实全八德之道。如子不孝于亲，弟不恭其兄，可耻之甚也。不忠不信，无礼无义，临财苟得，临难苟免，不尤耻之又甚乎？夫士为四民之首，而不知耻自爱以爱人，恶（wū）在其为士乎？果能立心坚贞，守身圭璧，暗室不敢欺其心，仰不愧，俯不怍，不难为天地之完人。而圣域贤关，亦不难入也。

"**孔子曰：知耻近乎勇。**"知道差耻才是接近勇气的态度，知道差耻就会勇于改正自己的过失。"**王曾曰：知耻者，可以行人之所不能行，任人之所不能任**"，知耻之人，比方蔺相如，把国家的耻辱摆在第一位，所以面对廉颇的无意中伤、身边人的不谅解，都能处之泰然。这就是做到别人不能做到的，承担别人不能承担的责任。"**万不至冒贡非几，为奸盗诈伪**"，"冒贡非己"是《尚书》上的话。有知耻的心，就不可能做危险的事、非法的事，也不可能做奸佞、盗窃、诈欺、虚伪的事情。"**自取亡身辱亲**"，因为做这些事会让自己陷入危险，辱没父母亲族，"**败家亡国者也。**"甚至国破家亡。"**夫八德而以耻字终之**"，以耻为最后。"**是耻居八德之终**"，耻居八德的终结。"**实全八德之道。**"实在是完全落实八德的宝藏。"全"就是说，有耻的精神才能完全落实八德。"**如子不孝于亲，弟不恭其**

兄"，孝悌是做人的根本，没有做到，"**可耻之甚也。**"可耻到了极处。

"**不忠不信，无礼无义，临财苟得，临难苟免，不尤耻之又甚乎？**"这些行为不更耻辱了吗？"**夫士为四民之首**"，读书人是士农工商之首，"**而不知耻自爱以爱人，恶在其为士乎？**"假如还不知耻自爱，进而去爱人，怎么称得上是读书人？读书人应该给社会作表率才对。"恶"就是何能。"**果能立心坚贞**"，立下决心，坚守贞节。"**守身圭璧**"，守身如玉。"**暗室不敢欺其心**"，这是慎独的态度，幽暗无人的地方不自欺、不欺人。"**仰不愧，俯不怍**"，俯仰无愧。"**不难为天地之完人。**"有这样的精神，就不难成为天下完美人格之人。"**而圣域贤关，亦不难入也。**"入圣贤的境界也不会太困难，所谓"圣与贤，可驯致"。

后面两段是讲女子之耻。

> 耻者，所以洁身也。羞恶之心，人皆有之，既有此天良美德，无耻即是无良。古人谓哀莫大于心死，而身死次之，良心若死，身在何益。故曰：耻之于人大矣。又曰：人不可以无耻。女子幽娴贞静，其耻德本优于男子，德之不修，言之不慎，容之不正，功之不勤，以及三从之不得其正，皆妇女之可耻者也。推之不孝不悌不忠不信无礼无义无廉，则可耻孰甚。须知女子之身，洁如白璧，父母遗体，重若黄金，故八德以耻终焉。

"**耻者，所以洁身也。**"洁净自身，洁净德行。"**羞恶之心，人皆有之，既有此天良美德，无耻即是无良。**"羞愧作恶，每个人都有这样的心，这是每个人都有的天良美德。假如没有这个耻心，这个人就没有天良。"**古人谓哀莫大于心死**"，一个人良心都没了，那就是最悲哀的事了。"**而身死次之**"，身死还没有良心死可悲。"**良心若死，身在何益。**"变行尸走肉，对己有何益？"**故曰：耻之于人大矣。**""耻"对人太重要。"**又曰：人不可以无耻。女子幽娴贞静，其耻德本优于男子**"，女子的羞耻心比男子更强，她是幽淡娴雅，贞洁恬静的特质。"**德之不修，言之不慎，容之不正，功之不勤**"，这四德做得不好，"**以及三从之不得其正，皆妇女之可耻者也。**"就是没有做到她的本分，都觉得很羞耻。"**推之不孝不悌不忠不信无礼无义无廉，则可耻孰甚。**"更加可耻，"甚"就是更加。"**须知女子之身**"，女子的身体，"**洁如白璧**"，如无瑕的美玉一样，"**父母遗体，重若黄金，故八德以耻终焉。**"我们的身体是父母遗留给我们的，也代表父母的精神，重若黄金，我们不能糟蹋它。

女子之耻，莫大于失节，而取怜仰食，犹其次焉。故程子有言：饿死事小，失节事大，女子而不知耻，小之则冶容竞丽，大之则荡检逾闲。每因一念之差，卒致终身莫赎，不特羞污一己，玷累一生，抑且辱及舅姑，辱及父母，辱及夫家门户，辱及母家弟昆，甚至戚族含羞，子孙蒙垢，其害有不可胜言者。故女子有耻，则于父母舅姑，即可为孝。于兄弟姊妹，即可为悌。于夫主即可为忠为信。而其待人也必以礼，其处事也必以义，其接物也必以廉。德必修，言必慎，容必正，功必勤。三从必正矣，故耻足以赅女子之万行而无遗焉。

"**女子之耻，莫大于失节，而取怜仰食，犹其次焉。**"取得人家的怜悯，乞讨食物而活，这还是其次，"失节"是最大的耻辱。因为没有守节、没有守礼，人的行为可能跟禽兽差不多，而且女子不守节，整个社会风气会大乱。"**故程子有言：饿死事小，失节事大，女子而不知耻，小之则冶容竞丽，大之则荡检逾闲。**"小则重视外表，大则破坏了整个做人的规矩，破坏了社会风气。"**每因一念之差，卒致终身莫赎**"，"莫赎"就是没有办法挽回、弥补，所谓一失足成千古恨。"**不特羞污一己，玷累一生**"，不只羞辱垢秽了自己，"**抑且辱及舅姑**"，羞辱了自己的公公婆婆，"**辱及父母，辱及夫家门户，辱及母家弟昆**"，自己的父母，自己的丈夫门户，自己娘家的兄弟姐妹，都受到侮辱。"**甚至戚族含羞，子孙蒙垢**"，后代都抬不起头，"其害有不可胜言者。"实在是说不尽。"故女子有耻，则于父母舅姑，即可为孝。于兄弟姊妹，即可为悌。于夫主即可为忠为信。"她处世待人，懂得遵循礼法，对人恭敬，"而其待人也必以礼，其处事也必以义"，待人以礼，处事以情义，"其接物也必以廉。"接物廉洁有守。"德必修，言必慎，容必正，功必勤。"四德都做得很好。女德正，这个家就安了。"三从必正矣，故耻足以赅女子之万行而无遗焉。""耻"足以完备女子所有的德行、行为，没有遗漏的。

我们古文课上到现在刚好一年。我们生为炎黄子孙，有这么好的祖先，传给我们这么宝贵的人生智慧，"孝悌忠信礼义廉耻"这八德，我们要常存在心中。起任何一个念头、讲任何一句话、做任何一个行为、做任何一件事，都一定以这八德为标准。这样，不只自己会有福，也会恩泽后世，所谓"积善之家，必有余庆"。我们也要有志气，从我们这一代好好学传统文化、复兴传统文化，再开创五千年中华民族的繁荣昌盛，好不好？我们遇到一个大时代，遇到文化承传的关键点，我们这一代不传，文化就断了。被我们遇上了，我们就要见义勇为。